The Data Access Handbook：Achieving Optimal Database Application Performance and Scalability

数据访问宝典

——实现最优性能及可伸缩性的数据库应用程序

(美) John Goodson
Robert A. Steward 著
王德才 译

清华大学出版社
北 京

图书在版编目(CIP)数据

数据访问宝典——实现最优性能及可伸缩性的数据库应用程序/(美)古德森(Goodson,J.)，(美)斯图亚特 (Steward,R.A.) 著；王德才 译. —北京：清华大学出版社，2010.3

书名原文：The Data Access Handbook：Achieving Optimal Database Application Performance and Scalability

ISBN 978-7-302-22071-8

Ⅰ. 数… Ⅱ. ①古… ②斯… ③王… Ⅲ. 数据库系统—程序设计 Ⅳ. TP311.13

中国版本图书馆 CIP 数据核字(2010)第 021438 号

责任编辑：郑雪梅
装帧设计：康 博
责任校对：胡雁翎
责任印制：杨 艳
出版发行：清华大学出版社　　**地　址**：北京清华大学学研大厦 A 座
http://www.tup.com.cn　　**邮　编**：100084
社 总 机：010-62770175　　**邮　购**：010-62786544
投稿与读者服务：010-62776969，c-service@tup.tsinghua.edu.cn
质 量 反 馈：010-62772015，zhiliang@tup.tsinghua.edu.cn
印 装 者：北京市清华园胶印厂
经　销：全国新华书店
开　本：185×230　**印　张**：17　**字　数**：350 千字
版　次：2010 年 3 月第 1 版　**印　次**：2010 年 3 月第 1 次印刷
印　数：1～4000
定　价：39.00 元

本书如存在文字不清、漏印、缺页、倒页、脱页等印装质量问题，请与清华大学出版社出版部联系调换。联系电话：(010)62770177 转 3103　　产品编号：033098-01

前　　言

地球是平的。几千年来，这个世界上的所有数学家、勘探者以及哲学家都确信这是正确的。在6世纪，几个希腊哲学家提出了证据，证明地球是圆的。然而，专家们回避他们的这一思想长达几百年之久。

如果咨询数据库专家，他们会告诉您：所有数据库应用程序的性能和可伸缩性问题，都可以通过调校(tuning)数据库加以解决。他们甚至会说服您每年花费数千到数百万美元，调校数据库软件以解决性能问题。当调校不能解决问题时，他们会告诉您数据库软件或硬件、或者两者的能力不够。但是，如果在调校良好的数据库软件中，实际上只有5%~25%的时间用于处理数据库请求，那么认为这些“系统”功能不足是性能的瓶颈，这种观点合理吗？如果一个商业分析人员为一个查询处理等待10秒，而数据库只使用了其中的半秒，那么花费大量的时间和金钱解决如何提高这半秒的性能合理，还是试图解决如何提高另外9.5秒的性能更加合理呢？绝大部分书籍、咨询报告、Web站点都致力于解决数据库调校问题，但是关于如何设计以数据为中心的应用程序，如何调校数据访问应用程序代码，如何选择和调校数据库驱动程序，以及如何调校在数据库应用程序之间和数据库应用程序与数据库之间的数据流这方面的信息相对很少。我们撰写本书的目的就是为了提供这方面的信息，帮助减少那9.5秒的时间，并展示如何解决那些通过调校数据库所不能解决的数据库应用程序的性能问题和可伸缩性问题。

本书最初由John和Rob分别撰写，最后汇总在一起。

John Goodson：几年以前，我在 IBM 大会上作了一个关于如何提高 JDBC 应用程序性能的报告。作完报告之后，一位 IT 主管找到我，并向我咨询："从哪儿可以找到有关这个主题的更多信息？这类信息是不可能找到的。"我思考了一会，告诉他，确实没有哪个地方可以找到这方面的信息——这方面的信息存在于这个世界上不同地方的少数几个人的大脑中。之后，许多其他 IT 主管也告诉我，"我从来都不知道数据库驱动程序有这么大的区别。"或者"我一直认为数据库应用程序的性能是数据库的问题。"我写的每一页与这个主题相关的技术资料都有很大的需求，并且我做的关于这个主题的每个报告都很受欢迎。之所以撰写本书，是因为现在是消除"性能和可伸缩性仅仅是数据库问题"这一神话的时候了。在本书中提供了许多用于提高性能的指导原则、提示和技巧，所有人都可以使用这些指导原则、提示和技巧。

Rob Steward：我以为我永远不会撰写书籍。我曾经询问过一位撰写软件方面书籍的作者朋友，撰写书籍是否值得。他向我强调，撰写软件方面的书籍只有一个理由。他说"只有当你强烈地感觉到需要说一些问题的时候才会撰写一本书。"到目前为止我从事数据库中间件业务有 15 年了，我曾经看到过许多比较差的数据访问代码，导致许多应用程序运行得非常缓慢，并且必须进行修补。我曾经花费几年的时间帮助他人一点一点地修复问题，这些问题是因为他们缺少有关"当向数据库提交一个调用时在客户端到底会发生什么操作"这方面的知识。John 和我曾经在许多会议上讨论过这个主题，并且撰写了许多技术文章和白皮书，以帮助尽可能多的开发人员理解数据访问代码的错综复杂的关系。当 John 找到我商量共同撰写本书时，我立刻同意了。我强烈地感觉到，应当在更大的范围内分享那些在过去几年里我们曾经在各种论坛上共享的每一部分知识。我衷心地希望每个读者，通过本书都能够找到所需要的知识，从而使将来开发的应用程序可以显著地提高运行速度。

作者希望软件架构设计人员、IT 人员、数据库管理员以及开发人员每天在预测、诊断以及解决数据库应用程序中的性能问题时，能够用到本书中的内容。调校数据库对于获得良好的性能和可伸缩性是很重要的。我们知道这是事实。然而，在一个调校良好的数据库系统中，大部分性能问题是由以下原因造成的：

- 设计不良的数据访问架构
- 没有很好地进行优化的数据访问代码
- 效率低下和协调不良的数据库驱动程序
- 对部署数据库应用程序的环境缺乏理解

本书将解决所有这些问题——地球是圆的。

本书包含以下章节：

第 1 章："性能问题与以前不同了"，描述了数据库中间件的演变，以及识别在哪些地方可能会出现性能瓶颈。

第 2 章：“提高性能的设计策略”，为设计数据库应用程序以及调校连接应用程序与数据库服务器的数据库中间件以优化性能提供指导原则。

第 3 章：“为什么数据库中间件很重要”，解释了什么是数据库中间件，以及它是如何影响性能的。还描述了应当在数据库驱动程序中查找哪些性能调校选项，数据库驱动程序是最重要的数据库中间件组件。

第 4 章：“为提高性能而调校环境”，描述了数据请求和响应经过的不同环境层，解释了环境是如何影响性能的，并且提供了相应的指导原则，以确保环境不会成为性能瓶颈。

第 5 章“ODBC 应用程序：编写良好的代码”，描述了一些良好的编码实践，这些编码实践可以优化 ODBC 应用程序的性能。

第 6 章“JDBC 应用程序：编写良好的代码”，描述了一些良好的编码实践，这些编码实践可以优化 JDBC 应用程序的性能。

第 7 章“.NET 应用程序：编写良好的代码”，描述了一些良好的编码实践，这些编码实践可以优化.NET 应用程序的性能。

第 8 章：“连接池和语句池”，提供了不同连接池模型的详细内容，描述了如何对连接池进行重新认证工作，以及如何联合使用语句池和连接池，它们可能会消耗比看起来更多的数据库服务器内存。

第 9 章：“开发良好的基准”，为编写基准提供了一些基本的指导原则，虽然许多开发人员不遵循这些原则，但是绝对有必要遵循这些原则。

第 10 章：“性能问题调试”，完整介绍了如何调试性能问题，并且提供了几个案例研究，以帮助分析某些会变化的性能问题，并弄清如何解决这些问题。

第 11 章：“面向服务架构(SOA)环境中的数据访问”，提供了一些通用的指导原则，以确保数据库应用程序在面向服务架构(SOA)的环境中能够良好地执行。

附录“术语表”定义了在本书中使用的术语。

致　谢

本书是在许多人的贡献、知识以及支持的基础上，历经两年完成的。John Goodson 和 Rob Steward 从大学毕业后，曾经从事过数据库中间件方面的研究。Cheryl Conrad 和 Susan King 出色地将我们的思想变成了文字。Progress Software 公司给予了我们写作本书的机会。

许多人提供了大量的详细信息，我们在整本书中都用到了这些信息，为此，我们表示衷心的感谢。特别是，要感谢 Scott Bradley、John Hobson、Jeff Leinbach、Connie Childrey、Steve Veum、Mike Spinak、Matt Domencic、Jesse Davis 以及 Marc Van Cappellen，感谢他们对本书做出的贡献，这些贡献花费了他们很多时间。没有非常周密的审阅者和其他撰稿者的帮助，是不可能完成一本书的。他们是 Lance Anderson、Ed Long、Howard Fosdick、Allen Dooley、Terry Mason、Mark Biamonte、Mike Johnson、Charles Gold、Royce Willmschen、April Harned、John Thompson、Charlie Leagra、Sue Purkis、Katherine Spinak、Dipak Patel、John De Longa、Greg Stasko、Phil Prudich、Jayakhanna Pasimuthu、Brian Henning、Sven Cuypers、Filip Filliaert、Hans De Smet、Gregg Willhoit、Bill Fahey、Chris Walker、Betsy Kent 以及 Ed Crabtree。

我们还要特别感谢我们的家人、朋友，他们一直支持我们完成这一历险。

如果读者发现了错误或者有什么建议，可以通过 e-mail 发送给我们：Performance-book@datadirect.com，或者 wkservice@vip.163.com，我们将非常感谢。

致　谢

[illegible] John Cornelius [illegible] Rob [illegible]
[illegible]
[illegible]
Software [illegible]

[illegible]
[illegible] Scott Barber [illegible]
[illegible]
Davis [illegible]

[illegible]
[illegible]
Lance Anderson [illegible] Howard [illegible]
[illegible]
[illegible] Williams [illegible] Thompson [illegible]
[illegible] Parker [illegible] Patel [illegible]
[illegible]
[illegible]
[illegible] Bill [illegible] Peter [illegible]
[illegible]

[illegible]
[illegible]

[illegible]
[illegible]
[illegible]

关 于 作 者

John Goodson：作为DataDirect Technologies的执行主管，John负责日常工作、业务开发、产品研发以及长期企业战略。

John作为首席工程师在Data General工作了7年，开发他们的关系数据库产品DG/SQL。自从1992年加入DataDirect Technologies，他一直负责研发、技术支持和销售。John是一位非常著名的并且受人尊重的业界杰出人物和数据连接专家。15年来，他曾经和Sun Microsystems公司、Microsoft公司在开发和发展数据库连接标准方面，包括J2EE、JDBC、.NET、ODBC以及ADO，进行过密切合作。John曾经参与ANSI NCITS H2协会，该协会负责构建SQL标准，John还参与了X/Open(Open Group) SQL访问小组(SQL Access Group)，该小组负责为关系数据库构建调用级别的接口。他还积极参与Java标准协会，包括JDBC专家组。此外，John发表了大量文章，针对与数据管理相关的主题进行了大量的公开演讲。John还是Microsoft SQL Server Java中间件分布式事务领域的一位专利拥有者。

John获弗吉尼亚理工学院及州立大学计算机科学学士学位。该学校位于弗吉尼亚洲黑堡(Blacksburg)镇。

Rob Steward：作为DataDirect Technologies研发副总裁，Rob负责公司数据连接产品的开发、策略以及监督，这些产品包括Shadow大型主机集成系统客户端软件和在工业上领先的数据库驱动程序与数据提供程序DataDirect Connect系列：ODBC连接、JDBC连接以及ADO.NET连接。他还负责DataDirect Sequelink和DataDirect XQuery产品的开发，并负责管理DataDirect的客户工程开发(Custom Engineering Development)小组。

Rob 花费了超过 15 年的时间开发数据库访问中间件，包括.NET 数据提供程序、ODBC 驱动程序、JDBC 驱动程序以及 OLE DB 数据提供程序。他在 DataDirect Technologies 承担了大量的管理和技术岗位，并且是多种标准协会的成员。在他职业的早期，作为主要软件工程师在 Marconi Commerce Systems 公司工作。

Rob 获北卡罗来纳州立大学计算机科学学士学位，该学校位于北卡罗来纳州首府罗利(Raleigh)。

目　录

第 1 章

性能问题与以前不同了

您公司的一个或多个数据库应用程序正受到性能问题的困扰。这几乎不会使那些应用程序设计人员、开发人员和部署人员感到惊奇。而让人感到惊奇的是，这些问题中的许多问题的根本原因是数据库中间件，数据库中间件是连接应用程序和数据库的软件。

当我们说到性能问题时，是指应用程序正受到不能让人接受的响应时间、吞吐量或者可伸缩性的困扰。响应时间是指在数据请求和数据返回这个过程中经历的时间。从用户的角度来说，响应时间是用户请求数据和他们获得数据这个过程中经历的时间。吞吐量是指在一段时间内从发送程序向接收程序传输的数据的数量。可伸缩性是指当同时访问数据库的用户数量增加时，应用程序维持可以接受的响应时间和吞吐量的能力。

在分析为什么数据库中间件对于优化数据库应用程序的性能是如此重要之前，首先回顾一下在过去 10 年中数据库应用程序的性能情况。

10~15 年之前，如果数据库应用程序存在性能问题，95%的时间问题是由数据库管理软件造成的。在那时，除了少数工程师和数据库专家之外(他们很有可能直接为数据库厂商工作)，对于其他所有人来说调校数据库被认为是一种魔术。

当这些专家开始通过撰写有关数据库调校方面的书籍，并举办公众讲座共享他们的知识时，性能问题开始发生变化了。现在，因为可以通过书店或者互联网获得大量的数据库调校信息、多年的经验以及大量改进了的数据库监视工具，数据库调校工作变得不再那么让人痛苦了。

在这些年里，其他方面正在发生变化，例如硬件价格下降并且计算机的能力上升。随着硬件变得更快并且更便宜，应用程序运行环境从单机转移到网络环境和客户/服务器计算(两层和三层环境)。现在，大多数数据库应用程序通过网络和数据库进行通信，而不是直接通过单个计算机中的内部进程进行通信，如图 1-1 所示。

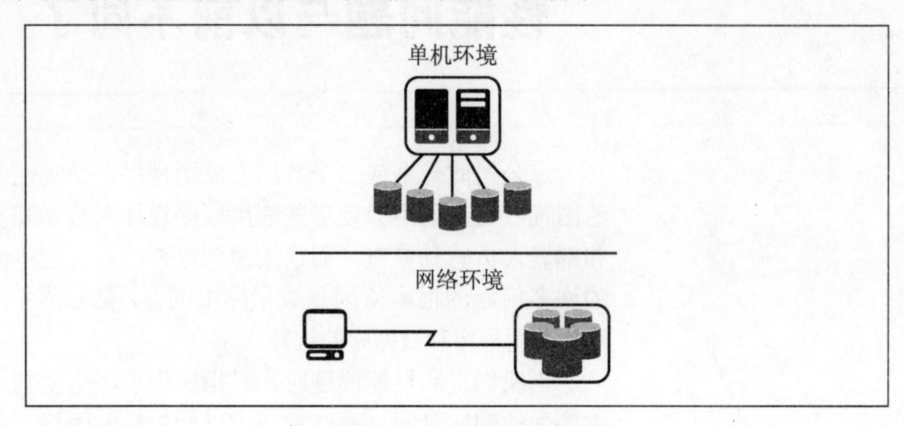

图 1-1　数据库环境

转移到网络环境上之后，软件需要提供在应用程序和数据库之间的连接，现在这些连接位于不同的计算机中。数据库厂商首先提供了这种软件，作为其数据库专门的数据库中间件组件，这为性能问题添加了新的因素。

数据库中间件由所有处理应用程序数据请求的组件构成，直到这些请求被传递给数据库管理软件，如图 1-2 所示。

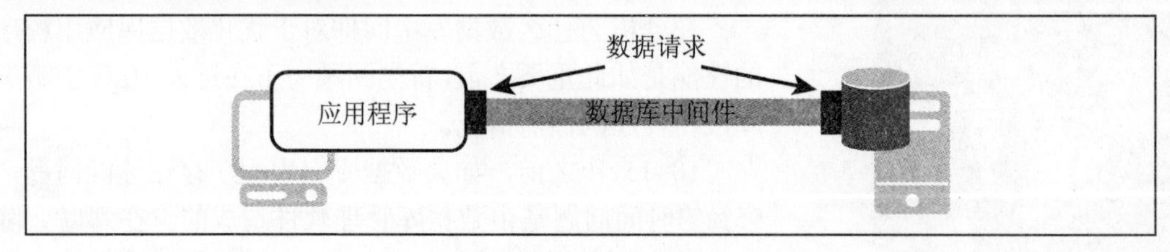

图 1-2　数据库中间件

随着网络环境的引入，数据库中间件层包括以下组件：

- 网络
- 数据库客户端软件，例如 Oracle Net8
- 当应用程序连接到数据库时加载到应用程序地址空间的库(libraries)，例如用于对通过网络传输的数据进行加密的 SSL 库。

很快，在工业上开始出现了对数据库连接标准的需求，数据库连接标准可以为访问多个数据库提供通用的应用程序编程接口(API)。如果没有通用 API，将面临多个数据库连接解决方案；每个数据库厂商提供自己的专用 API。例如，为了开发能够访问 Microsoft SQL Server、Oracle 和 IBM DB2 的应用程序，开发人员必须知道三种完全不同的数据库 API：Microsoft Database Library(DBLIB)、Oracle Call Interface(OCI)和 IBM Client Application Enabler(CAE)，如图 1-3 所示。数据库连接标准的出现，例如 ODBC，解决了这个问题。

随着数据库连接标准的出现，数据库驱动程序被添加到数据库中间件层。和许多其他内容一起，数据库驱动程序处理基于标准的 API 函数调用，向数据库提交 SQL 请求，并向应用程序返回结果。有关数据库驱动程序工作的详细信息，以及选择的驱动程序如何影响数据库应用程序性能的详细信息，请阅读第 3 章。

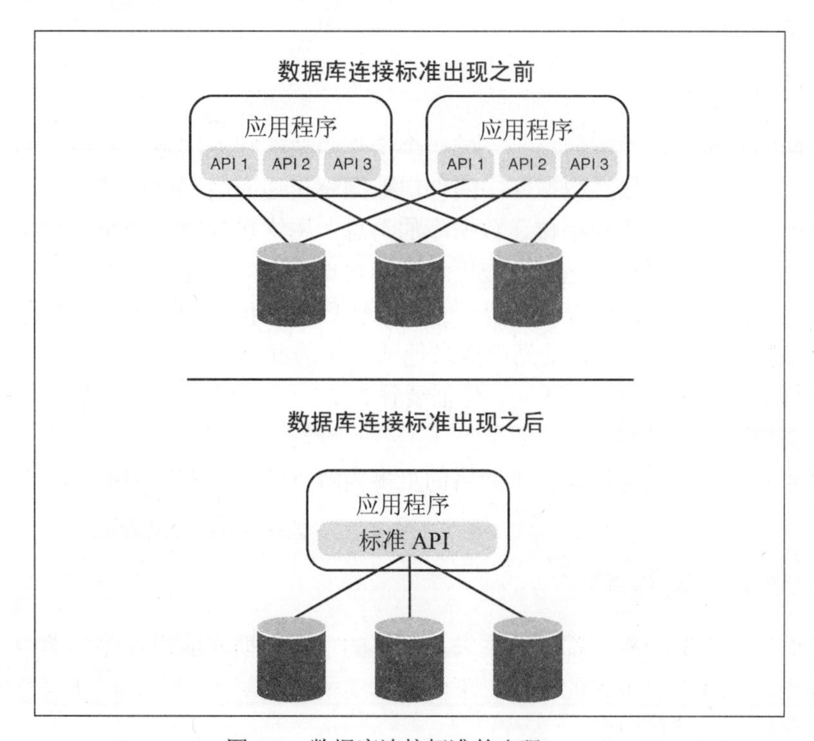

图 1-3　数据库连接标准的出现

1.1　现在的情况如何

现在，我们知道，即使数据库调校得很好，数据库应用程序的运行情况也并不总是尽如人意。问题出在哪儿呢？现在我们能从哪儿发现性能问题呢？对于多数数据库应用程序，性能问题现在出现在数据库中间件上。与10~15年之前相比，现在大多数应用程序，处理数据请求的时间中的75%~95%花费在数据库中间件上，而在10~15年之前，大部分时间花费在数据库管理软件上。

在大多数情况下，数据库应用程序中的性能问题是由以下原因造成的：

- 网络
- 数据库驱动程序
- 环境
- 代码编写不良的数据库应用程序

本书将深入分析数据库中间件和数据库应用程序的性能问题。现在，让我们先看几个例子。

1.1.1 网络

关于网络最常见的性能问题是完成一个操作需要的往返次数。网络包的容量与需要的往返次数有关。网络包通过数据库中间件向数据库传递应用程序的消息，反过来，网络包通过数据库中间件向应用程序传递数据库的消息。网络包的容量会影响数据库应用程序的性能。需要记住的主要概念是，在应用程序和数据库之间发送的数据包越少，数据库应用程序的性能越好；发送的数据包越少，意味着在数据库和应用程序之间的往返次数越少。

思考这样一个过程：Jim 的经理要求他从二楼的办公室向一楼的厨房搬送 5 箱汽水。如果 Jim 每次搬送 6 包而不是 1 箱，他需要往返 20 次，而不是 5 次，这意味着向厨房搬送汽水他将需要更多的时间。

在第 4 章中，我们将讨论关于网络的更多内容，它们影响性能的原理，以及如何才能够优化网络的性能。

1.1.2 数据库驱动程序

所有的数据库驱动程序都不是生来就平等的。在数据库应用程序部署中，选择使用哪个驱动程序，对性能有很大的影响。下面的真实情况说明了一个公司如何仅通过改变数据库驱动程序解决其性能问题。

DataBank 通过检索、存储以及传送数据，为大公司和小公司提供信息需求服务。DataBank 的声誉和财政安全依赖于系统的响应时间和可用性。DataBank 和它的客户之间有关于特定响应时间和系统可用性需求的协议。如果不能满足这些需求，DataBank 必须支付罚金给客户。

在升级到新版本的数据库系统及其相应的中间件之后，DataBank 开始出现严重的性能问题。由于没有履行合同所规定的条款，根据协议 DataBank 每月相应地支付超过 250 000 美元的罚金。

这种情况是不能接受的；DataBank 公司必须在数据库应用程序部署中找出性能问题。DataBank 首先确认它的数据库已经进行了优化调校。虽然数据库运行很好，但是公司仍然不能达到合同所规定的服务级别。

系统设计师通过电话咨询数据库顾问，顾问问到，“有没有考虑过试一试其他数据库驱动程序？”设计师回答说，“我不知道还有这种选择。”顾问推荐了一个有成功使用经验的数据库驱动程序。

随即，设计师在测试环境中安装了顾问推荐的数据库驱动程序。在两天内，质量保证(QA)部门报告说新部署的数据库驱动程序和当前部署的数据库驱动程序相比，平均响应时间性能提高了三倍，并且排除了稳定性问题。

根据性能测试结果，DataBank 购买了新的数据库驱动程序。部署了新的数据库驱动程序之后几个月，DataBank 分析了节省的收入。

DataBank 在 9 月份支付了 250 000 美元的罚金，到了 11 月份减少到 25 000 美元。通过简单地改变数据库驱动程序，在两个月中节省了 90%。新的驱动程序与老的驱动程序相比，能够更加高效地处理连接池和内存管理。

DataBank 通过部署新的数据库驱动程序解决了几个问题：丢失收入、客户不满意以及过度劳累的 IT 人员和声誉。

本书在第 3 章中详细分析了数据库驱动程序影响性能的许多途径，以及如何解决这个问题。

1.1.3　环境

为了学习环境影响性能的原理，参见图 1-4，图中的例子说明了不同的 Java 虚拟机(JVM)如何导致使用 JDBC 的不同数据库应用程序具有不同的性能结果。在这个例子中，相同的基准应用程序使用相同的 JDBC 驱动程序、数据库服务器、硬件以及操作系统运行三次。唯一不同的是 JVM。用于测试的 JVM 来自不同的厂商，但是版本相同，并且具有可比较的配置。基准测量数据库应用程序的吞吐量和可伸缩性。

如图 1-4 所示，使用由底部的线表示的 JVM 的应用程序，其吞吐量和可伸缩性比使用其他两个 JVM 的应用程序小很多。

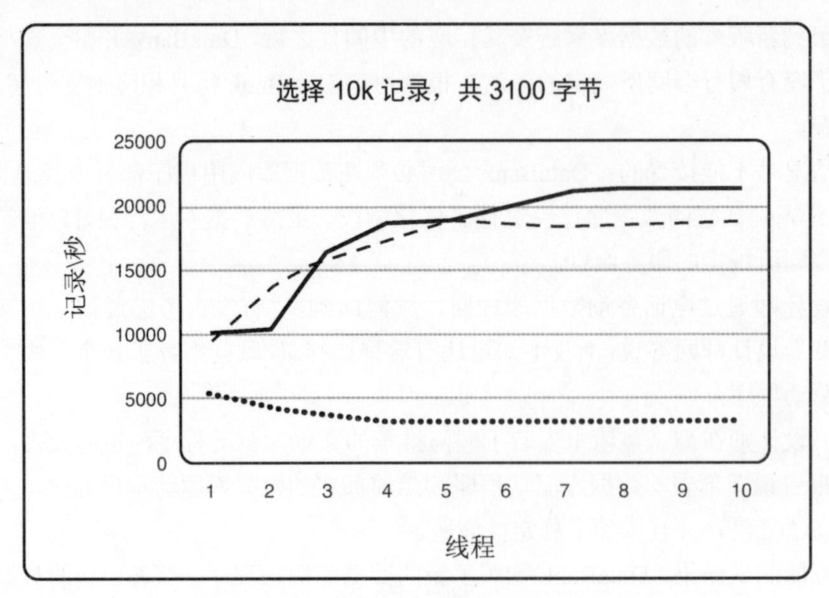

图 1-4　比较不同的 JVM

在第 4 章中，我们将讨论环境，包括软件和硬件两部分(例如操作系统、内存以及 CPU)，是如何影响性能的。

1.1.4　数据库应用程序

另外一个与性能相关的重要组件是数据库应用程序。如果应用程序代码的效率不高，应用程序沿着数据库中间件发送的数据请求会降低性能。一个常见的例子是事务管理。对于大多数基于标准的应用程序，默认的事务模式需要数据库驱动程序在每个 API 请求之后处理昂贵的 Commit 操作。这一默认的自动提交模式会对应用程序造成严重的性能限制。

下面分析一个真实的例子。ASoft Corporation 软件公司编写了一个基于标准的数据库应用程序，并且在测试中发现性能不良。性能分析显示，问题是由批量发送到数据库的 500 万条 Insert 语句造成的。自动提交模式是打开的，这意味着需要通过网络发送附加的 500 万条 Commit 语句，并且在插入操作之后，每一条插入的记录被立即写入到磁盘。当在应用程序中关闭自动提交模式之后，由驱动程序发送并且在数据库服务器中执行的语句的数量，由 1000 万条(500 万条 Insert 语句 ＋500 万条 Commit 语句)，减少到五百万零一条(500 万条 Insert 语句＋1 条 Commit 语句)。因此，应用程序的处理时间从 8 小时减少到 10 分钟。处理时间为什么会减少这么多呢？因为数据库服务器需要的磁盘输入/输出(I/O)操作要少很多，并且网络往返次数减少了 50%。

通常，编写数据库应用程序代码时，应当遵循以下原则：

- 减少网络通信量
- 限制磁盘 I/O
- 优化应用程序和驱动程序之间的交互
- 简化请求

要学习一些良好编码实践的指导原则，以提高数据库应用程序的性能，请阅读以下章节：

- 对于 ODBC 用户，请阅读第 5 章。
- 对于 JDBC 用户，请阅读第 6 章。
- 对于 ADO.NET 用户，请阅读第 7 章。

1.2　本书的目标

本书的目标是为读者、软件设计人员和开发人员，提供技术和知识，以预测、诊断以及解决数据库应用程序的性能问题。特别是，本书提供的信息将帮助您完成以下任务：

- 理解能够引起性能问题的不同数据库中间件组件。
- 优化性能的设计。
- 编写良好的应用程序代码。
- 开发良好的基准，在定义明确的任务或任务集上测量数据库应用程序的性能。
- 调试性能问题。
- 设置现实的性能期望。

第2章

提高性能的设计策略

设计数据库应用程序以及配置连接应用程序和数据库服务器的数据库中间件以优化性能，这不是件容易的事情。我们将会分析部署数据库应用程序涉及到的所有组件。没有一种放之四海而皆准的设计。为了得到尽可能好的性能，必须考虑到每个组件。

通常不可能控制影响性能的每个组件。例如，您的公司可能要求所有的应用程序运行在应用程序服务器上。另外，数据库管理员最有可能控制数据库服务器机器的配置。在这些情况下，当设计数据库应用程序部署时需要考虑要求的配置。例如，如果知道应用程序将会运行于应用程序服务器上，可能希望花费大量的时间用于计划连接池和语句池，这两个主题在本章都会进行讨论。

2.1 应用程序

许多软件设计人员和开发人员，都不认为他们的数据库应用程序的设计会影响这些应用程序的性能。这是不正确的；应用程序设计是关键因素。为了收集数据库的有关信息，例如，数据库支持的数据类型或数据库版本，应用程序经常需要通过代码建立连接。应当避免为这一目的建立额外的连接，因为正如在本章中我们将要解释的，建立连接对性能的影响很大。

在本节，我们将研究为了达到最好的性能，需要考虑的几个关键的应用程序功能区：

- 数据库连接
- 事务
- SQL 语句
- 数据检索

有些应用程序功能区，例如数据加密，也会影响性能，但是对性能的影响不大。我们也会讨论这些功能区，并提供与性能影响相关的信息。

当决定设计良好的应用程序时，可以通过以下原则提高性能：

- 减少网络通信量
- 限制磁盘 I/O
- 优化应用程序和驱动程序之间的交互
- 简化请求

对于特定 API 编码的例子和讨论，还应当根据所使用的基于标准的 API 阅读以下几章：

- 对于 ODBC 用户，请阅读第 5 章。
- 对于 JDBC 用户，请阅读第 6 章。
- 对于 ADO.NET 用户，请阅读第 7 章。

2.1.1 数据库连接

数据库连接的实现方式可能是为应用程序做出的最重要的决定。

实现连接有以下选择：

- 从连接池中获取连接。请阅读“使用连接池”部分。
- 当需要时每次创建新连接。请阅读“当需要时每次创建新连接”部分。

正如在本节所解释的，选择正确的连接方式主要取决于数据库服务器的 CPU 和内存情况。

1. 与连接相关的细节

在讨论如何决定选择哪种连接方式之前，先看一看与连接相关的几个重要细节：

- 相对于数据库应用程序可能执行的所有其他任务，建立数据库连接对性能的影响很大。
- 打开连接需要在数据库服务器以及数据库客户端机器上使用相当数量的内存。
- 建立一个连接需要和数据库服务器之间通过网络往返多次。
- 打开大量的连接可能会耗尽内存，这可能会导致在内存和磁盘之间进行页面调度，因此会严重降低性能。
- 在现在的架构中，许多应用程序部署在连接池环境中，使用连接池环境是为了提高性能。然而，许多情况下调校不好的连接池可能会降低性能。设计、调校以及监视连接池比较困难。

2. 为什么建立连接对性能的影响很大

开发人员经常认为建立连接只是一个简单的请求，认为连接请求不过是使驱动程序通过网络到数据库服务器往返一次，以初始化一个用户。实际上，建立连接通常需要在驱动程序和数据库服务器之间往返多次。例如，当驱动程序连接到 Oracle 或 Sybase 数据库时，为了执行以下操作，连接可能需要在某些地方通过网络往返 7~10 次：

- 验证用户的证书。
- 如果需要的话，在数据库驱动程序所期望的和数据库能够使用的代码页之间协商代码页设置。
- 获取数据库版本信息。
- 建立通信所使用的数据库协议包的最佳容量。
- 设置会话设置。

此外，数据库管理系统还需要为连接建立资源，这涉及到对性能影响很大的磁盘 I/O 和内存分配。

有的人认为，如果将应用程序和数据库系统安装到同一台机器上，可以消除网络往返。然而，大多数情况下这不现实，因为现实世界中的企业是很复杂的——大量的应用程序访问许多运行在多个应用程序服务器上的数据库系统。此外，运行数据库系统的服务器必须针对数据库系统进行很好地调校，而不能针对大量不同的应用程序进行调校。即使一台机器能够满足所有这些要求，您真的希望在一个地方出现了问题，就导致整个系统失败吗？

3. 使用连接池

连接池是应用程序能够重复使用的一个或多个数据库物理连接的高速缓存。连接池能够显著提高性能，因为重复使用连接，减少了建立物理连接所需要的相关资源开销。需要注意的是，为了管理连接池中的所有连接，数据库服务器必须具有足够的内存。

在本书中，我们讨论位于客户端方的连接池(由数据库驱动程序和数据库服务器提供的连接池)，而不讨论位于数据库方的连接池(由数据库管理系统提供的连接池)。一些数据库管理系统提供了连接池，并且这些连接池实现和客户端方的连接池一起工作。尽管数据库方连接池的具体特征是不同的，但是总的目标都是消除建立和删除连接在数据库服务器上所需要开销。和客户端方的连接池不同，数据库方的连接池没有优化从数据库到应用程序的网络往返过程。正如前面所说的，因为需要在数据库驱动程序上分配资源(在驱动程序和数据库之间的网络往返)，并且也需要在数据库服务器上分配资源，所以建立到数据库的连接对性能的影响很大。客户端方的连接池帮助数据库驱动程序以及数据库服务器解决昂贵的资源分配问题。数据库方的连接池只帮助解决数据库服务器上的问题。

连接池的工作原理

在使用连接池的环境中，一旦建立了最初的物理连接，在连接池的生存期中，就很可能不会被关闭。也就是说，当应用程序断开连接时，物理连接并没有关闭；反而，它位于连接池中以备再次使用。因此，重新建立连接就变成了一个最快的操作，而不是最慢的操作。

下面是连接池工作过程的基本描述(如图 2-1 所示)：

(1) 当应用程序或应用程序服务器启动时，连接池通常包含连接。

(2) 应用程序提出连接请求。

(3) 驱动程序或者连接池管理器(根据您的架构)为应用程序分配一个连接池中的连接，而不是请求建立一个新的连接。这意味着没有为连接请求进行网络往返，因为可以在连接池中得到连接。结果是：应用程序的请求很快。

(4) 应用程序连接到数据库。

(5) 当关闭连接时，连接被放入连接池中。

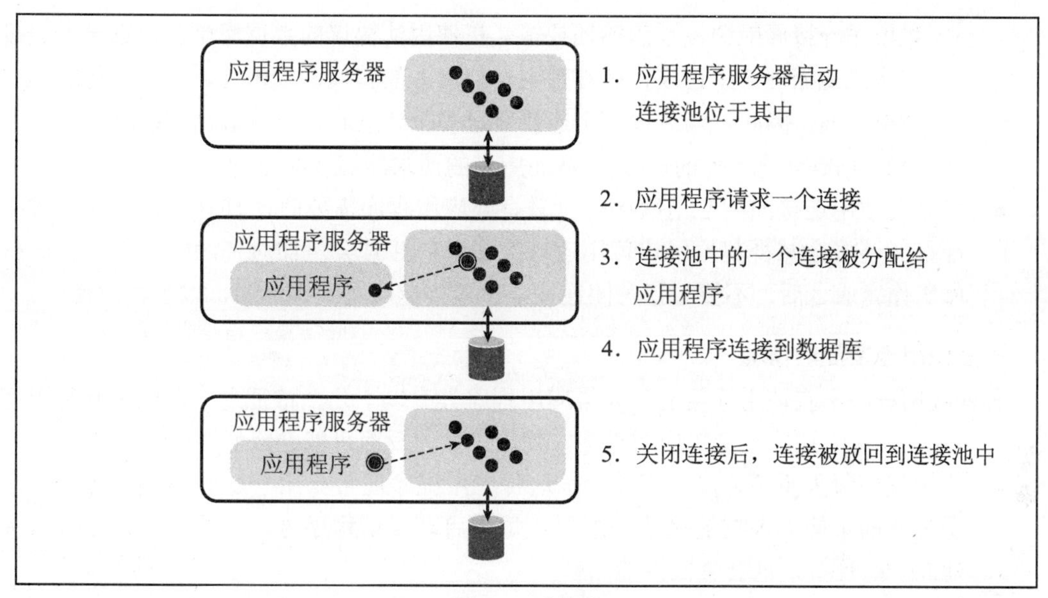

图 2-1　连接池

连接池的指导原则

下面是一些使用连接池的通用指导原则。有关不同连接池模型的细节，请阅读第 8 章。

- 当应用程序运行在应用程序服务器上时，使用连接池是完美的解决方案，因为这意味着多个用户会同时使用应用程序。
- 如果应用程序具有多个用户，并且数据库服务器具有足够的内存管理最大数量的连接，这些连接在任意时刻都可以被放入连接池中，这时可以考虑使用连接池。在大多数连接池模型中，很容易计算连接池中的最大连接数量，因为连接池的实现允许配置最大连接数量。如果使用的连接池实现不支持配置连接池中连接的最大数量，则必须计算高峰期连接池中连接的数量，以确定数据库服务器是否能够处理峰值情况。
- 确定为了满足连接池的需要，是否具有足够数量的数据库许可。如果具有有限的许可，为了确定是否具有足够数量的许可支持连接池，回答以下问题：
    a. 其他应用程序是否使用数据库许可？如果使用，当计算连接池需要多少许可时，将这些应用程序考虑在内。
    b. 确定使用的数据库是否使用流协议？例如 Sybase、Microsoft SQL Server 以及 MySQL 等就是使用流协议的数据库。如果数据库使用流协议，那么所使用的数据库连接可能会比预想的还要多。在使用流协议的数据库中，通过一个连接一次只能处理一个请求，在处理同一连接上的其他请求之前，必须等待之前的请求完成。因此，当通过一个连接发送多个请求时，一些数据库驱动程序实现复制连接(创建另外的连接)，从而所有的请求能够及时处理。

- 当开发使用连接池的应用程序时，只有当应用程序需要时才打开连接。如果过早地打开连接会减少其他用户可用连接的数量，并且会增加对资源的需求。当数据库工作完成之后，不要忘记关闭连接，使连接返回到连接池中，以备再次使用。

不宜使用连接池的情况

有些应用程序不宜使用连接池。如果应用程序具有以下几个特征之一，则不宜使用连接池。实际上，对于这些类型的应用程序，使用连接池反而可能会降低性能。

- 应用程序每天重新启动很多次——这种应用程序通常只用于那些不使用应用程序服务器的架构。根据连接池的配置，每次启动应用程序时，可能都会在连接池中建立一些连接，这会降低性能。
- 单用户应用程序，例如报表生成程序——如果应用程序只需要为一个用户建立一个连接，该用户每天运行程序两到三次，对于这种情况，如果使用连接池，在数据库服务器上为连接池分配内存造成的性能影响，比每天直接建立两次或三次数据库连接，对性能的影响还要大。
- 运行单用户批处理工作的应用程序，例如每天/每周/每月结束时的报告程序——对于只访问一个数据库服务器的批处理工作，连接池没有优点，这种操作通常只使用一个连接。而且，批处理操作通常是在不是很关心性能的时间进行。

性 能 提 示

当应用程序不使用连接池时，为了在应用程序中执行 SQL 语句，避免多次建立连接和断开连接，因为建立每个连接需要使用的网络请求数量，是 SQL 语句使用的网络请求数量的 5~10 倍。

当需要时每次创建新连接

当需要时每次创建新连接，可以设计应用程序创建以下连接之一：

- 为每条执行的语句创建一个连接。
- 为多条语句创建一个连接，这种情况通常涉及使用多线程。

图 2-2 比较了两种连接模型。

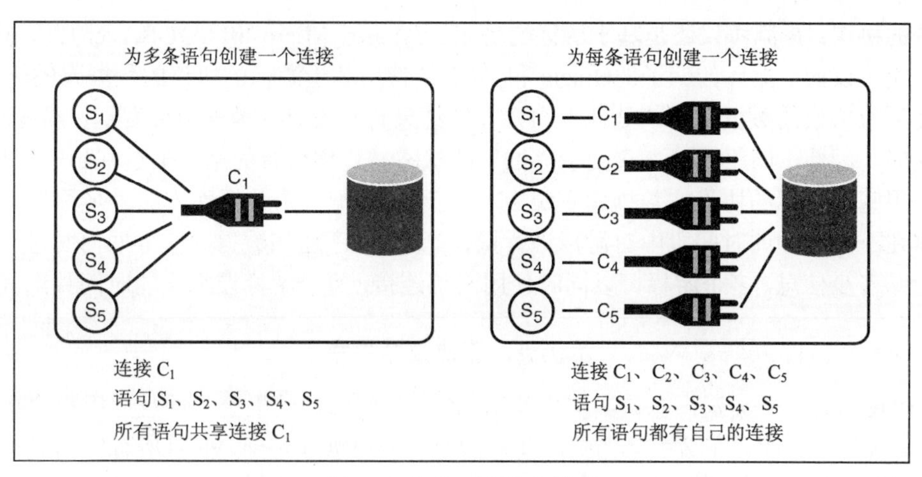

图 2-2　比较两种连接模型

为每条语句创建一个连接的优点是，所有语句可以同时访问数据库。缺点是建立多个连接的负担很重。

为多条语句创建一个连接的优点和缺点将在本节的后面进行讨论。

为多条语句创建一个连接

在解释为多条语句创建一个连接的细节之前，我们需要先定义语句。有些人将“语句”等同于“SQL 语句”。我们更喜欢在 *Microsoft ODBC 3.0 Programmer's Reference* 一书中给出的“语句”定义：

语句最容易被认为是 SQL 语句，例如 SELECT * FROM Employee。然而，语句不仅仅是 SQL 语句——它包含所有与 SQL 语句相关的信息，例如所有由语句创建的结果集，以及在语句执行中使用的参数。一条语句甚至不需要包含一条应用程序定义的 SQL 语句。例如，当在一条语句上执行一个分类函数时，如 SQLTables，它执行一条预先定义的 SQL 语句，该语句返回一个包含表名称的列表。[1]

总之，一条语句不仅仅是发送到数据库的请求，还包括请求的结果。

多条语句共享一个连接的工作原理

> **注　意**
>
> 由于 ADO.NET API 的架构，ADO.NET API 通常不使用这种连接模型。

当使用用于多条语句的单个连接开发应用程序时，应用程序可能必须等待连接。为了理解其中的原因，需要理解用于多条语句的单个连接的工作原理；这依赖于所使用的数据

1　*Microsoft ODBC 3.0 Programmer's Reference and SDK Guide*，卷 I。Redmond：Microsoft Press，1997

库系统的协议：是流协议还是基于游标的协议。Sybase、Microsoft SQL Server 以及 MySQL 是使用流协议的数据库的例子。Oracle 和 DB2 是使用基于游标的协议的数据库的例子。

使用流协议的数据库系统处理查询并发送结果直到没有其他结果要发送；数据库是不能中断的。因此，网络连接一直处于“忙”的状态，直到所有的结果被返回到应用程序。

使用基于游标的协议的数据库系统为 SQL 语句分配一个数据库方的“名称”(游标)。服务器在不断增加的时间段中对游标进行操作。驱动程序通知数据库服务器何时进行工作，以及返回多少信息。多个游标可以同时使用网络连接，每个游标在很小的时间片期间工作。

示例 A：流协议结果集

让我们看一个案例，在该案例中使用 SQL 语句创建结果集，并且应用程序访问使用流协议的数据库。在这个案例中，直到第一条语句执行完毕，并且所有的结果被返回到应用程序，不能使用连接访问另一条 SQL 语句。这个过程使用的时间依赖于结果集的大小。图 2-3 给出了一个例子。

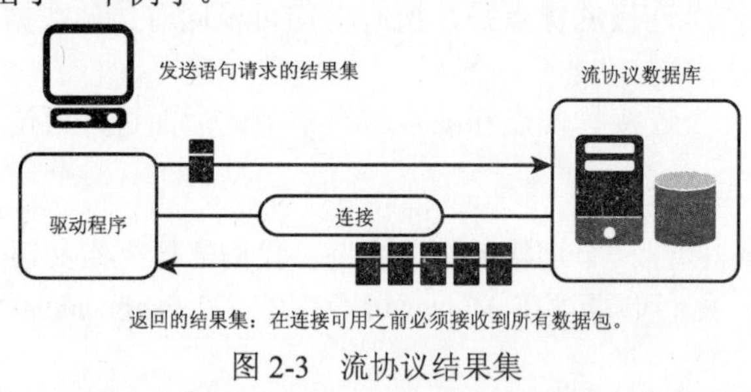

图 2-3　流协议结果集

示例 B：流协议更新

让我们看一个案例，在该案例中使用 SQL 语句更新数据库，并且应用程序访问使用流协议的数据库，如图 2-4 所示。语句一旦执行完毕，并且记录数量被返回到应用程序，就可以获取连接了。

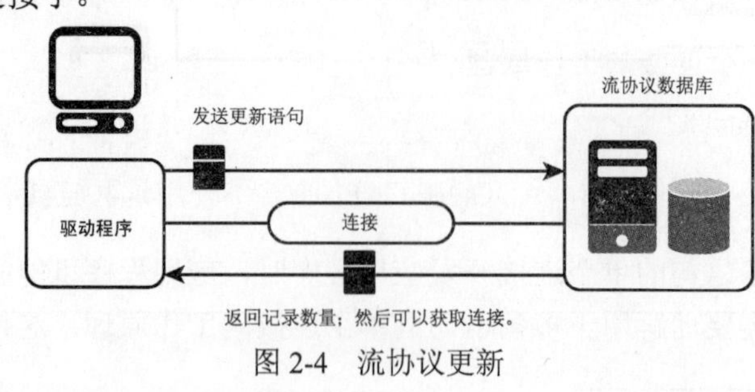

图 2-4　流协议更新

示例 C：基于游标的协议/结果集

最后，让我们再看一个案例，在该案例中使用 SQL 语句创建结果集，并且应用程序访问使用基于游标的协议的数据库。与示例 A 不同，示例 A 是一个使用流协议的例子，在该示例中，在所有的结果集被返回到应用程序之前可以获取连接。如果使用基于游标的协议的数据库，当驱动程序要求时才返回结果集。图 2-5 显示了一个例子。

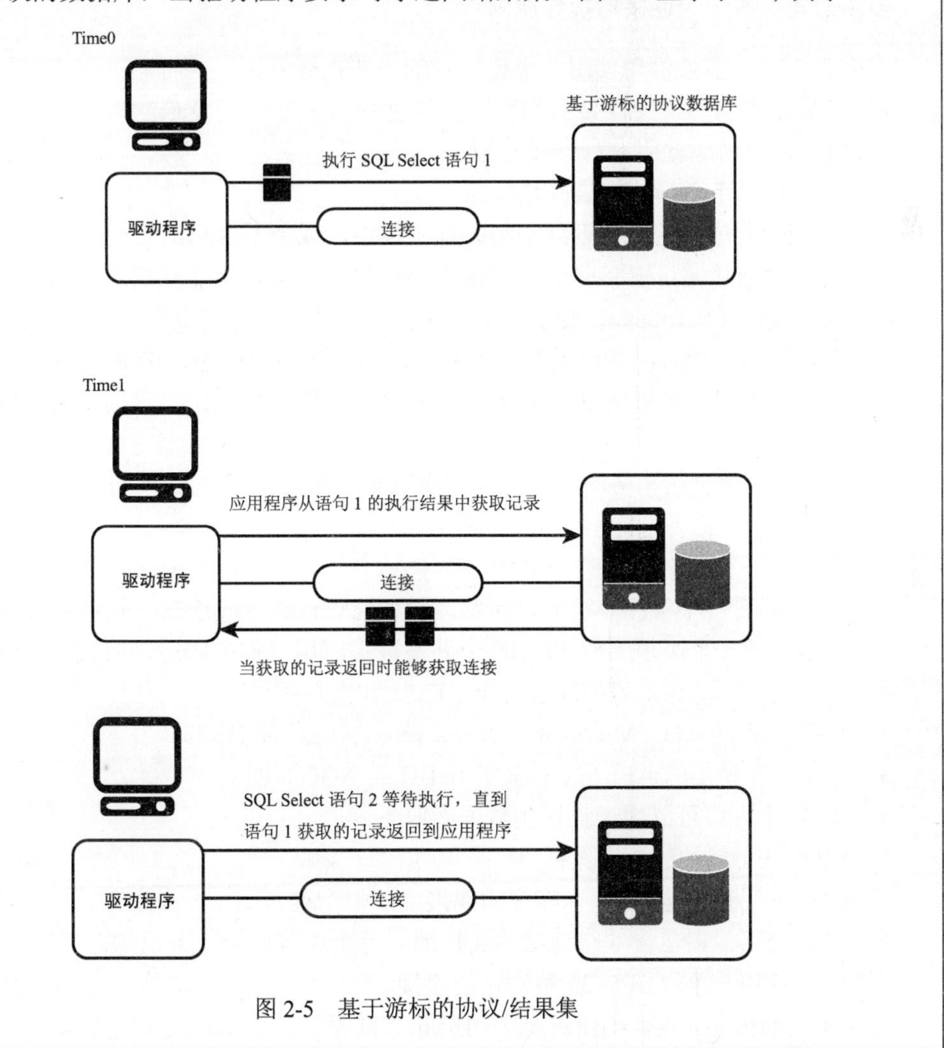

图 2-5　基于游标的协议/结果集

优点与缺点

使用为多条语句创建一个连接的优点是，这种方式降低了创建多个连接的开销，并且允许多条语句访问数据库。同时减少了数据库服务器和客户端机器的负担。

使用这种连接管理方法的缺点是，为了执行一条语句，应用程序必须等待，直到能够获取连接。我们已经在“多条语句共享一个连接的工作原理”部分解释了其中的原因。

多条语句共享一个连接的指导原则

下面列出当为多条语句使用一个连接时的一些指导原则：

- 当数据库服务器的硬件有限制时，例如内存限制，以及遇到以下一个或多个情况时，可以考虑使用这种连接模型：

  a. 使用基于游标的协议的数据库。

  b. 应用程序中的语句返回的结果集比较小，或者不返回结果集。

  c. 等待连接是可以接受的。根据应用程序的要求，不能获取连接的时间间隔是可以让人接受的。例如，对于一个记录雇员时间的内部应用程序，5 秒的等待时间可能是可以接受的，而对于在线事务处理(OLTP)应用程序，例如 ATM 应用程序，5 秒的等待时间可能无法让人接受。您的应用程序可以让用户接受的响应时间是多长呢？

- 当应用程序使用事务时，不应当使用这种连接模型。

4．案例研究：设计连接

下面让我们看一个案例分析，以帮助理解如何设计数据库连接。具体环境如下：

- 环境包括一个必须支持 20~100 个并发数据库用户的中间层，并且性能是很关键的。
- 无论是中间层还是数据库服务器，CPU 和内存都很充足。
- 数据库是 Oracle、Microsoft SQL Server、Sybase 或 DB2。
- 应用程序使用的 API 是 ODBC、JDBC 或 ADO.NET。
- 有 25 个许可可以用于连接到数据库服务器。

下面是一些可能的解决方案：

方案 1：使用最多包含 20 个连接的连接池，每个连接用于一条语句。

方案 2：使用最多包含 5 个连接的连接池，每个连接用于 5 条语句。

方案 3：使用一个用于 5~25 条语句的连接。

在本案例研究中，关键的信息是中间层和数据库服务器具有足够的 CPU 和内存，并且具有足够的许可连接到数据库服务器。其他信息对于设计数据库连接实际上并不重要。

方案 1 是最好的方案，因为相对于其他两个方案，该方案执行的更好。为什么呢？因为所有的语句能够同时访问数据库,每个连接处理一条语句可以为用户提供更快的结果集。

方案 2 和方案 3 的架构是多条语句使用一个连接。在这些方案中，一个连接会成为瓶颈，这意味着为用户返回结果会更慢。因此，这些方案不能满足“性能是很关键的”这一要求。

2.1.2　事务管理

事务是根据数据库组成一个工作单元的一条或多条 SQL 语句,并且要么事务中的所有语句作为一个单元提交给数据库，要么所有的语句作为一个单元回滚。这个工作单元通常满足用户需求，并确保数据的完整性。例如，当使用计算机从一个银行账户向另外一个银行账户转账时，就需要包含事务：为两个账户更新存储在数据库中的数值。当事务完成后，数据库中的改变就是永久的，事务必须作为整体完成。

在应用程序中使用哪种事务提交模式是正确的？对于数据库应用程序正确的事务模型是什么：本地模型还是分布式模型？使用在本节提供的指导原则，可以帮助您高效地管理事务。

对于使用基于标准的 API，还应当阅读其他章节；这些章节为各种 API 提供了特定的示例：

- 对于 ODBC 用户，请阅读第 5 章。
- 对于 JDBC 用户，请阅读第 6 章。
- 对于 ADO.NET 用户，请阅读第 7 章。

1. 管理事务提交

提交(以及回滚)事务是比较慢的，因为需要进行磁盘 I/O，并且潜在地需要大量的网络往返。提交实际上涉及哪些操作呢？事务对数据库生成的每个修改必须写入到磁盘中。通常是连续写入日志文件或日志(log)；尽管如此，提交事务需要昂贵的磁盘 I/O。

在大多数基于标准的 API 中，默认的事务提交模式是自动提交。在自动提交模式下，会为每条请求数据库操作的 SQL 语句，例如 Insert、Update、Delete 以及 Select 语句，执行事务。当使用自动提交模式时，应用程序不能控制提交数据库工作的时机。实际上，在向数据库提交工作时，通常没有发生实际需要提交的工作。

有些数据库系统，例如 DB2，不支持自动提交模式。对于这些数据库，默认情况下，在每个成功的操作(SQL 语句)之后，数据库驱动程序向数据库发送一个提交请求。这个请求需要在驱动程序和数据库之间通过网络往返一次。尽管应用程序没有请求提交，并且即使操作没有改变数据库，也需要通过网络将提交发送到数据库。例如，甚至当执行 Select

语句时，也需要网络往返。

因为对数据库服务器的每个操作都需要大量的磁盘 I/O，并且还需要在驱动程序和数据库之间进行额外的网络往返，所以在大多数情况下，希望在应用程序中关闭自动提交模式。关闭自动提交模式之后，应用程序就能够控制何时提交数据库工作了，这样可以得到更好的性能。

考虑下面一个真实的例子。ASoft Corporation 软件公司编写了一个基于标准的数据库应用程序，并且在进行测试时发现性能很差。性能分析表明，问题是由发送到数据库的 500 万条 Insert 语句造成的。由于使用自动提交模式，这意味着需要通过网络传递附加的 500 万条 Commit 语句，并且在执行 Insert 语句之后，插入的每一条记录被立即写入到磁盘。当在这个应用程序中关闭自动提交模式之后，由驱动程序发送并在数据库服务器上执行的语句，从 1000 万条(500 万条 Insert 语句＋500 万条 Commit 语句)减少到五百万零一条(500 万条 Insert 语句＋一条 Commit 语句)。因此，应用程序处理时间从 8 小时减少到 10 分钟。处理时间为什么会相差如此多呢？这是因为关闭了自动提交模式之后，数据库服务器需要的磁盘 I/O 明显减少，并且网络往返次数减少了一半。

性 能 提 示

尽管关闭自动提交模式能够有助于提高应用程序的性能，但是也不能太过分。使事务处理处于活动状态，会因为对记录进行加锁的时间比所需要的时间更长，从而影响其他用户访问记录，造成吞吐量降低。通常，周期性地提交事务，以得到最好的性能和可以接受的并行操作。

如果关闭了自动提交模式，使用手动提交，那么何时提交工作更合理呢？这取决于以下因素：

- 应用程序执行的事务的类型。例如，应用程序执行的事务是修改数据还是读取数据？如果应用程序是修改数据，是否是更新大量数据？
- 应用程序执行事务的频率。

对于大多数应用程序，最好在每个逻辑单位的工作之后执行事务。例如，考虑一个银行应用程序，该程序允许用户从一个账户向另外一个账户转账。为了保护数据的完整性，在两个账户上的账目都使用新账目更新之后，提交事务是合理的。

然而，如果应用程序允许客户每隔几个月生成账户每天的收支平衡情况，该如何操作呢？对于这种情况，工作单位是一系列 Select 语句，一条接着一条执行，并返回一列收支平衡情况。在大多数情况下，针对数据库执行每条 Select 语句时，都会对记录进行加锁，以防止其他用户更新数据。如果加锁记录的时间比所需要的时间更长，处于活动状态的事务会防止其他用户更新数据，这最终会减少吞吐量，并导致并行操作问题。对于这种情况，可能希望周期性地提交 Select 语句(例如，每 5 条 Select 语句提交一次)，从而及时地释放加锁。

此外，使事务处于活动状态需要消耗数据库内存。请记住，数据库需要将事务引起的每个修改，写入到存储在数据库内存的日志中。提交事务则会刷新日志的内容并释放数据库内存。如果应用程序使用更新大量数据的事务(例如，1000 条记录)，并且不提交修改，应用程序会消耗大量的数据库内存。对于这种情况，可能希望在每条更新大量数据的语句之后提交事务。

应用程序提交事务的频率也决定了应当何时提交事务。例如，如果应用程序每天只执行三个事务，则可以在每个事务执行之后就提交。相反，如果应用程序频繁地执行由 Select 语句构成的事务，可能希望每 5 条 Select 语句之后进行提交。

2. 隔离级别

在本书中不会详细介绍隔离级别，但是设计人员应当了解数据库系统使用的默认事务隔离级别。事务隔离级别代表一种特定的加锁策略，数据库系统使用这种加锁策略提高数据的完整性。

大多数数据库系统支持几个隔离级别，基于标准的 API 提供了设置隔离级别的方法。然而，如果使用的数据库系统没有提供在应用程序中设置的隔离级别，则隔离级别设置没有效果。确保选择具有所需要的数据完整性级别的驱动程序。

3. 本地事务与分布式事务

本地事务是只访问和更新一个数据库中数据的事务。本地事务比分布式事务明显要快，因为本地事务不需要在多个数据库之间进行通信，这意味着执行本地事务需要更少的日志记录和更少的网络往返。

当应用程序不是必须访问或更新位于网络上的多个数据库中的数据时，应当使用本地事务。

分布式事务是访问和更新多个网络数据库或系统中的数据，并且必须在这些数据库或系统之间进行协调的事务。这些数据库可能是位于单个服务器上的不同类型的数据库，例如 Oracle、Microsoft SQL Server 以及 Sybase；也可能是位于众多服务器上的同一类型数据库的不同实例。

使用分布式事务的主要原因是需要确保数据库之间保持一致。例如，假设一个商品目录公司有一个中心数据库，为该公司的所有发行中心保存商品目录。此外，该公司还有一个用于东海岸发行中心的数据库，以及一个用于西海岸发行中心的数据库。当放置一个目录订货单时，应用程序需要更新中心数据库以及东部海岸发行中心或西部海岸发行中心数据库。应用程序在一个分布式事务中执行操作，以确保在中心数据库中保存的信息和相应发行中心数据库中保存的信息保持一致。如果在更新这两个数据库之前，网络连接失败，整个事务将被回滚；否则，更新数据库。

使用分布式事务比本地事务速度要慢，因为需要在分布式事务涉及的所有数据库之间进行通信，需要日志操作和网络往返。

例如，图 2-6 显示了在本地事务中发生的情况。

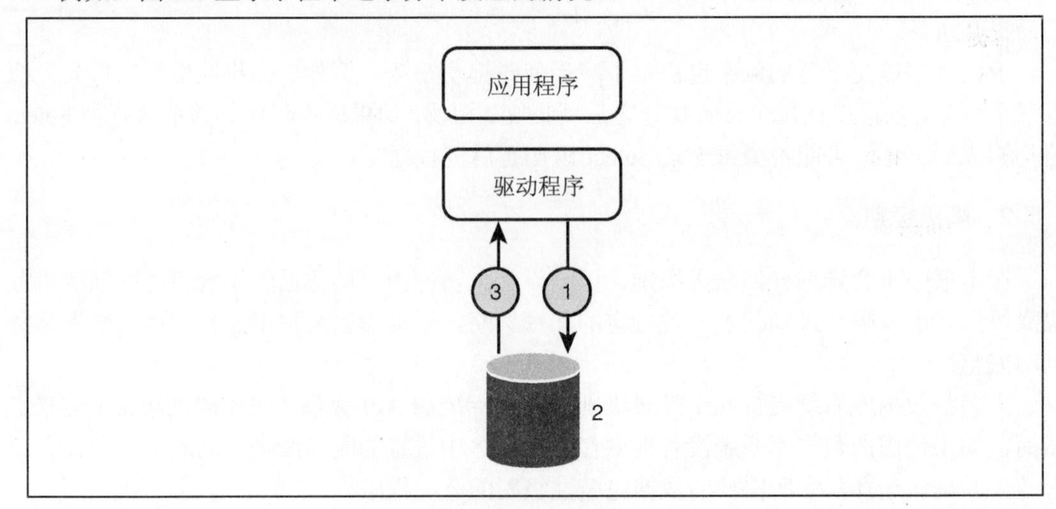

图 2-6　本地事务

当应用程序执行本地事务时，执行过程如下：

(1) 驱动程序发出一个提交请求。

(2) 如果数据库能够提交事务，则提交，并且向其日志写入一条记录。如果不能提交事务，则回滚。

(3) 数据库向驱动程序回复一条状态消息，指示提交是成功了还是失败了。

图 2-7 显示了在执行分布式事务时发生的情况，在分布式事务中，涉及到的数据库必须同时提交或同时回滚事务。

当应用程序请求执行一个分布式事务时，发生的过程如下：

(1) 驱动程序发送一个提交请求。

(2) 事务协调程序向事务涉及到的所有数据库，发送一个预先提交请求。

a. 事务协调程序向所有数据库发送一条提交请求命令。

b. 每个数据库执行事务，到达数据库要求提交的位置，并且向它的日志中写入恢复信息。

c. 每个数据库通过向事务协调程序回复一条状态消息，指示事务是否成功地执行到了指定的位置。

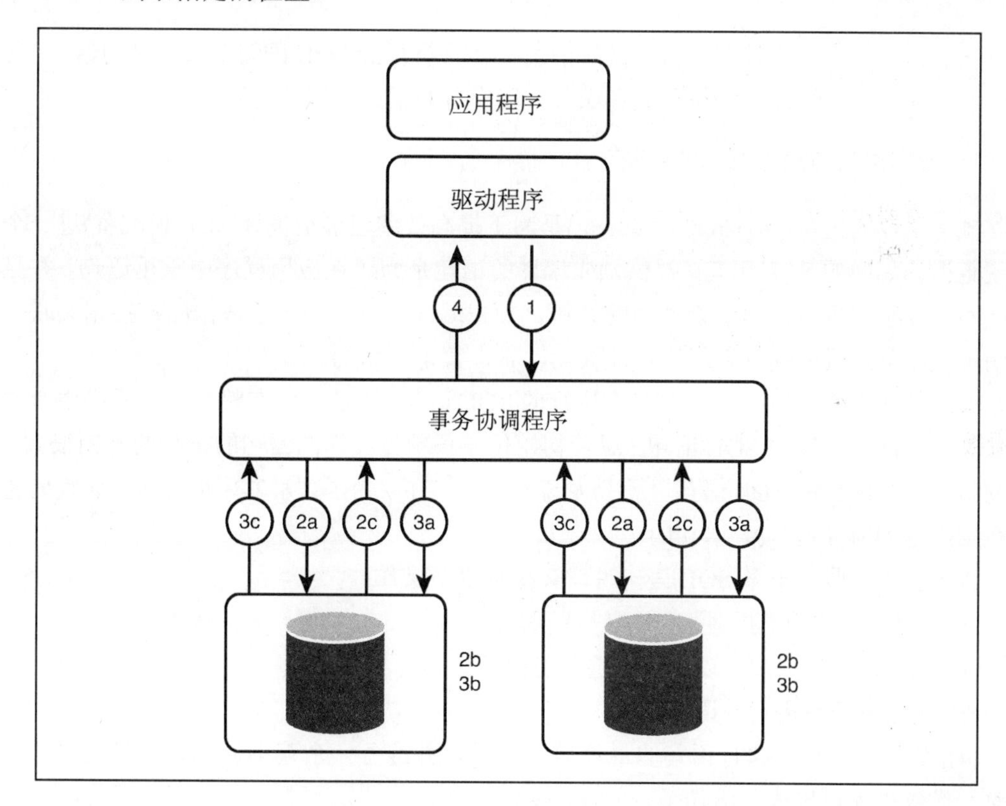

图 2-7　分布式事务

(3) 事务协调程序一直在等待，直到它接收到来自每个数据库的状态消息。如果事务协调程序从所有的数据库接收到指示成功的消息，则执行以下过程：

a．事务协调程序向所有的数据库发送一条提交消息。

b．每个数据库完成提交操作，并释放在事务执行期间使用的所有加锁和资源。

c．每个数据库向事务协调程序返回一个状态，指示操作是成功了还是失败了。

(4) 当接收到所有的确认通知，以及向驱动程序返回指示提交是成功了还是失败了的状态之后，事务协调程序完成事务。

Java 用户请注意

许多 Java 应用程序服务器的默认事务行为使用分布式事务，所以如果不需要分布式事务，将默认事务行为改为本地事务，可以提高性能。

2.1.3 SQL 语句

在应用程序中是否具有一些定义好的会被多次执行的 SQL 语句？如果是的话，您最有可能希望使用预先编译的语句，或者如果环境支持的话，使用语句池。

1. 使用语句与预先编译的语句

预先编译的语句(prepared statement)是为了提高效率已经被编译(或者说准备)进一个访问或查询计划中的 SQL 语句。提供预先编译的语句是为了在应用程序中重用语句，并且数据库不需要承担重新创建查询计划的开销。预先编译的语句和一个数据库连接相关联，直到明确关闭语句或者拥有它的连接被关闭，它一直是可用的。

大多数应用程序有一些需要多次执行的 SQL 语句，以及一些在整个应用程序生命周期中只执行一次或两次的 SQL 语句。尽管初始化一条预先编译的语句的执行的开销很大，但后续执行预先编译的 SQL 语句时就会发现它的优点了。为了理解其中的原因，让我们看一看数据库是如何处理 SQL 语句的。

当数据库接收到一条 SQL 语句时，会执行以下操作：

(1) 数据库解析语句，并查找语法错误。

(2) 数据库验证用户，以确保用户具有执行语句的权限。

(3) 数据库检查语句的语义。

(4) 数据库规划出执行语句的最高效的方式，并准备一个查询计划。一旦创建了查询计划，数据库就可以执行语句了。

当一条预先编译的语句被发送到数据库时，数据库保存查询计划，直到该语句被关闭。这样就允许查询一次又一次地重复执行，而不用重复上面给出的步骤。例如，如果作为预先编译的语句，向数据库发送下面的 SQL 语句，数据库会保存查询计划：

```
SELECT * FROM Employees WHERE SSID= ?
```

注意，这条 SQL 语句使用一个参数占位符，从而允许为语句的每次执行，改变 WHERE 子句中的值。不要在预先编译的语句中使用字面值，除非语句每次使用相同的值执行。这种情况很少见。

使用预先编译的语句，通常会导致和数据库服务器之间进行至少两次网络往返：

- 一次网络往返用于解析和优化查询
- 一次或多次网络往返执行查询并返回结果

性能提示

如果应用程序在其生命周期中只请求执行语句一次，那么使用语句而不是使用预先编译的语句更好一些，因为这样只需要一次网络往返。请记住，减少网络通信通常会得到更好的性能。例如，如果有一个应用程序运行一天的销售报告，生成报告数据的查询应当作为一条语句而不是作为预先编译的语句发送到数据库。

注意，并不是所有的数据库系统都支持预先编译的语句；Oracle、DB2 以及 MySQL 支持预先编译的语句，而 Sybase 和 Microsoft SQL Server 不支持。如果应用程序向 Sybase 或 Microsoft SQL Server 发送预先编译的语句，这些数据库系统创建存储过程。因此，对这两个数据库系统使用预先编译的语句，执行速度会更慢。

有些数据库系统，例如 Oracle 和 DB2，允许同时进行语句的准备和执行。这个功能提供了两个好处。首先，它消除了一次到数据库服务器的往返。其次，当设计应用程序时，您不需要知道是否计划再次执行语句，因为这个功能允许自动优化语句的下一次执行。

阅读下一小节有关语句池的内容，查看预先编译的语句和语句池是如何密切关联地执行的。

2. 语句池

对于重复执行相同 SQL 语句的应用程序，使用语句池可以提高性能，因为对于相同的语句，它防止了重复解析和创建游标(服务器方用于管理 SQL 请求的资源)，以及相应网络往返的开销。

语句池(statement pool)是一组应用程序能够重复使用的预先编译的语句。语句池不是数据库系统的特征；它是数据库驱动程序和应用程序服务器的特征。语句池由一个物理连接所拥有，在它们首次执行后，预先编译的语句就被放置到池中。有关语句池的详细内容，请查看第 8 章。

当使用语句池时，是使用语句还是使用预先编译的语句呢？

- 如果正在使用语句池和一条只会执行一次的 SQL 语句，则应该使用语句，该语句不会被放置到语句池中。这样可以避免相应的在池中查找该语句的负担。
- 如果 SQL 语句的执行不是很频繁，但是在语句池的生命周期内可能会执行多次，则使用预先编译的语句。在没有语句池的类似情况下，则使用语句。例如，如果有一些语句每隔 30 分钟执行一次(不是很频繁)，语句池被配置为最多包含 200 条语句，并且语句池永远不会被填满，则这种情况下应当使用预先编译的语句。

2.1.4 数据检索

为了高效地检索数据，请遵循下面的原则：

- 只返回需要的数据。请阅读“检索长数据”小节。
- 选择最高效的方法返回数据。请阅读“限制返回的数据量”小节，以及“选择正确的数据类型”小节。
- 避免在数据中滚动。请阅读“使用可滚动游标”小节。
- 调校数据库中间件，以减少在数据库驱动程序和数据库之间的通信量。请阅读 2.3 节“网络”。

对于特定的 API 代码示例，请根据使用的基于标准的 API，阅读相关章节：

- 对于 ODBC 用户，请阅读第 5 章。
- 对于 JDBC 用户，请阅读第 6 章。
- 对于 ADO.NET 用户，请阅读第 7 章。

1．理解驱动程序检索数据的时机

您可能会认为，应用程序执行查询然后返回结果中的一条记录，数据库驱动程序只检索一条记录。然而，在大多数情况下，这是不正确的；驱动程序检索许多条记录数据(一块数据)，但是只向应用程序返回一条记录。这就是为什么应用程序第一次获取执行查询检索的数据比后续获取数据使用的时间要长的原因。后续获取检索的数据要更快一些，因为它们不需要网络往返；数据记录已经位于客户端的内存中。

一些数据库驱动程序允许配置连接选项，指定一次检索的数据量。当检索许多记录时，如果一次检索更多的数据，可以减少驱动程序通过网络返回数据的次数，从而增加吞吐量。一次检索更少的数据可以缩短响应时间，因为服务器传输数据需要较少的延迟等待。例如，如果应用程序正常情况下获取 200 条记录，那么驱动程序每次通过网络返回 200 条记录，比通过 4 次往返每次返回 50 条记录效率更高。

2．检索长数据

通过网络检索长数据——例如大 XML 数据、长文本、长二进制数据、Clob 数据以及 Blob 数据——速度比较慢，而且需要消耗很多资源。应用程序用户确实需要获取长数据吗？如果确实需要，应当仔细考虑以实现最佳设计。例如，考虑一个雇员目录应用程序的用户界面，该应用程序允许用户查询一个雇员的电话分机号码和部门，并且可以通过单击雇员的名字，随意查看雇员的照片。

Employee	Phone	Dept
Harding	X4568	Manager
Hoover	X4324	Sales
Lincoln	X4329	Tech
Taft	X4569	Sales

如果用户只是希望查找电话分机号码，而程序同时还返回每个雇员的照片，就会降低应用程序的性能，这是没有必要的。如果用户确实希望查看照片，他们可以单击雇员的名字，应用程序可以再次查询数据库，指定只查询 Select 列表中的长列。通过这种方法，用户可以返回结果集，而不会因为通过网络传输大量数据而严重影响性能。

许多应用程序的设计是发送像 SELECT * FROM employees 这样的查询，然后请求他们只希望查看的三列。在这种情况下，驱动程序仍然需要通过网络检索所有数据，包括雇员照片，即使应用程序永远不请求查看照片数据。

有些数据库系统已经对检索长数据时在数据库中间件和数据库驱动程序之间昂贵的交互，通过提供优化过的称之为 LOB(CLOB、BLOB 等)的数据类型进行了优化。如果数据库系统支持这些数据类型，并且长数据是使用这些类型创建的，那么类似 SELECT * FROM employees 这样的查询的处理过程，相对不那么昂贵。原因如下：当返回一条结果记录时，驱动程序只为长数据(LOB)的值返回一个占位符。该占位符的位数通常是一个整数的位数——非常小。只有当应用程序明确检索结果列的值时，才会返回实际的长数据(图片、文档、扫描的图像等)。

例如，如果使用以下列字段创建雇员表：FirstName、LastName、EmpId、Picture、OfficeLocation 以及 PhoneNumber，并且 Picture 列是长二进制类型，在应用程序、驱动程序以及数据库服务器之间，会发生以下交互：

(1) 执行一条语句——应用程序通过驱动程序向数据库服务器发送一条 SQL 语句(例如，SELECT * FROM table WHERE …)。

(2) 获取记录——因为驱动程序不知道应用程序具体需要哪些值，所以驱动程序从数据库服务器检索所有结果列的所有值。当需要时，所有的数值都必须可以使用，这意味着从数据库服务器检索雇员的整个图像，而不管应用程序最后是否会处理该图像。

(3) 将结果值返回到应用程序——当应用程序请求数据时，它一列一列地将数据从驱动程序移动到应用程序缓冲区中。即使应用程序已经限定了结果记录的范围，应用程序仍然能够请求临时安排的结果列。

现在假设使用相同的列创建雇员表，只是将 Picture 列的数据类型改为 BLOB。现在，在应用程序、驱动程序以及数据库服务器之间发生的交互如下：

(1) 执行一条语句——应用程序通过驱动程序向数据库服务器发送一条 SQL 语句(例如，SELECT * FROM table WHERE …)。

(2) 获取记录——与上面的例子相同，驱动程序从数据库服务器检索所有结果列的所有值。然而，在当前情况下，不会从数据库服务器检索整个雇员图像，而只是检索一个占位符整数值。

(3) 将结果值返回到应用程序——当应用程序请求数据时，它一列一列地将数据从驱动程序移动到应用程序缓冲区中。如果应用程序请求 Picture 列的内容，驱动程序向数据库服务器启动一个请求，检索由刚才检索到的占位符数值标识的雇员图像。在这种情况下，推迟了与检索图像相关的性能冲击，直到应用程序实际请求图像数据。

通常，LOB 数据类型是有用的并且是可取的，因为它们根据需要高效地使用长数据。当准备处理大量长数据时，使用 LOB 会在驱动程序和数据库服务器之间导致额外的网络往返。例如，在前面的例子中，当请求 LOB 值时，为了检索 LOB 值驱动程序必须启动一个额外的请求。这些额外的网络往返对应用程序整体性能的影响，通常是比较微小的，因为在整个执行过程中最耗费资源的部分是，为了返回长数据的全部内容所需要的在驱动程序和数据库服务器之间的往返数量。

尽管您可能更喜欢使用 LOB 数据类型，但是并不总是可以使用这种方法，因为目前在企业使用的许多数据是以前创建的。现在处理的大部分数据是在 LOB 数据类型出现之前创建的，所以使用的表的模式可能不包含 LOB 数据类型，即使现在使用的数据库系统版本支持 LOB 数据类型。当然，不管在表模式中定义了什么数据类型，在本节中提供的编码技巧还是可取的。

性 能 提 示

在设计应用程序时，不要在 Select 列表中包含长数据。

3. 限制返回的数据量

提高性能最简单的方法是限制数据库驱动程序和数据库服务器之间的网络传输量——一种方法是编写 SQL 查询，指示驱动程序只从数据库检索应用程序需要的数据，并只将需要的数据返回到应用程序。然而，有些应用程序需要使用会产生大量数据传输的 SQL 查询。例如，考虑一个需要显示来自支持案例历史的信息的应用程序，每个案例历史包含一个 10MB 的日志文件。但是，用户实际需要查看文件的全部内容吗？如果不是，那么应用程序只显示日志文件中开头部分的 1MB 内容，可以提高性能。

性 能 提 示

当不能避免返回会产生大量网络传输的数据时，通过以下方法控制正准备从数据库向驱动程序发送的数据量：

- 限制通过网络发送的记录的数量
- 减小通过网络发送的记录的大小

可以通过使用应用程序使用的 API 中的方法或函数实现该目标。例如，在 JDBC 中，使用 setMaxRows()函数限制查询返回的记录数量。在 ODBC 中，使用 SQL_ATTR_MAX_LENGTH 选项调用 SQLSetStmtAttr( )函数，限制从一列值中返回的数据的字节数量。

4．选择正确的数据类型

处理器技术的发展，为操作方式带来了重大改进，例如浮点数数学运算。然而，如果应用程序的活动部分没有被放进芯片的高速缓存中，检索和返回某些数据类型的开销很大。如果正在大量使用数据，选择使用处理效率最高的数据类型。通过网络检索和返回某些数据类型，能够增加或减少网络传输量。表 2-1 根据处理速度，按最快到最慢的顺序列出了各种数据类型，并解释了原因。

表 2-1 处理速度从最快到最慢的数据类型

数 据 类 型	处 理
binary	从数据库向应用程序缓冲区传递原始类型的数据
int、smallint、float	从数据库向应用程序缓冲区传递固定格式的数据
decimal	从数据库向数据库驱动程序传递专有数据。驱动程序必须进行解码，这需要使用 CPU，然后通常需要转换为一个字符串(注意：所有的 Oracle 数字类型实际上都是 decimal 类型)
timestamp	从数据库向数据库驱动程序传递专有数据。驱动程序必须进行解码，这需要使用 CPU，然后通常需要转换为多部分结构或字符串。处理 timestamp 类型和处理 decimal 类型的区别是，这个转换需要将数据转换成多个部分(年、月、日、秒等)
char	通常，需要传递从一个代码页转换为另一代码页的大量数据，这个过程需要耗费很多 CPU 处理时间，不是因为转换困难，而是因为需要转换的数据量很大

图 2-8 显示了当一列被定义为 64 位整数类型与 decimal(20)数据类型时，每秒返回记录数量的比较。在每种情况中返回相同的值。正如从图中所看到的，当数据作为整数返回时，每秒返回的记录数量要多许多。

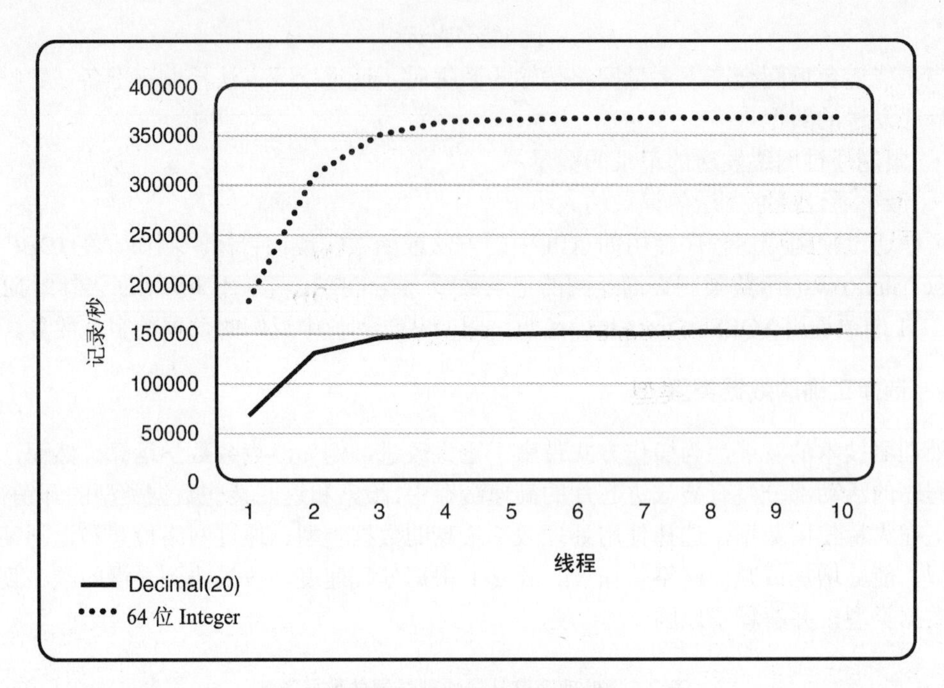

图 2-8 不同数据类型的比较

性 能 提 示

对于多用户、多卷的(multivolume)应用程序，每天在驱动程序和数据库服务器之间可能会传输几十亿、甚至几万亿个网络包。选择处理效率比较高的数据类型能够显著提高性能。

5. 使用可滚动游标

可滚动游标(scrollable cursors)允许应用程序可以在结果集中向前或者向后移动。然而，因为在许多数据库系统中限制在服务器方使用可滚动游标，驱动程序经常模拟可滚动游标，这需要在驱动程序所在机器(客户端或应用程序服务器)的高速缓存中，存储可滚动结果集中的记录。表 2-2 列出了 5 种主要数据库系统，并解释了它们对服务器方可滚动游标的支持。

表 2-2 数据库系统对服务器方可滚动游标的支持

数据库系统	解 释
Oracle	本地不支持数据库服务器方可滚动游标。驱动程序通过在客户端模拟这一功能，向应用程序提供可滚动游标

(续表)

数据库系统	解　　释
MySQL	本地不支持数据库服务器方可滚动游标。驱动程序通过在客户端模拟这一功能，向应用程序提供可滚动游标
Microsoft SQL Server	通过存储过程支持数据库服务器方可滚动游标。大多数驱动程序为应用程序提供服务器方游标
DB2	本地支持一些服务器方可滚动游标模型。有些驱动程序为最新的 DB2 版本提供服务器方可滚动游标支持。然而，大多数驱动程序通过在客户端模拟这一功能，向应用程序提供可滚动游标
Sybase ASE	在 Sybase ASE 15 版本中引入了服务器方可滚动游标的本地支持。版本 15 之前的版本，本地不支持服务器方可滚动游标。驱动程序通过在客户端模拟这一功能，向应用程序提供可滚动游标

我们曾经多次看到过的一个应用程序设计缺陷是，应用程序使用可滚动游标确定结果集中包含多少条记录，即使数据库系统不支持服务器方可滚动游标。这是一个 ODBC 的例子；对于 JDBC 情况相同。除非确定数据库本地支持使用可滚动的结果集，否则不要调用 SQLExtendedFetch( )函数查找结果集中包含多少条记录。对于模拟可滚动游标的驱动程序，调用 SQLExtendedFetch( )函数会导致驱动程序通过网络返回所有结果，以到达最后一条记录。

这种可滚动游标的模拟模型，为开发人员提供了灵活性，但是随之而来的是性能损失，直到完全生成客户端记录缓存。不要使用可滚动游标确定记录的数量，而应当通过在结果集中进行迭代统计记录，或者通过提交一条包含 Count 函数的 Select 语句获取记录的数量。例如：

```
SELECT COUNT(*) FROM employees WHERE ...
```

2.1.5　扩展的安全性

扩展的安全性会造成性能损失，这不是什么秘密。如果曾经开发过要求安全性的应用程序，相信已经发现了这一绝对真理。在本书中包含本小节，是为了指出安全性造成的性能损失，并且如果可能的话，为限制这些损失提供建议。

在本小节中，我们将讨论两种类型的安全：网络认证和网络传输中的数据加密(与之对应的是在数据库中的数据加密)。

如果选择的数据库驱动程序不支持网络认证或数据加密，不能在数据库应用程序中使用这些功能。

1. 网络认证

在大多数计算机系统上，使用加密的密码验证用户身份。如果系统是分布式网络系统，这个密码会在网络上进行传递，并且可能被恶意黑客所拦截并解密。因为这个密码是用于识别用户信息的秘密部分，任何知道用户密码的人都可以成为有效的用户。

在企业中，使用密码还不足够安全。您可能还需要网络认证。

Kerberos，一种网络认证协议，为识别用户提供了一种方法。在用户请求网络服务的任何时间，例如数据库连接，他们必须证明他们的身份。

Kerberos 最初是由 MIT(麻省理工学院)作为开放计算环境的安全问题的一种解决方案而开发的。Kerberos 是一种用于验证用户身份的可信任第三方认证服务。

Kerberos 为它的客户及其私人密钥保管一个数据库(Kerberos 服务器)。私人密钥(private key)是一个复杂的由公式产生的数值，该数值只有 Kerberos 和所属客户知道。如果客户是用户，私人密钥是一个加密的密码。

需要认证的网络服务和希望使用这些服务的客户都必须使用 Kerberos 进行注册。因为 Kerberos 知道所有客户的私人密钥，它为服务器创建确认客户端的消息，以及为客户端创建确认服务器的消息。

概括地说，Kerberos 的工作过程如下：

(1) 用户获取用于请求访问网络服务的证书。从 Kerberos 服务器并以 Ticket-Granting Ticket(TGT)的形式获取这些证书。这个 TGT 授权 Kerberos 服务器给予用户一个服务许可(ticket)，该服务许可授权用户访问网络服务。

(2) 用户为具体的网络服务请求认证。Kerberos 服务器验证用户的证书，并为用户发送一个服务许可。

(3) 用户向终端服务器提供服务许可。如果终端服务器确认了用户，那么就同意提供服务。

图 2-9 显示了当使用 Kerberos 请求数据库连接(一种网络服务)的一个例子。

应用程序用户得到 TGT 之后，请求数据库连接：

(1) 应用程序为获取数据库连接向 Kerberos 服务器发送一个请求。

(2) Kerberos 服务器返回一个服务许可。

(3) 应用程序向数据库服务器发送服务许可。

(4) 数据库服务器确认客户端，并提供连接。

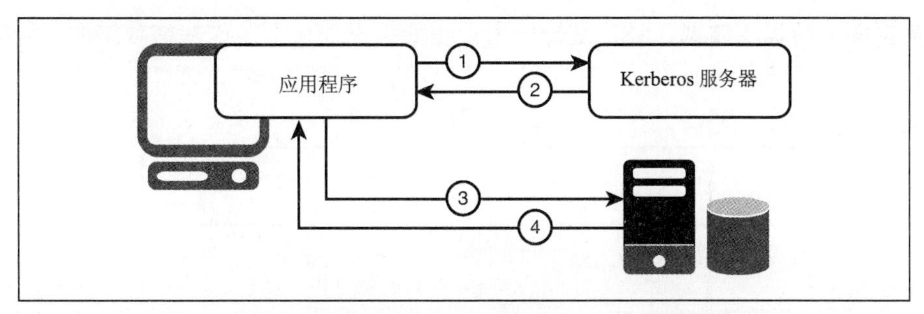

图 2-9　Kerberos

即使不使用 Kerberos，数据库连接对于性能的影响也是很大的；它们需要 7~10 个网络往返(有关更多细节，请查看 2.1.1 节中的“为什么建立连接对性能的影响很大”部分)。使用 Kerberos 的代价是为了建立数据库连接需要增加更多的网络往返。

性 能 提 示

当使用 Kerberos 时，为了得到尽可能好的性能，将 Kerberos 服务器放置到专用机器上，将在这台机器上运行的网络服务减少到绝对最少，并确保到这台机器有一个快速的、可靠的网络连接。

2. 网络传输中的数据加密

如果没有配置数据库连接使用数据加密，数据使用“本地”格式在网络上传输；例如，4 个字节的整数作为 4 个字节的整数在网络上传输。本地格式是由以下厂商定义的：

- 数据库厂商
- 在驱动程序使用独立的协议架构的情况下，例如 Type 3 JDBC 驱动程序，本地格式是由数据库驱动程序厂商定义的。

本地格式的设计原则是提高传输速度，并且在付出一定的时间和努力的情况下，能够被拦截器解码。

因为本地格式没有提供完全的保护以避免拦截和解码，所以可能希望使用数据加密提供更加安全的数据传输。例如，在以下情况下可能希望使用数据加密：

- 办公室人员在内部企业网上共享证书信息。
- 通过数据库连接，发送敏感的数据，例如信用卡号。
- 需要遵守政府或工业秘密和安全方面的要求。

可以通过使用用于控制消息传输安全的协议实现数据加密，例如加密套接字协议层(Secure Sockets Layer，SSL)。有些数据库系统，例如用于 z/OS 的 DB2，实现了它们自己的数据加密协议。特定于数据库的协议的工作方式和造成的性能负担与 SSL 类似。

在数据库应用程序领域，SSL 是一个用于在数据库连接上发送加密数据的工业标准协议。SSL 通过加密信息保证数据的完整性，并提供客户端/服务器认证。

从性能角度考虑，SSL 引入了附加的处理层，如图 2-10 所示。

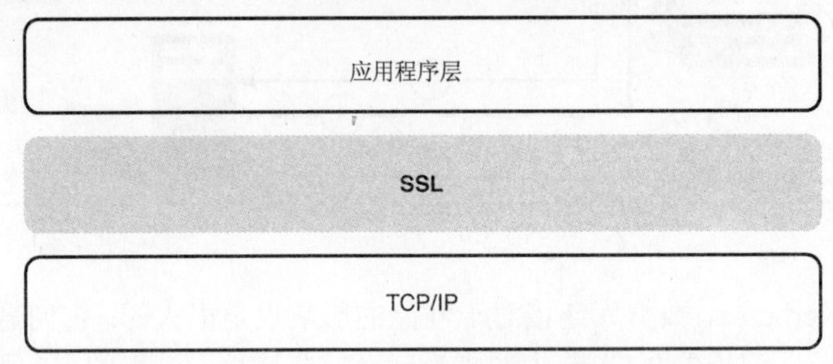

图 2-10　SSL：附加的处理层

SSL 层包含两个会耗费 CPU 的方面：SSL 握手和加密。

当使用 SSL 加密数据时，为了进行协商，并就将要使用的加密/解密信息达成协议，创建数据库连接的处理过程需要在数据库驱动程序和数据库之间包含额外的步骤。这被称为 SSL 握手。一次 SSL 握手需要多个网络往返，以及附加的 CPU 时间，用于处理每个 SSL 数据库连接需要的信息。

在 SSL 握手期间，发生下列步骤，如图 2-11 所示：

(1) 应用程序通过数据库驱动程序向数据库服务器发送一个连接请求。

(2) 数据库服务器返回它的证书和一系列支持的加密方法(密码组)。

(3) 当数据库驱动程序和服务器就加密方法达成协议后，建立一个安全的、加密的会话。

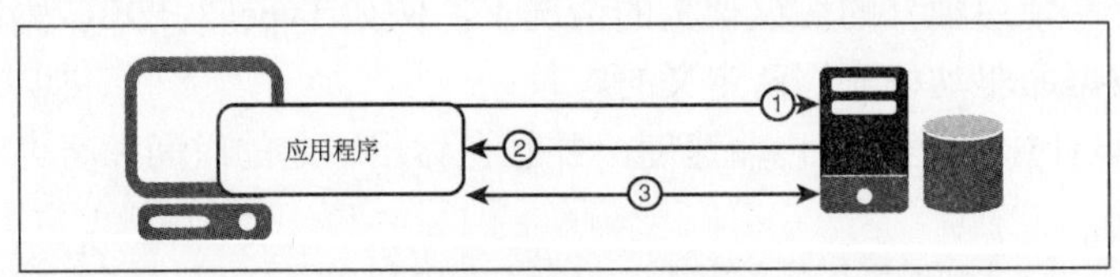

图 2-11　SSL 握手

需要传输的数据的每个字节都要进行加密；所以，需要加密的数据越多，所需要的处理时间就越多，这意味着更慢的网络吞吐量。

SSL 支持对称加密方法，例如 DES、RC2 和三重 DES。这些对称方法中的某些方法比其他方法会导致更大的性能损失，例如，三重 DES 比 DES 更慢，因为必须使用更大的键，对数据进行加密和解密。更大的键意味着需要引用、复制和处理更多的内存。我们不总是能够控制数据库服务器使用的加密方法，但是知道使用的是哪种加密方法是很好的，从而可以设置真实的性能目标。

图 2-12 显示了一个 SSL 连接如何影响吞吐量的例子。在这个例子中，相同的基准使用相同的应用程序、JDBC 驱动程序、数据库服务器、硬件以及操作系统运行两次。一次使用 SSL 连接，一次不使用 SSL 连接。

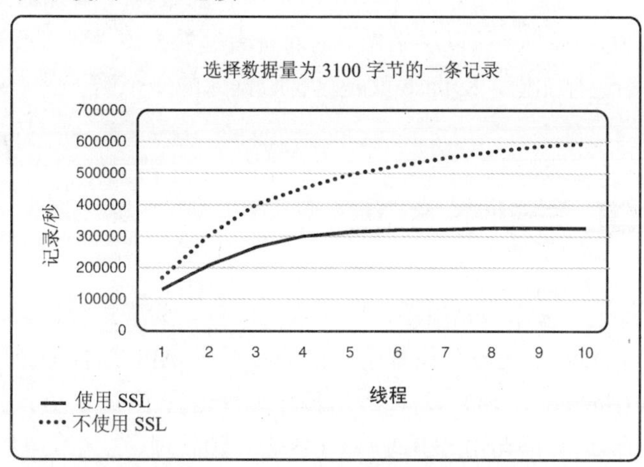

图 2-12　每秒返回的记录数量：使用 SSL 与不使用 SSL

图 2-13 显示了和这个例子的吞吐量关联的 CPU 使用情况。正如所看到的，当使用 SSL 连接时，增加了 CPU 的使用。

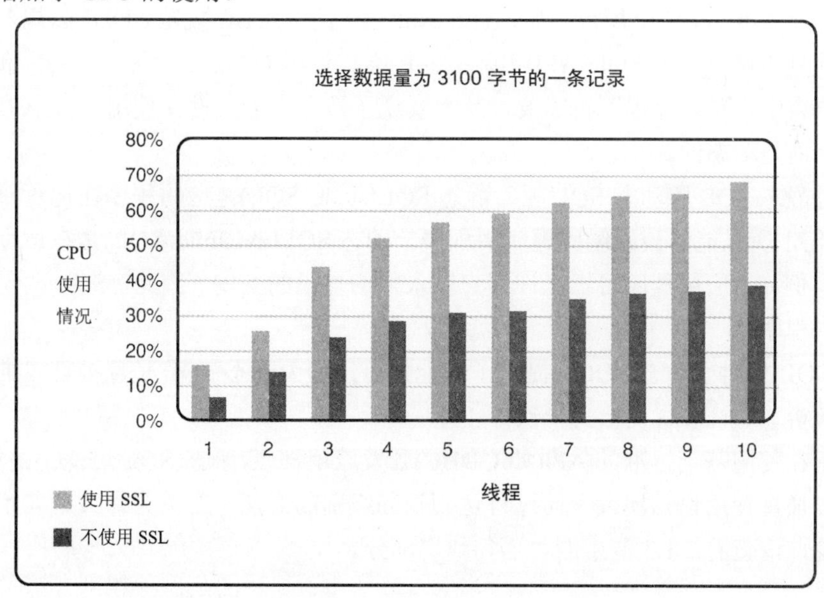

图 2-13　CPU 使用情况：使用 SSL 与不使用 SSL

性 能 提 示

为了限制数据加密造成的性能损失，可以考虑为访问敏感数据，例如个人税务登记号，建立一个使用加密的连接，并为访问不是很敏感的数据，例如个人住址和头衔，建立另外一个不加密的连接。但是需要注意的是，并不是所有的数据库系统都允许这么做。对于Oracle和Microsoft SQL Server可以这么做。而对于有些数据库，要么所有的数据库连接都进行加密，要么都不进行加密，Sybase就是这种数据库的一个例子。

2.2 静态SQL与动态SQL

在20世纪80年代，关系数据库系统刚出现的时候，为应用程序提供的唯一可移植接口是嵌入的SQL。在那时，还没有像基于标准的数据库API这样的通用函数API，例如ODBC。嵌入式SQL(Embedded SQL)是在应用程序编程语言中(如C语言)编写的SQL语句。在编译应用程序之前，这些语句由SQL预处理器进行预处理，这些语句是和数据库相关的。在预处理阶段，数据库为每条SQL语句创建访问计划。在这期间，SQL是嵌入的，并且通常是静态的。

到了20世纪90年代，SQL访问小组(SQL Access Group)定义了第一个针对SQL的可移植的数据库API。在这个规范之后，Microsoft推出了ODBC规范。ODBC规范被广泛地接受了，并且快速地成为SQL API实际上的标准。使用ODBC，不必将SQL嵌入到应用程序编程语言中，预编译也不再需要，从而实现了数据库无关性。使用SQL API，SQL不是嵌入的，而是动态的。

什么是静态SQL和动态SQL呢？静态SQL(static SQL)是应用程序在运行时不能改变的SQL语句，所以能够被硬编码进应用程序。动态SQL(dynamic SQL)是在运行时构造的SQL语句；例如，应用程序可以允许用户输入他们自己的查询。因此，SQL语句不能被硬编码进应用程序。

静态SQL相对于动态SQL，提供了性能优点，因为静态SQL是预处理过的，这意味着只需要解析、验证和优化语句一次。

如果正在使用基于标准的API(如ODBC)开发应用程序，静态SQL可能不是您的选择。然而，可以通过使用语句池或存储过程达到相同级别的性能。有关为什么语句池能够提高性能的讨论，请查看2.1.3节中的“语句池”部分。

存储过程是应用程序用于访问关系数据库系统的一系列 SQL 语句(子程序)。存储过程物理存储在数据库中。在存储过程中定义的 SQL 语句已经被解析、验证和优化过，就像是静态 SQL。

存储过程是数据库相关的，因为每个关系数据库系统以专有的方式实现存储过程。因此，如果希望应用程序是数据库无关的，在使用存储过程之前一定要谨慎。

注　意

目前，在市场上出现了一些工具，用于将基于标准的数据库应用程序中的动态 SQL 转换为静态 SQL。使用静态 SQL，应用程序可以得到更好的性能，并且可以降低 CPU 的负担。可以消除在正常情况下用于准备动态 SQL 语句的 CPU 负担。

2.3　网络

网络是数据库中间件的组件，网络有许多方面会影响性能：数据库协议包、网络包、网络转发、网络连接以及包分片。有关如何理解网络的性能内涵以及处理这些问题的指导原则，请参见 4.3 节。

在本节，让我们看一个与性能和网络相关的重要方面：当在数据库驱动程序和数据库之间的通信被优化后，数据库应用程序性能的改进。

在我们的脑海中，应当一直询问自己：如何才能减少驱动程序和数据库之间的信息量？在这个优化中的一个重要因素是数据库协议包的容量。

从数据库驱动程序向数据库服务器发送的数据库协议包的容量，必须等于或小于数据库服务器所允许的最大数据库协议包容量。如果数据库服务器允许协议包最大为 64KB，数据库服务器发送的数据包必须是 64KB 或更小。通常，使用的包越大，性能越好，因为在驱动程序和数据库之间进行通信需要更少的包。更少的包意味着和数据库之间的网络往返次数更少。

例如，如果数据库驱动程序使用的包的容量是 32KB，并且数据库服务器的包容量被配置为 64KB，数据库服务器必须将它的包容量限制为驱动程序所使用的、更小的 32KB——这样就增加了通过网络发送相同数量的数据到客户端所需要包的数量(如图 2-14 所示)。

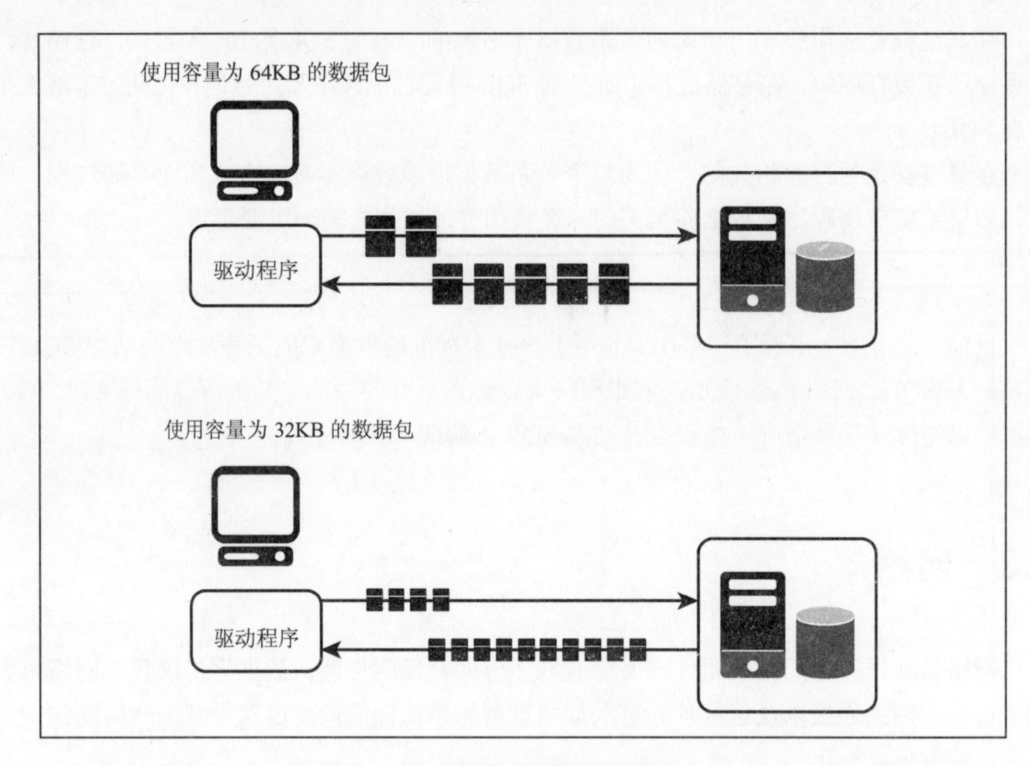

图 2-14　使用不同容量的数据包

增加包的数量还意味着增加包的开销。增加包的开销会降低吞吐量，或者降低在一定时间内从发送方向接收方传输的数据量。

您可能会思考，"对于数据库协议包的容量，我们能做什么呢？"可以使用允许配置数据库协议包容量的数据库驱动程序。有关在数据库驱动程序中查找哪些性能调校选项的更多信息，请参见 3.3.3 节。

2.4 数据库驱动程序

数据库驱动程序是数据库中间件的组件，由于以下原因，它会降低数据库应用程序的性能：

- 驱动程序的架构不是最优的。
- 驱动程序不是可调校的。没有提供运行时性能调校选项，从而不能为了优化性能而配置驱动程序。

有关数据库驱动程序如何能够提升数据库应用程序性能的详细描述，请参见第 3 章。

在本节中，让我们看一个与性能和数据库驱动程序相关的重要方面：数据库驱动程序的架构。通常，最优的架构是数据库有线通信协议。

使用数据库有线通信协议的驱动程序直接和数据库进行通信，从而消除了数据库客户端软件的需要，如图 2-15 所示。

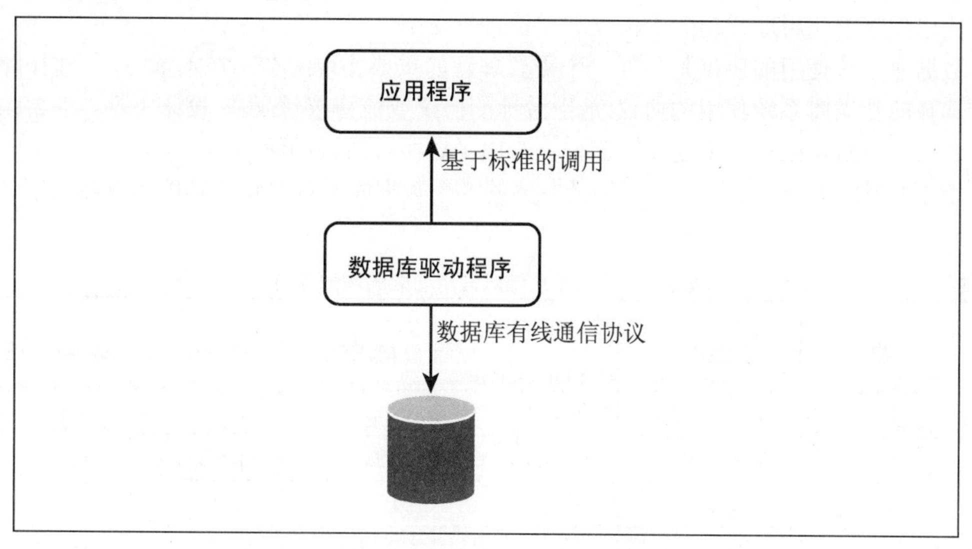

图 2-15　数据库有线通信协议架构

由于以下原因，使用有线通信协议的数据库驱动程序可以提升数据库应用程序的性能：

- 通过消除客户端软件需要的处理请求和由客户端软件引起的额外网络传输，缩短了执行时间。
- 通过消除额外的传输，降低了网络带宽需求。也就是说，数据库有线通信协议驱动程序优化了网络传输，因为他们能够控制和 TCP 的交互。

在第 3 章的 3.3.2 节中，将会详细讨论使用数据库有线通信协议驱动程序的优点。

2.5　理解数据库系统

您可能会认为数据库系统支持所有在基于标准的 API(例如 ODBC、JDBC 以及 ADO.NET)中指定的功能。这可能是不正确的。然而，您使用的驱动程序可能提供了这些功能，对于您来说这通常是一个优点。例如，如果应用程序执行批量插入或更新操作，可以通过使用参数数组提升性能。然而，并不是所有的数据库系统都支持参数数组。在任何情况下，如果使用的数据库驱动程序支持参数数组，就可以使用这一功能，即使数据库系统不支持，因为 1)可以为批量插入或更新改进性能，并且 2)消除了自己实现这一功能的需求。

使用数据库系统本地不支持的功能的代价是，模拟的功能会增加 CPU 的负担。必须根据在应用程序中使用这些功能的优点和代价进行权衡。

数据库系统使用的协议是另外一个需要理解的重要实现细节。在本章中，我们讨论了由所选择的数据库系统使用的协议(基于游标的协议或流协议)影响的设计决定。在 2.1.1 节中的“为多条语句创建一个连接”部分，给出了这两种协议的解释。

表 2-3 列出了一些常用功能，以及主要的 5 个数据库系统对这些功能的支持情况。

表 2-3 数据库系统对常用功能的本地支持

功　能	DB2	Microsoft SQL Server	MySQL	Oracle	Sybase ASE
基于游标的协议	支持	支持	不支持	支持	不支持
流协议	不支持	不支持	支持	不支持	支持
预先编译的语句	本地	本地	本地	本地	不支持
参数数组	依赖于版本	依赖于版本	不支持	本地	不支持
可滚动游标[1]	支持	支持	不支持	不支持	依赖于版本
自动提交模式	不支持	不支持	本地	本地	本地
LOB 占位符	本地	本地	不支持	本地	不支持

2.6 使用对象/关系映射工具

大多数商业应用程序访问关系数据库中的数据。然而，关系模型的设计目标是高效率的存储和检索数据，而不是针对商业应用程序通常使用的面对对象的模型而设计的。

因此，在许多商业应用程序开发人员中，新的对象/关系映射(Object-Relational Mapping，ORM)工具开始流行。Hibernate 和 Java Persistence API(JPA)就是用于 Java 环境中的这类工具，并且 NHibernate 和 ADO.NET Entity Framework 是用于.NET 环境中的这类

1 有关这些数据库系统如何支持可滚动游标的更多信息，参见表 2-2。

工具。

对象/关系映射工具能够将面向对象的编程对象映射为关系数据库中的数据表。当在关系数据库中使用对象时，通常，ORM 工具可以减少开发费用，因为由工具负责从对象到数据表和从数据表到对象的转换工作。否则，除了应用程序开发之外，还必须编写负责这些转换的代码。ORM 工具使开发人员可以将精力集中于商业应用程序。

从设计的角度看，需要知道当使用对象/关系映射工具时，失去了许多调校数据库应用程序代码的能力。例如，不是编写发送到数据库的 SQL 语句；而是由 ORM 工具创建这些语句。这意味着 SQL 语句可能比您编写的语句更复杂，这会导致性能问题。此外，不能选择用于返回数据的 API 调用，例如，使用 ODBC 的 SQLGetData 函数与 SqlBindCol 函数。

当使用 ORM 工具时，为了优化应用程序的性能，推荐适当地调校应用程序访问的数据库使用的数据库驱动程序。例如，可以使用工具记录在驱动程序和数据库之间发送的包，并配置驱动程序发送的包的容量等于在数据库上配置的包的容量。更多信息请阅读第 4 章。

2.7　小结

许多因素都会影响性能。其中有些因素超出了您的控制范围，但是仔细设计应用程序，并配置连接应用程序和数据库服务器的数据库中间件，可以优化性能。

如果准备只设计应用程序的一个方面，那么就针对数据库连接进行设计，因为数据库连接对性能的影响最大。建立一个连接最多需要 10 次网络往返。应当访问连接池或一次创建一个连接，对于您的情况这是最合适的。

当设计数据库应用程序时，下面是一些需要关注的重要方面：是否只返回所需要的最少数据？是否正检索处理效率最高的数据类型？使用预先编译的语句能够节省开销吗？使用的是本地事务，而不是对性能影响更大的分布式事务吗？

最后，确保为应用程序使用最好的数据库驱动程序。使用的数据库驱动程序支持希望在应用程序中使用的全部功能吗？例如，数据库驱动程序支持语句池吗？数据库驱动程序具有运行时性能调校选项(从而可以配置驱动程序以提高性能)吗？例如，能够配置驱动程序降低网络活动吗？

第 3 章

为什么数据库中间件很重要

对于数据库应用程序的性能来说，数据库中间件是非常重要的，因为在数据库应用程序的执行过程中，它扮演了重要的角色。不管数据库应用程序是为医生观察射线、个人从 ATM 机取款、消费者在商店等待信用卡交易处理提供服务，还是为杂活工在建材商店等待匹配的涂料提供服务，应用程序的性能取决于数据库中间件，以及对于大量用户账户高速传输数据的效率有多高。

实际上，在第 1 章中就已经指出来，在一个调校良好的环境中，处理数据请求所需时间中的 75%~95%花费在数据库中间件上，所以如果数据库中间件没有很好地进行调校，性能会受到很大的影响。

在本章中将解释数据库中间件是什么，讨论它为什么会影响性能，并着重讨论一个重要的数据库中间件组件：数据库驱动程序。

3.1 数据库中间件是什么

数据库中间件是处理应用程序和数据库管理软件之间的通信的所有组件。数据库中间件处理应用程序的数据请求，直到请求被传递给数据库，并且在相反的方向上，它处理数据库的响应，直到该响应被传递到应用程序。

数据库中间件可能包含以下组件：

- 数据库客户端软件，例如 Oracle Net8 或 DB2 Connect
- JDBC 或 ODBC 数据库驱动程序
- ODBC 或 JDBC 驱动程序管理器
- ADO.NET 数据提供程序
- 在使能 JDBC 的数据库应用程序中的 Java 虚拟机(JVM)。
- TCP/IP 网络，或当连接到数据库时，加载到应用程序地址空间中的其他库，例如用于数据加密的 SSL 库。

图 3-1 显示了一个已经部署好了的、使能 ODBC 的数据库应用程序，以及它使用的中间件。

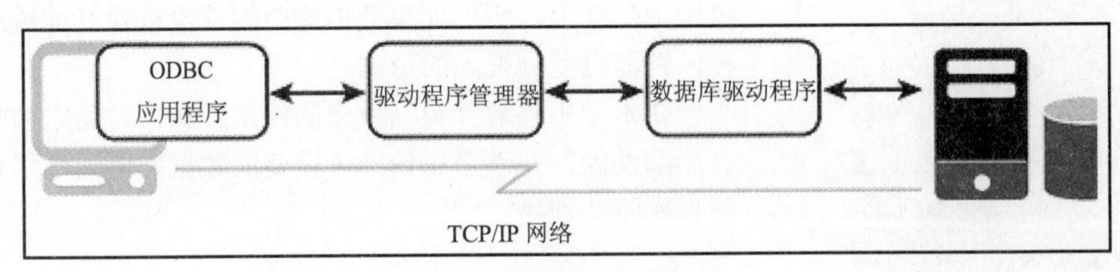

图 3-1 数据库中间件示例

3.2 数据库中间件影响应用程序性能的原理

数据库应用程序通常分为以下 4 类：

- 返回小结果和一条记录的应用程序，例如 ATM 交易程序——通常作为在线事务处理(OLTP)应用程序使用。对于这种应用程序，可能是检索包含两列的一条记录的 Select 语句。
- 返回大结果和一条记录的应用程序，例如订购单应用程序。对于这种应用程序，可能是检索包含 30 列的一条记录的 Select 语句。

- 返回小结果和大量记录的应用程序，例如具有一系列部分数字的报告——通常作为向下钻取数据的(drill-down)应用程序。对于这种应用程序，可能是检索包含 1 列的 100 条记录的 Select 语句。
- 返回大结果和大量记录的应用程序，例如报告应用程序——通常作为商业智能应用程序。对于这种应用程序，可能是检索包含 30 列的 10 000 条记录的 Select 语句。

在应用程序中看到的性能问题取决于应用程序请求的数据量。应用程序请求的数据越多，数据库驱动程序必须从数据库检索并返回到应用程序的数据就越多。更多的数据需要更长的响应时间。在上面给出的应用程序中的前三种，可能具有许多相同的性能问题。对于这些类型的应用程序，性能问题可能是由于对数据库中间件没有进行很好的调校造成的，大部分响应时间花费在数据库中间件上。

对于商业智能应用程序(报告、分析以及提交数据的应用程序)，根据应用程序是生成报告还是进行昂贵的在线分析处理(OLAP)分析，将会遇到不同的性能问题。如果是生成报告，大部分响应时间花费在数据库中间件上。对于 OLAP，大部分响应时间用于数据库，而不是数据库中间件。

在本章，我们将集中讨论数据库驱动程序——数据库驱动程序是什么，它们的工作是什么，以及它们是如何影响性能的。有关运行时环境、网络、操作系统、硬件是如何影响性能的信息，请阅读第 4 章。

3.3　数据库驱动程序

数据库驱动程序是应用程序使用的一种软件组件，应用程序按照要求使用根据标准定义的方法，通过这种软件组件访问数据库。

数据库驱动程序是数据库应用程序部署中使用的关键组件，并且它们能够影响数据库应用程序的性能。您可能认为数据库驱动程序是一个驱动程序。但是实际上并不是。

下面是数据库驱动程序能够降低数据库应用程序性能的两个主要原因：

- 驱动程序的架构没有优化。
- 驱动程序是不能调校的。没有运行时性能调校选项，从而不能为了优化性能而配置驱动程序。我们将要讨论的选项类型是可以对其进行调整，从而使其与应用程序和环境相匹配。例如，如果应用程序检索大对象，查找允许配置驱动程序用于缓存大对象的活动内存的数量的驱动程序选项。

3.3.1　数据库驱动程序的功能

基于标准的 API 明确定义了数据库驱动程序为了遵循标准而必须实现的必要功能。所有驱动程序都不是完全相同的；市场上有些驱动程序只是实现了必需的功能，而有些驱动程序实现了更多的功能。您可能会对数据库驱动程序执行的任务的数量感到惊奇。请记住，并不是所有的驱动程序都实现了所有这些功能：

- 将基于标准的API(如ODBC或JDBC)翻译为一系列低级的数据库API请求(如专有的数据库有线通信协议)。
- 当生成数据库API请求时，为数据库应用程序提供线程安全性。
- 提供一个与创建数据库连接的环境上下文和执行SQL查询的语句相关的完全状态机。
- 处理所有的数据转换工作，将数据从专有的数据库格式转换为本地语言数据类型。
- 将通过网络传输过来的数据库查询结果，缓存到应用程序的缓冲区中。
- 管理从客户端到数据库服务器的TCP/IP连接。
- 为各种数据库服务器提供过载平衡。
- 如果发生致命的错误，为备份数据库服务器提供失效切换(failover)。
- 将错误从特定于数据库的代码映射为标准代码。
- 提供从客户端代码页到特定于数据库的代码页的数据传输，反之亦然。
- 取得独立于数据库的SQL，并将其翻译成特定于数据库的SQL。
- 优化数据库存储过程请求，从基于字符的SQL到特定于数据库的RPC调用。
- 为保证可伸缩性，优化数据访问。
- 为保证只有一条活动的语句被处理，控制到数据库的网络端口的状态。
- 模拟数据库没有提供的功能(例如，可滚动游标、参数数组、预先编译的语句)。
- 为得到最大的吞吐量，使用块进行批量查询。
- 将数据库选项暴露为配置选项。
- 管理数据库事务状态，包括使用分布式事务协调程序进行协调。
- 为应用程序提供连接池。
- 提供网络认证和网络传输中的数据加密

在数据库驱动程序中，所有这些功能的实现方式对于驱动程序的执行情况是很关键的。甚至即使两个数据库驱动程序实现所有相同的功能，但是当在数据库应用程序中使用时，数据库驱动程序的性能可能会相差很大。如果使用的数据库驱动程序对于优化性能支持不够，考虑使用另外一个数据库驱动程序。有关在您的环境中如何测试数据库驱动程序的信息，请阅读第9章。

当为数据库应用程序选择驱动程序时，确保驱动程序的功能能够满足应用程序的需要。例如，如果正在开发一个使用Unicode字符编码的应用程序，确保选择的数据库驱动程序支持Unicode编码。Unicode是用于支持多语言字符集的标准编码。

3.3.2　数据库驱动程序的架构

数据库驱动程序存在 4 种不同的架构：桥接、基于客户端、数据库有线通信协议和独立的协议。为应用程序选择数据库驱动程序时，选择那些使用能够提供最佳性能的架构实现的驱动程序。

1. 桥接架构

桥接(bridge)是一种数据库驱动程序，在已有的数据库连接标准和一个新的连接标准之间建立桥接，如图 3-2 所示。例如，当 Sun Microsystems 公司发布 JDBC 规范时，Sun 公司希望鼓励开发人员使用 JDBC，但是当时市场上的 JDBC 驱动程序并不多。然而，数百个 ODBC 驱动程序使得几乎可以使用所有的数据源，所以 Sun Microsystems 公司发布了一个 JDBC/ODBC 桥接，使 Java 开发人员能够访问 ODBC 驱动程序支持的所有数据源。

市场上有许多 JDBC/ODBC 桥接程序；这些被称为 Type 1 JDBC 驱动程序。*JDBC API Tutorial and Reference* 一书将 Type 1 JDBC 驱动程序描述为“通常不是可取的解决方案。”[1] 除非没有其他解决方案适合您的数据库应用程序的需求，否则应当考虑使用具有更优架构的数据库驱动程序。

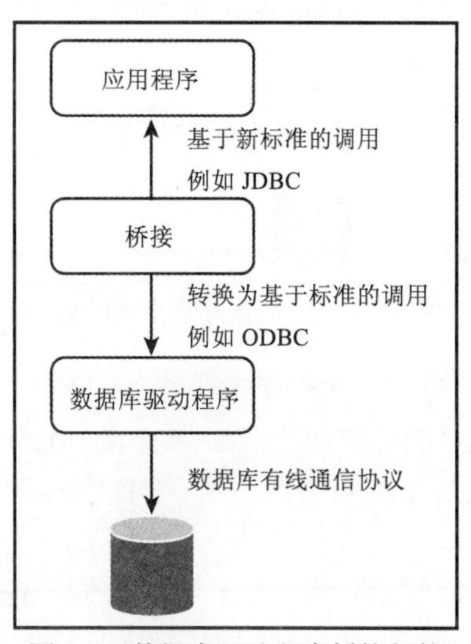

图 3-2　数据库驱动程序桥接架构

下面是使用桥接的缺点：

- 通常它们不能完全实现一个新标准，因为它们要受到替代标准定义的限制。

1　Fisher、Maydene、Jon Ellis 与 Jonathan Bruce.著，*JDBC API Tutorial and Reference*，第 3 版，Addison-Wesley，2003。

- 它们会造成安全风险
- 在用户数量比较多的情况下，实现优化的功能比较困难

2. 基于数据库客户端的架构

基于客户端的数据库驱动程序通过数据库的客户端软件和数据库进行通信，如图 3-3 所示。这个客户端软件是数据库厂商的专有软件，例如 Oracle Net8 或 Sybase 数据库的 OpenClient。市场上许多 ODBC 驱动程序和 ADO.NET 数据提供程序使用这种架构。在 JDBC 领域，只有少数几个驱动程序，例如 Type 2 驱动程序，使用这种架构。*JDBC API Tutorial and Reference* 一书将 Type 2 驱动程序描述为“通常不是可取的解决方案”。

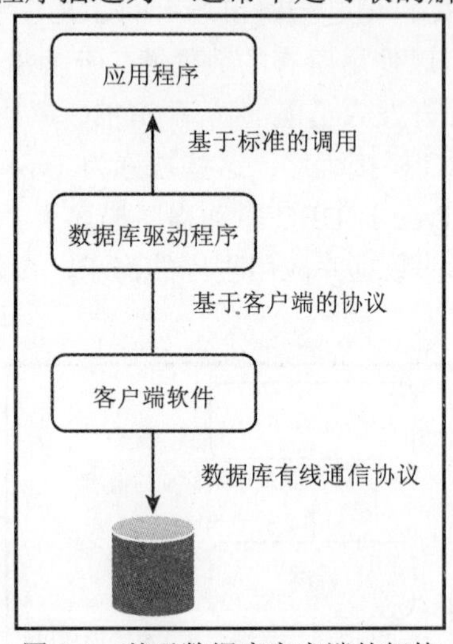

图 3-3　基于数据库客户端的架构

下面是使用基于客户端架构的驱动程序的缺点：

- 在每台需要数据库连接的计算机上，必须安装、配置以及维护数据库客户端软件。
- 针对使用的每个不同版本的数据库系统，可能必须安装和支持不同版本的客户端软件。
- 数据库驱动程序的开发要受到客户端软件的限制，这些限制可能是功能上的限制，也可能是质量限制。例如，如果应用程序设计运行于 64 位的 Linux 操作系统上，但是数据库厂商没有为这种操作系统提供数据库客户端软件，数据库驱动程序厂商就不能开发针对 64 位 Linux 的数据库驱动程序。
- 对于 Java 和 ADO.NET，数据库驱动程序/提供程序必须调用客户端软件，即调用 Java 本地库或 ADO.NET 非托管代码。有关细节，请阅读下一小节，“数据库有线通信协议架构”。

3. 数据库有线通信协议架构

数据库有线通信协议驱动程序直接和数据库进行通信，消除了对客户端软件的需求，如图 3-4 所示。

目前，市场上很少有 ODBC 驱动程序和 ADO.NET 数据提供程序使用这种架构。许多 JDBC 驱动程序，例如著名的 Type 4 驱动程序，使用的是这种架构。

数据库有专门的 API，其他软件组件可以使用这些 API 和数据库进行通信。在基于客户端的架构中，客户端软件为数据库生成有线通信协议调用。在数据库有线通信协议架构中，数据库驱动程序生成必需的有线通信协议调用，所以直接和数据库进行通信。

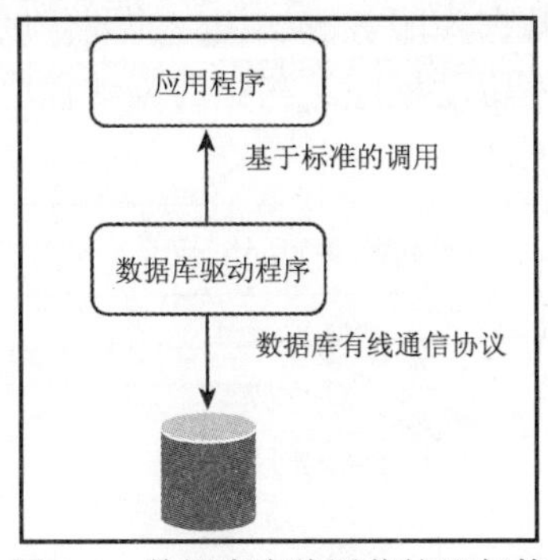

图 3-4　数据库有线通信协议架构

选择具有数据库有线通信协议架构的驱动程序有许多优点。首先，数据库驱动程序可以和数据库应用程序一起安装，并且能够直接地连接到数据库，而不用配置其他软件。第二，不必安装、配置以及维护数据库客户端软件。第三，可以提高性能，因为数据库有线通信协议驱动程序进行了以工作：

- 通过消除客户端软件需要的处理过程和由客户端软件造成的额外网络通信量，缩短了执行时间。
- 消除了额外网络传输的网络带宽需求。即，数据库有线通信协议驱动程序能够优化网络传输，因为它们能够控制和 TCP 的交互。

对于 Java 和 ADO.NET，使用数据库有线通信协议驱动程序/提供程序，还有另外一个重要的优点：驱动程序/提供程序不必调用客户端软件。这意味着什么呢？

- 对于 Java，这意味着驱动程序可以使用纯 Java 代码，并且不调用本地库。纯 Java 标准是一套在设计过程中使用的程序、规则以及证书(certification)，以保证 Java 的执行达到 WORA(write once, run always，编写一次，永远运行)的准则。纯 Java 程序只依赖 Java 语言规范。在 Java 程序中使用本地方法，意味着丢失 Java 运行时的优点，例如安全性、平台无关性、垃圾回收以及简单的类加载。Java 特有的外部功能由 Java 核心 API 提供，例如 JDBC。

- 对于 ADO.NET，这意味着提供程序可以使用 100%的托管代码。100%托管代码的优点是，它运行于公共语言运行库(Common Language Runtime，CLR)中，CLR 提供服务，例如自动的内存管理和对象生命期控制、平台独立性以及跨语言交互。托管代码还提供了改进的版本功能，并且更容易部署。相反，非托管代码(包括在.NET Framework 出现之前编写的所有代码)不运行于.NET 环境内部，并且不能使用.NET 托管的功能。因为 CLR 必须执行额外的安全检查，所以会降低性能。

性能示例

图 3-5 对有线通信协议数据库驱动程序和基于客户端的驱动程序进行了比较。在这些例子中，每个基准使用相同的数据库服务器、相同的硬件以及相同的操作系统运行两次。唯一的区别是使用不同的数据库驱动程序。测试的驱动程序来自不同的厂商。基准测量数据库应用程序的吞吐量和可伸缩性。

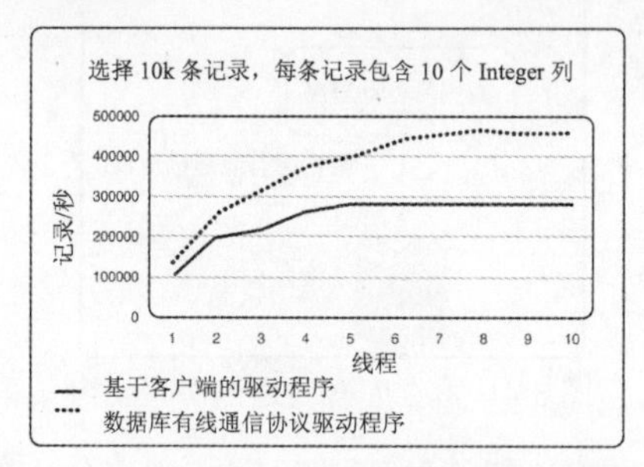

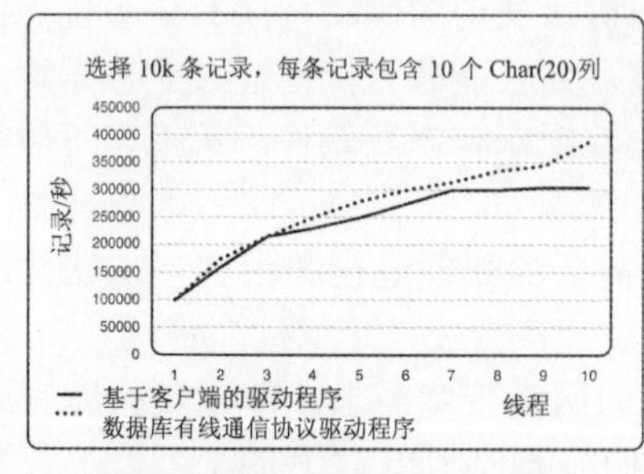

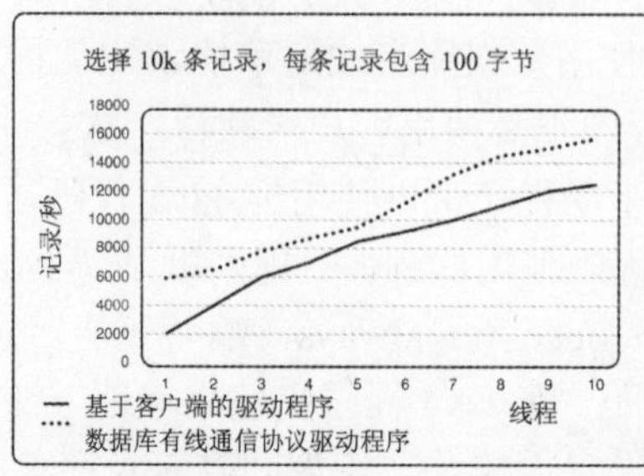

图 3-5 比较有线通信协议驱动程序和基于客户端驱动程序的性能

正如在这些图形中所看到的，在多数情况下，数据库有线通信协议驱动程序的吞吐量和可伸缩性比基于客户端驱动程序的吞吐量和可伸缩性要好。

4. 独立协议架构

独立协议数据库驱动程序将基于标准的 API 调用转换为独立于数据库的协议，然后再通过服务器转换为数据库有线通信协议。这种架构既包含数据库驱动程序客户端组件，也包含数据库驱动程序服务器组件，如图 3-6 所示。

市面上有少数几个 ODBC 和 JDBC 驱动程序，以及 ADO.NET 数据提供程序使用这种架构。在 JDBC 领域中，这些驱动程序是著名的 Type 3 驱动程序。

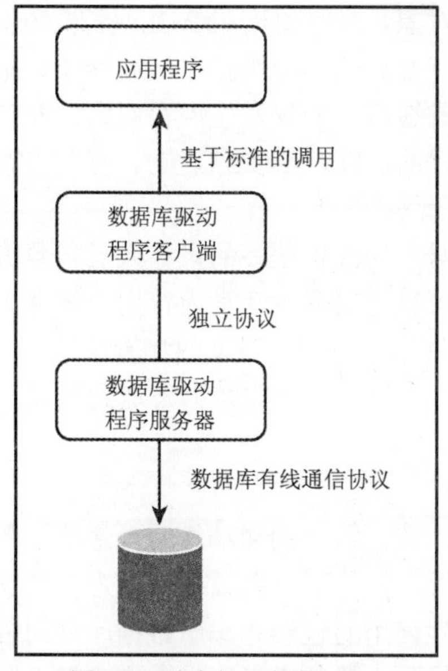

图 3-6　独立协议架构

通常，这种类型的架构提供了高级安全性特征，例如最新的 SSL 加密，访问更多的数据源，例如 SQL to VSAM 文件，以及集中式管理和监控。

独立协议数据库驱动程序和数据库有线通信协议驱动程序具有许多相同的优点。独立协议驱动程序的服务器方组件提供了额外的价值，这部分内容超出了本书的范围。

对于这种类型的驱动程序，一个主要的缺点是：与数据库有线通信协议驱动程序不同，对于独立协议驱动程序，必须安装、配置以及维护客户端和服务器组件。然而，如果针对选择的数据源，没有找到相应的数据库有线通信协议驱动程序，可能乐于付出这种代价。

3.3.3 运行时性能调校选项

在数据库应用程序部署中，使用提供运行时性能调校选项的数据库驱动程序是理想的，因为通过配置这些选项，可以改善响应时间、吞吐量以及可伸缩性。需要使用的一些重要选项，是能够为下列任务优化驱动程序的选项：

- 检索大对象
- 减少网络活动
- 执行批量操作

1. 检索大对象

如果应用程序检索大对象，例如图片、XML 或长文本，使用能够为优化这种应用进行调校的数据库驱动程序是有好处的。应用程序访问存储大对象的数据类型，经常会造成性能问题，通常是由内存瓶颈造成。如果发生内存问题，并且数据库驱动程序没有提供合适的性能调校选项，应用程序的性能就会受到影响。有关内存瓶颈方面的信息，请阅读第 4 章中的 4.4.1 节。

理想情况下，访问大对象的应用程序的设计人员将数据库驱动程序与其应用程序一起部署，允许配置驱动程序可以使用多少活动内存用于缓存大对象、对象将被缓存多久、以及客户端何时可以使用对象。使用这些类型的配置选项，可以控制内存的使用——在内存中保存多少数据及保存多久，以及是否将数据发送到磁盘、何时发送到磁盘。

2. 减少网络活动

为了得到最好的性能，将网络上的活动量降至最低，数据库驱动程序使用的数据库协议包的容量应当是可以配置的，从而可以设置包的容量使其和在数据库上设置的包容量相匹配。如果数据库驱动程序使用的包容量小于数据库使用的包容量，数据库必须将其包容量限制为由驱动程序使用的更小的包容量。当向客户端返回数据时，会增加通过网络发送的包的数量。增加包的数量就相当于增加包的开销，而增加包的开销会降低吞吐量。请查看第 4 章中的 4.3 节。

3. 执行批量操作

在数据仓库应用程序中，将批量数据加载到数据表中是很常见的。为了完成这一任务，可以使用数据库厂商提供的专门工具，也可以编写自己的工具。但是如果将数据加载到 Oracle、DB2 以及 MySQL 中是什么情况呢？可能需要使用三种不同的方法(或工具)加载数据。此外，如果希望使用基于标准的 API 完成任务，除非选择的数据库驱动程序以标准的方式实现该功能，否则就无法完成任务。

目前，我们看到一些数据库驱动程序已经具有了批量加载功能，这些功能是作为基于标准的 API 中的定义实现的。这是一个好消息，因为可以使用基于标准的 API 批量接口，编写自己的批量加载应用程序，然后将其嵌入到所使用的数据库驱动程序中。这种解决方案为加载数据提供了一种简单的、一致的、通用的方法。

3.3.4　配置数据库驱动程序/数据提供程序

配置数据库应用程序使用的数据库驱动程序的方法依赖于正在使用的驱动程序。在本节，我们给出如何配置来自 DataDirect Technologies 的 ODBC 驱动程序、JDBC 驱动程序以及 ADO.NET 数据提供程序的示例。可以使用类似的方法配置其他厂商的驱动程序。有关细节请参考驱动程序的技术文档。

1．ODBC 驱动程序

安装了驱动程序之后，需要配置数据源或使用连接字符串连接到数据库。如果希望使用数据源，但是需要改变其中的一些值，可以修改数据源或通过连接字符串覆盖这些值。

在 Windows 系统上配置数据源

在 Windows 系统上，数据源存储于 Windows 注册表中。可以通过 ODBC Administrator，使用驱动程序 Setup 对话框配置和修改数据源。图 3-7 显示了一个 Oracle Setup 对话框的例子。

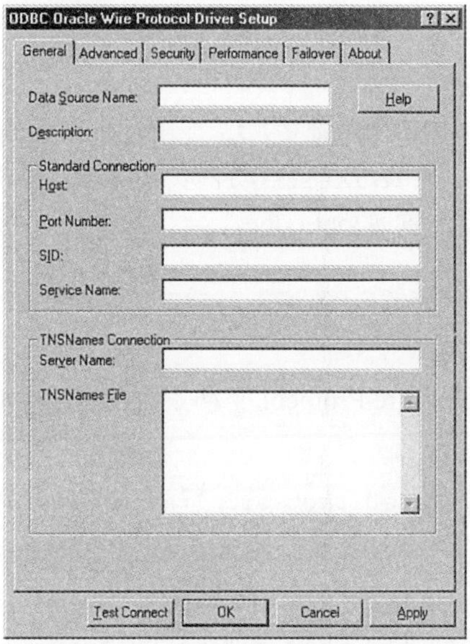

图 3-7　Windows 系统中 Setup 对话框的例子

在 UNIX/Linux 系统上配置数据源

在 UNIX 和 Linux 系统中，数据源存储于系统信息文件中(默认情况下是 odbc.ini 文件)。可以通过编辑系统信息文件并在文件中存储默认连接值，直接配置和修改数据源。系统信息文件分为两部分。

在文件的开头是称之为[ODBC Data Sources]的部分，该部分包含 data_source_name = installed-driver 对。例如：

```
Oracle Wire Protocol = DataDirect 5.3 Oracle Wire Protocol
```

驱动程序使用该部分将数据源匹配到合适的已安装的驱动程序。

[ODBC Data Sources]部分还包含了数据源的定义。默认的 odbc.ini 文件为每种驱动程序包含一个数据源定义。每个数据源定义都是以包含在方括号中的数据源名称开始的，例如[Oracle Wire Protocol]。数据源定义包含连接字符串 attribute=value 对，它具有默认值。可以为您的系统适当修改这些值。

文件的第二部分称之为[ODBC]，该部分包含几个关键字：

```
[ODBC]
IANAAppCodePage=4
InstallDir=ODBCHOME
UseCursorLib=0
Trace=0
TraceFile=odbctrace.out
TraceDll=ODBCHOME/lib/odbctrac.so
```

在该部分中必须包含 InstallDir 关键字。这个关键字的值是指向安装目录的路径，其中包含了/lib 和/messages 目录。安装进程会自动将安装目录写入默认的 odbc.ini 文件中。

例如，如果选择的安装位置是/opt/odbc，会将下面的一行写入默认 odbc.ini 文件的[ODBC]部分中：

```
InstallDir=/opt/odbc
```

下面是一个默认的 Oracle Wire Protocol 驱动系统信息文件的例子：

```
[ODBC Data Sources]
Oracle Wire Protocol=DataDirect 5.3 Oracle Wire Protocol

[Oracle Wire Protocol]
Driver=ODBCHOME/lib/ivora23.so
Description=DataDirect 5.3 Oracle Wire Protocol
AlternateServers=
ApplicationUsingThreads=1
```

```
ArraySize=60000
AuthenticationMethod=1
CachedCursorLimit=32
CachedDescLimit=0
CatalogIncludesSynonyms=1
CatalogOptions=0
ConnectionRetryCount=0
ConnectionRetryDelay=3
DefaultLongDataBuffLen=1024
DescribeAtPrepare=0
EnableDescribeParam=0
EnableNcharSupport=0
EnableScrollableCursors=1
EnableStaticCursorsForLongData=0
EnableTimestampWithTimeZone=0
EncryptionMethod=0
GSSClient=native
HostName=<Oracle_server>
HostNameInCertificate=
KeyPassword=
KeyStore=
KeyStorePassword
LoadBalancing=0
LocalTimeZoneOffset=
LockTimeOut=-1
LogonID=
Password=
PortNumber=<Oracle_server_port>
ProcedureRetResults=0
ReportCodePageConversionErrors=0
ReportRecycleBin=0
ServerName=<server_name in tnsnames.ora>
ServerType=0
ServiceName=
SID=<Oracle_System_Identifier>
TimestampeEscapeMapping=0
TNSNamesFile=<tnsnames.ora_filename>
TrustStore=
TrustStorePassword=
UseCurrentSchema=1
ValidateServerCertificate=1
WireProtocolMode=1
```

```
[ODBC]
IANAAppCodePage=4
InstallDir=ODBCHOME
UseCursorLib=0
Trace=0
TraceFile=odbctrace.out
TraceDll=ODBCHOME/lib/odbctrac.so
```

使用连接字符串连接到数据库

如果希望使用连接字符串连接到数据库，或者如果应用程序需要使用连接字符串，则必须在字符串中指定 DSN(数据源名称)、File DSN、或不使用 DSN 的连接。区别是在连接字符串中是使用 DSN=、FILEDSN=，还是 DRIVER=关键字，如在 ODBC 规范中所描述的那样。DSN 或 FILEDSN 连接字符串告诉驱动程序从何处查找默认的连接信息。可以在连接字符串中任意指定 attribute=value 对，覆盖在数据源中存储的默认值。这些 attribute=value 对是特定于连接的，例如连接到哪个数据库服务器，以及驱动程序是使用连接 failover 还是使用 Kerberos。在驱动程序的技术文档中，可以找到数据库驱动程序支持的连接选项。

DSN 连接字符串的形式如下：

```
DSN=data_source_name[;attribute=value[;attribute=value]...]
```

FILEDSN 连接字符串的形式如下：

```
FILEDSN=filename.dsn[;attribute=value[;attribute=value]...]
```

不使用 DSN(DSN-less)的连接字符串指定一个驱动程序，而不是数据源。因为没有数据源存储信息，所以必须在连接字符串中输入所有的连接信息。

不使用 DSN 的连接字符串的形式如下：

```
DRIVER=[{}driver_name[]][;attribute=value[;attribute=value]
   ...]
```

2. JDBC 驱动程序

安装了驱动程序之后，可以使用以下方法之一连接到数据库：通过 JDBC 驱动程序管理器使用连接 URL，或者使用 Java 命名目录接口(Java Naming Directory Interface，JNDI)数据源。在本节中我们使用的例子是针对 DataDirect Technologies JDBC 驱动程序的。

使用 JDBC 驱动程序管理器

连接到数据库的一种方法是，通过 JDBC 驱动程序管理器，使用 DriverManager.getConnection 方法。该方法使用一个包含连接 URL 的字符串。下面的代码段显示了使用 JDBC

驱动程序管理器连接到 Microsoft SQL Server 数据库的例子：

```
Connection conn = DriverManager.getConnection
("jdbc:datadirect:sqlserver://server1:1433;User=test;
Password=secret");
```

注册 JDBC 驱动程序　使用 JDBC 驱动程序管理器注册 DataDirect JDBC 驱动程序，从而允许 JDBC 驱动程序管理器可以加载它们。为了使用 JDBC 驱动程序管理器注册 JDBC 驱动程序，必须指定驱动程序的名称。注意，如果使用的是 Java SE 6，就不需要注册驱动程序。Java SE 6 自动使用 JDBC 驱动程序管理器注册驱动程序。

可以使用下面给出的任意一种方法，使用 JDBC 驱动程序管理器注册 DataDirect JDBC 驱动程序：

- 方法 1——使用 Java –D 选项设置 Java 系统属性 jdbc.drivers。jdbc.drivers 属性被定义为由冒号分隔的驱动程序类名列表。例如：

  ```
  java -Djdbc.drivers=com.ddtek.jdbc.db2.DB2Driver:
  com.ddtek.jdbc.sqlserver.SQLServerDriver
  ```

  注册了 DataDirect JDBC DB2 驱动程序和 DataDirect JDBC Microsoft SQL Server 驱动程序。

- 方法 2——在 Java 应用程序或 applet 中设置 Java 属性 jdbc.drivers。为此，在 Java 应用程序或 applet 中包含以下代码段，并调用 DriverManager.getConnection：

  ```
  Properties p = System.getProperties();
  p.put ("jdbc.drivers", "com.ddtek.jdbc.sqlserver.SQLServerDriver");
  System.setProperties (p);
  ```

- 方法 3——使用标准的 Class.forName 方法，显式加载驱动程序类。为此，在应用程序或 applet 中包含以下代码，并调用 DriverManager.getConnection：

  ```
  Class.forName("com.ddtek.jdbc.sqlserver.SQLServerDriver");
  ```

指定连接 URL　驱动程序管理器使用的连接 URL 的格式如下：

```
jdbc:datadirect: drivername:
// hostname: port[; property= value[;...]]
```

其中：

- *drivername* 是驱动程序的名称，例如 sqlserver。
- *hostname* 是准备连接的服务器的 IP 地址或 TCP/IP 主机名。
- *port* 是 TCP/IP 端口号。

- *property=value* 指定连接属性。可以在驱动程序的技术文档中找到数据库驱动程序支持的连接属性。

使用 JDBC 数据源

JDBC 数据源是 Java 对象——具体来说就是 DataSource 对象——该对象定义了为连接到数据库，JDBC 驱动程序需要的连接信息。每个 JDBC 驱动程序厂商为这一目的，提供了自己的数据源实现。

使用数据源的主要优点是，它使用 JNDI 命名服务进行工作，并且它的创建和管理与使用它的应用程序是相分离的。因为连接信息是在应用程序之外定义的，当连接信息发生变化时，只需要重新配置基础结构即可，这是最少的工作。例如，如果数据库被移动到另一个数据库服务器中，或使用另外一个端口号，管理员只需要改变数据源(DataSource 对象)的相关属性即可。不需修改使用数据库的应用程序，因为它们只引用数据源的逻辑名称。

DataDirect Technologies 为它的每个 JDBC 驱动程序提供了一个数据源类。所有 DataDirect 数据源类都实现了以下 JDBC 接口：

- javax.sql.DataSource
- javax.sql.ConnectionPoolDataSource，应用程序可以通过该接口使用连接池
- javax.sql.XADataSource，应用程序可以使用该接口，通过 Java 事务 API(Java Transaction API，JTA)使用分布式事务

应用程序可以使用逻辑名调用 DataDirect JDBC 数据源，返回 javax.sql.DataSource 对象。这个对象加载指定的驱动程序，并且能够建立到数据库的连接。

一旦使用 JNDI 注册了数据源，JDBC 应用程序就可以使用它了，如下面的例子所示：

```
Context ctx = new InitialContext();
DataSource ds = (DataSource)ctx.lookup("EmployeeDB");
Connection conn = ds.getConnection("scott", "tiger");
```

在这个例子中，首先初始化 JNDI 环境。接下来，使用初始化了的命名上下文查找数据源(EmployeeDB)的逻辑名称。Context.lookup( )方法返回一个 Java 对象的引用，该引用被转换为指向 javax.sql.DataSource 对象的引用。最后，调用 DataSource.getConnection( )方法建立和数据库的连接。

3. ADO.NET 数据提供程序

安装了数据提供程序之后，可以使用连接字符串建立从应用程序到数据库的连接。可以通过使用通用编程模型或使用特定于提供程序的对象，配置连接字符串。

每个 DataDirect Technologies 数据提供程序使用连接字符串提供连接到特定数据库所

需要的信息。连接信息由连接字符串选项定义。

连接选项的形式如下：

```
option=value
```

每个连接字符串选项值对由分号分隔。例如：

```
Host=Accounting1;Port=50000;User ID=johng;Password=test01;
Database=Test
```

可以在提供程序的技术文档中找到数据提供程序支持的连接选项。

使用通用编程模型

下面的例子演示了如何从应用程序连接到 DB2 数据库，其中应用程序是在 Visual Studio 2008 中，使用 C#和通用编程模型开发的：

(1) 检查应用程序的开头部分。确保提供了 ADO.NET 命名空间。

```
// Access DB2 using factory
using System.Data;
using System.Data.Common;
```

(2) 添加服务器的连接信息和异常处理代码，并关闭连接。

```
DbProviderFactory factory=DbProviderFactories("DDTek.DB2");
DbConnection Conn = factory.createConnection();
Conn.CommandText = "Host=Accounting1;Port=50000;User ID=johng;
   Password=test01;Database=test";

try
{
   Conn.Open();
   Console.WriteLine("Connection successful!");
}
catch (Exception ex)
{
   // Connection failed
   Console.WriteLine(ex.Message);
}
// Close the connection
Conn.Close();
```

使用特定于提供程序的对象

下面的例子演示了使用特定于提供程序的对象，从应用程序连接到使用 DB2 数据提供程序的数据库，其中应用程序是在 Visual Studio 2008 中，使用 C#开发的。

(1) 在 Solution Explorer(解决方案资源管理器)中(如图 3-8 所示)，右击 References，然后选择 Add Reference。

(2) 在 Aold Reference 对话框中的组件列表中选择 DB2 数据提供程序，参见图 3-9。

(3) 单击 OK 按钮。现在 Solution Explorer 中包含了 DDTek.DB2，DDTek.DB2 是 DB2 数据提供程序的程序集名称，如图 3-10 所示。

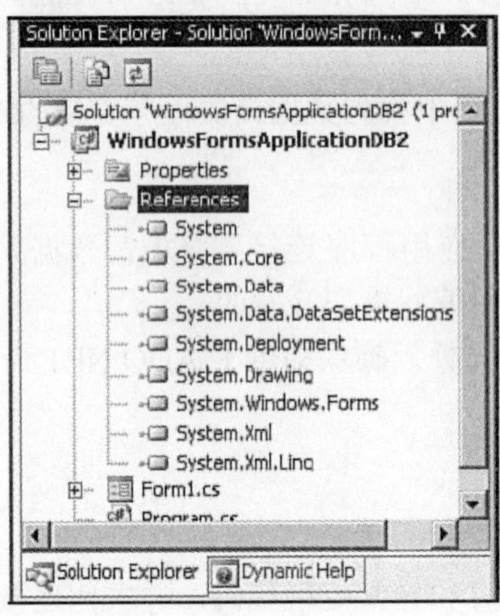

图 3-8　Solution Explorer

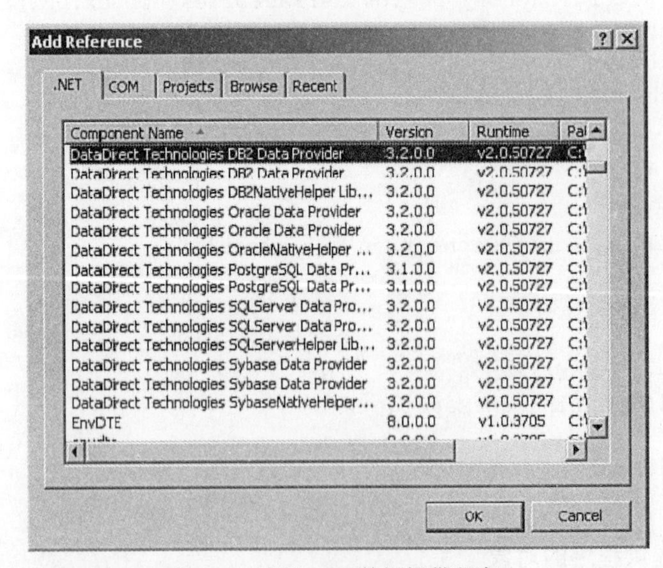

图 3-9　选择 DB2 数据提供程序

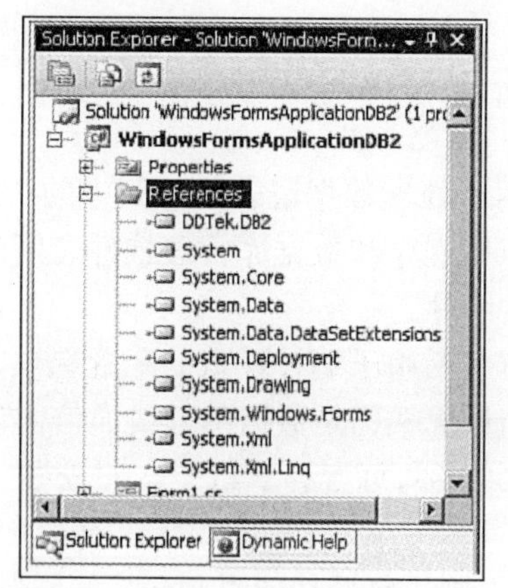

图 3-10　现在出现了 DDTek.DB2

(4) 在应用程序的开头部分，添加数据提供程序的命名空间，如下面的 C#代码片断所示：

```
// Access DB2
using System.Data;
using DDTek.DB2;
```

(5) 添加服务器连接信息和异常处理代码，如下面的 C#代码片断所示：

```
DB2Connection DBConn = new
DB2Connection("Host=Accounting1;Port=50000;User ID=johng;
Password=test01;Database=Test01");
    try
    {
      DBConn.Open();
      Console.WriteLine ("Connection successful!");
    }

    // Display any exceptions
    catch (DB2Exception ex)
    {
      // Connection failed
      Console.WriteLine(ex.Message);
      return;
    }
```

(6) 断开连接。

```
// Close the connection
Conn.Close();
```

3.4 小结

在调校良好的环境中，用于处理数据请求的时间中的 75%~95%花费在数据库中间件上；数据库中间件包括处理应用程序和数据库管理软件之间的通信的所有组件。数据库驱动程序可能是最重要的中间件组件。

如果数据库驱动程序没有包括用于调校性能的配置选项，或者其架构不是最优的，那么它会降低性能。驱动程序的最优架构是数据库有线通信协议，它具有以下优点：

- 消除了在需要数据库连接的每台计算机上，对安装、配置以及维护客户端软件的需要。
- 消除了客户端软件的限制，包括功能限制和特征限制。
- 通过消除客户端软件需要的处理工作和网络通信量，缩短了执行时间。
- 通过消除额外的传输，降低了对网络带宽的需要，因为驱动程序能够控制和 TCP 的交互。

此外，在数据库应用程序部署中，使用提供了运行时性能调校选项的数据库驱动程序也是很理想的。需要使用的一些重要选项是能够为下列任务优化驱动程序的选项：

- 检索大对象
- 减少网络活动
- 执行批量操作

第 4 章

为提高性能而调校环境

数据库应用程序的性能是由响应时间、吞吐量进行衡量，还是由可伸缩性进行衡量，要受到诸多因素的影响，这些因素中的每一个都会成为整体性能的制约因素。在第 3 章中我们解释过，数据库驱动程序只是数据库中间件的一个组件，为了处理数据库应用程序和数据库管理软件之间的通信，数据库驱动程序还需要使用多个环境层。本章将描述这些环境层(如图 4-1 所示)影响性能的原理，并解释如何为经过这些层的数据请求和响应优化性能。此外，本章还提供了数据库驱动程序、具体的应用程序设计和编码技巧如何能够优化硬件资源以及缓解性能瓶颈的有关细节。

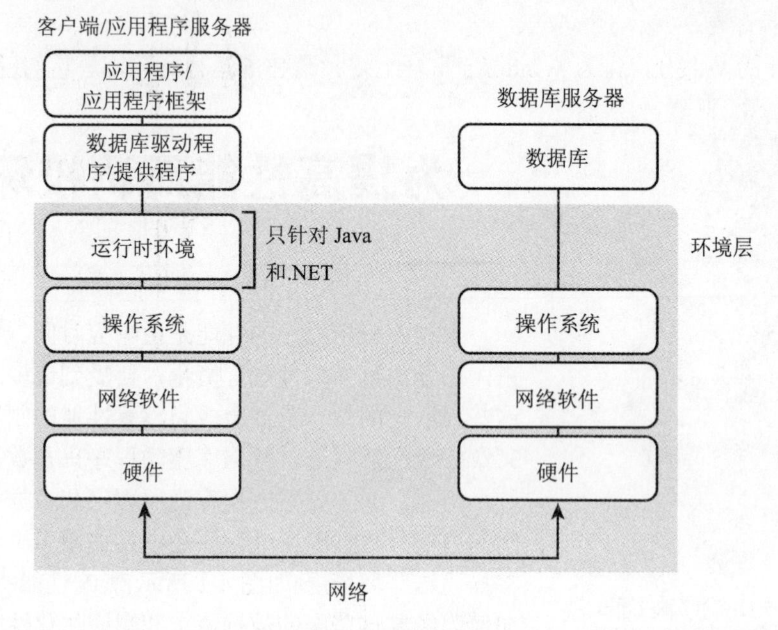

图 4-1　环境层

如下面真实的例子所显示的，环境接口可能很重要。一个大的商业软件公司在局域网(LAN)上全面地测试一个新的数据库应用程序，根据运行的所有基准性能是可以接受的。令人惊奇的是，当将数据库应用程序部署到产品环境，该环境涉及在广域网(WAN)上进行网络传输，整个响应时间翻了一倍。由于性能的问题，开发人员将在测试环境中使用的实际机器放置到产品环境；性能仍然让人感到惊奇。对产品环境中的数据库应用程序进行调试之后，开发人员发现在广域网上的网络传输经过多个低 MTU 的网络节点，这造成了网络包分片。有关网络包分片的更多信息，请阅读 4.3.6 节。

在本章中，我们将讨论以下环境层影响性能的原理，以及如何才能够避免这些问题：

- 运行时环境(Java 和.NET)
- 操作系统
- 网络
- 硬件

4.1　运行时环境(Java 与.NET)

Java 虚拟机(JVM)和.NET 公共语言运行库(CLR)有哪些共同的作用？它们都是应用程

序的运行时环境。只不过，JVM 是用于 Java 语言的运行时环境，而.NET CLR 是.NET Framework 的一部分，作为 Windows 平台上多种语言的运行时环境。它们还都会显著地影响数据库应用程序的性能。

4.1.1　JVM

IBM、Sun Microsystems、Oracle(BEA)以及其他公司都生产了他们自己的 JVM。然而，所有 JVM 都不是完全相同的。尽管生产 JVM 的厂商，使用“Java”商标必须遵循 Sun Microsystems 公司发布的约定，但是这些 JVM 的实现方式是不同的——这些区别会影响性能。

例如，图 4-2 显示了一个基准的结果，该基准用于测量使用不同 JVM 的数据库应用程序的吞吐量和可伸缩性。该基准使用相同的 JDBC 驱动程序、数据库服务器、硬件以及操作系统运行多次。唯一不同的是 JVM。接受测试的 JVM 是由不同厂商生产的，但是版本相同并具有可比的配置。正如在图 4-2 中所看到的，每条线代表使用不同 JVM 的基准运行情况，JVM 的吞吐量和可伸缩性可能会相差很大。

不仅选择的 JVM 会影响性能，而且如何配置 JVM 也会影响性能。每个 JVM 都有调校选项，这些调校选项能够影响应用程序的性能。例如，图 4-3 显示了一个基准的结果，该基准使用相同的 JDBC 驱动程序、数据库服务器、硬件、操作系统以及 JVM。该基准比较一个数据库应用程序的吞吐量和可伸缩性。然而，首先配置 JVM 以客户端模式运行，然后配置 JVM 以服务器模式运行(更多信息，请阅读 4.1.1 节中的“客户端模式与服务器模式”部分)。正如所看到的，以服务器模式运行的 JVM 的吞吐量和可伸缩性明显优于以客户端模式运行的 JVM。

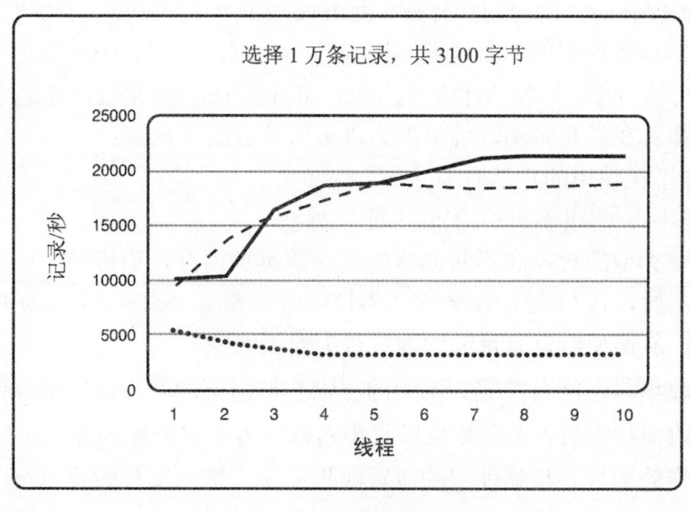

图 4-2　比较不同的 JVM

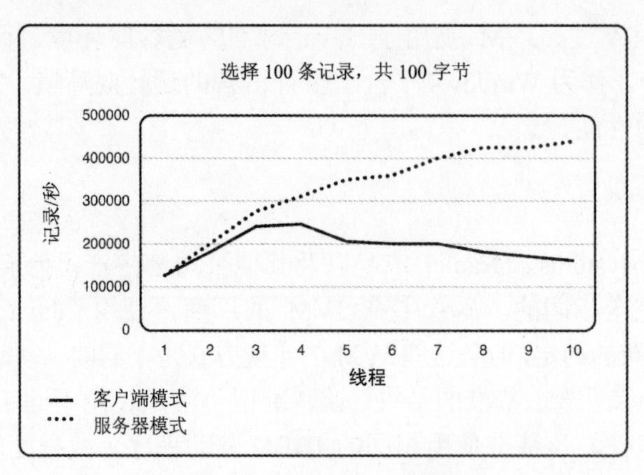

图 4-3　比较 JVM 配置

可以通过设置以下 JVM 通用选项，调校数据库应用程序的性能：

- 垃圾收集
- 客户端模式与服务器模式

性 能 提 示

选择能够为数据库应用程序提供最优性能的 JVM。此外，调校选项，例如针对垃圾收集的选项以及客户端模式与服务器模式选项，可以提高性能。

1. 垃圾收集

C++需要直接控制内存的分配和释放，而 Java 使这一过程更加自动化了。当 Java 应用程序运行时，它创建所使用的生命周期不固定的 Java 对象。当 Java 应用程序使用完该对象后，它停止引用该对象。JVM 从称之为 Java 堆(Java heap)的预留内存池中，为 Java 对象分配内存。这意味着在任意时刻，堆可能为以下对象分配了内存：

- 应用程序正在使用的活动对象
- 应用程序不再使用(不再引用)的“死”对象

因为堆为两种类型的对象和不断创建的新对象维护内存，最终堆中的内存会被耗尽。当堆中的内存耗尽时，JVM 运行一个称之为垃圾收集器(garbage collector)的程序，清除死对象并释放内存，从而使堆具有足够的内存分配给新对象。

为什么垃圾收集与性能有关呢？不同的 JVM 使用不同的垃圾收集算法，但是当垃圾收集器执行它的收集程序时，大多数垃圾收集器暂停为对象分配内存，同时高效地“冻结”所有应用程序工作的运行。根据使用的垃圾收集算法，这一工作暂停可能会持续几秒钟。当垃圾收集器完成收集后，它恢复为对象分配内存的操作。对于大多数数据库应用程序，长时间的垃圾收集可能会对性能和可伸缩性造成负面影响。

控制垃圾收集最重要的选项如下：

- 堆的大小
- 代堆的大小
- JVM 使用的垃圾收集算法

堆的大小(heap size)控制为整个 Java 堆分配多少内存。堆的大小还控制 JVM 执行垃圾收集的频率。

查找理想的堆大小是一个权衡的过程。当堆的大小设置为一个较大的值时，垃圾收集发生的频率要小一些，但是收集暂停的时间要长一些，因为需要扫描更多的堆。相反，更小的堆会导致垃圾收集更频繁，但是暂停的时间更短。

如果垃圾收集太频繁，会严重影响性能。例如，假定应用程序使用的堆太小，以至于不能处理应用程序正在使用的每个活动对象再加上需要创建的一个新对象。一旦达到最大的堆容量，如果应用程序再试图分配一个新对象就会失败。这一失败会触发运行垃圾收集器，垃圾收集器释放内存。然后应用程序再一次试图分配一个新对象。如果垃圾收集程序第一次不能够恢复足够的内存，第二次试图分配新对象又会失败，并再次触发运行垃圾收集程序。即使垃圾收集器为满足当前紧急需要，重新请求足够的内存，在发生另外一次内存分配失败，从而触发另外一次垃圾收集循环之前，等待的时间也不长。因此，JVM 不断地为恢复内存而扫描堆，而不是为应用程序提供服务。

性 能 提 示

作为通用规则，试着增加堆的大小，从而使垃圾收集不会被频繁地触发，注意不要超出物理内存(RAM)的限制。超出物理内存会如何影响性能的相关信息，请阅读 4.4.1 节。如果垃圾收集暂停的时间看起来没有必要这么长，试着降低堆的大小。

老的 JVM 经常将堆作为一个仓库，垃圾收集器为了确定对象是否是死对象以及是否可以被清除掉，需要检查堆中的每个对象。新的 JVM 使用分代垃圾收集(generational garbage collection)，根据对象的生存期，将对象分离到堆中的不同内存池中。

有些 Java 对象生存期比较短，例如本地变量；而有些 Java 对象的生存期比较长，例如连接。分代垃圾收集将堆分为 Young 和 Old 两代，如图 4-4 所示。新对象从 Young 代中分配，并且如果它们的生存期足够长，最终转移到 Old 代。图 4-4 还显示了另外一个称之为 Permanent 的代，在该代中保存 JVM 的类和方法对象。

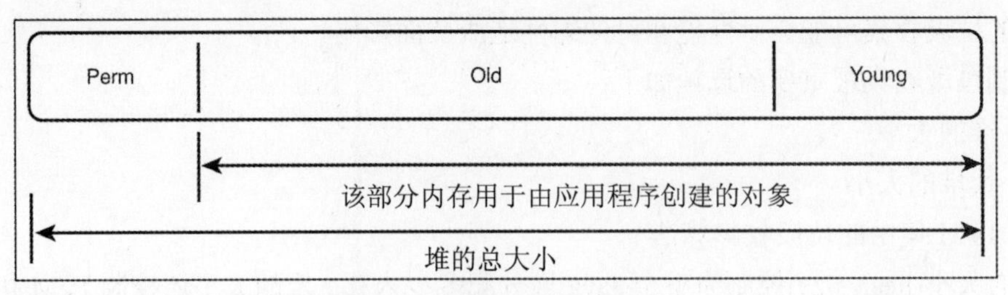

图 4-4 堆代(heap generation)

当 Young 代用完后，垃圾收集程序查找存活的对象，并清除生存期短的对象。它将存活下来的对象移动到 Young 代中称之为残存空间(survivor space)的预留区域。如果存活下来的对象在下一次收集中仍然使用，它就被认为是终身存活的。在这种情况下，垃圾收集器将这些对象移动到 Old 代中。当 Old 代用完后，垃圾收集器清除所有不再使用的对象。因为通常 Young 代占有的堆空间比 Old 代占有的空间要小，所以在 Young 代中垃圾收集发生的次数更频繁，但是收集的暂停时间更短。

与整个堆大小对垃圾收集产生的影响类似，代堆的大小也会影响垃圾收集。

性 能 提 示

作为通用规则，将 Young 代的大小设置为 Old 代的 1/4。如果应用程序产生大量生存期较短的对象，您可能希望增加 Young 代的大小。

不同的 JVM 使用不同的垃圾收集算法。只有少数几个 JVM 允许调校其使用的垃圾收集算法。每个算法都有其自己的性能内涵。

例如，增量垃圾收集算法一次执行较少的收集工作，而不是试图对整个堆进行垃圾收集工作，其结果是更短的垃圾收集暂停，但是会降低吞吐量。

2. 客户端模式与服务器模式

作为提升性能的一种方法，许多 JVM 使用即时编译器(Just-in-Time，JIT)进行编译，并且当代码执行时对其进行优化。JVM 使用的编译器取决于 JVM 的运行模式：

- 客户端模式使用的 JIT 编译器，针对短期运行的、启动速度需要更快、内存需求最小的程序进行了优化，例如 GUI 应用程序。许多 JVM 将这种模式作为默认模式。
- 服务器模式使用的 JIT 编译器，指示 JVM 为运行时间较长并且使用较多内存的应用程序，例如数据库应用程序，执行开销更大的运行时优化。因此，启动之后，JVM 执行得比较缓慢，直到它具有足够的时间优化代码。之后，性能就会有相当大的提升。

性 能 提 示

调校 JVM 使用服务器模式。对于每次运行几个星期或几个月的数据库应用程序，为了在后续运行中得到更好的性能，在刚开始的几个小时执行的比较缓慢，这一代价是比较小的。

4.1.2 .NET CLR

CLR 提供的自动垃圾收集在许多方面和 JVM 相同。当应用程序创建一个新对象时，CLR 从称之为 CLR 堆的内存池中，为新对象分配内存。CLR 也使用分代垃圾收集。CLR 具有三个代：0 代、1 代和 2 代。当垃圾收集器在它的任何一代中执行收集时，它清除不再使用的对象，并收回为它们分配的内存。通过一次垃圾收集后仍然存活的对象被提升到下一代。例如，在 1 代收集后仍然存活的对象，在下一次收集期间被移动到 2 代。

和 JVM 不同，CLR 没有为调校垃圾收集提供调校选项。CLR 不让您设置堆的最大限制。反而，CLR 堆的大小取决于操作系统可以分配的内存数量。此外，CLR 根据它自己的优化标准，自动调整代的大小。

如果在 CLR 中不能调校垃圾收集，那么如何保证垃圾收集工作有利于应用程序的性能呢？应用程序代码的设计和编码方式会极大地影响垃圾收集的执行效率。

性 能 提 示

为了优化 CLR 中的垃圾收集，确保用户一旦使用完数据库连接，就立即关闭连接，并且正确地、经常地使用 Dispose 方法，释放对象占用的资源。更多细节请阅读第 7 章中的 7.1.4 节。

4.2 操作系统

在环境中影响性能的另一个因素是操作系统。这不是说一个操作系统比另外一个操作系统更好——只是需要知道任何操作系统的变化，不管多小，都可能会提高或降低性能，有时可能会非常明显。例如，当测试一个应用了推荐的 Windows 更新的应用程序时，我们看到当数据库驱动程序生成 CharUpper 函数调用时，性能迅速下降。在我们的基准中，从每秒 660 个查询下降到每秒只有 11 个查询——下降高达 98%。

当在不同的操作系统上运行相同的基准时，经常会看到性能是不同的。例如，在 UNIX/Linux 系统上，数据库驱动程序可能使用 mblen( )函数，这是一个标准的 C 库函数，它确定多字节字符的字节长度；在 Windows 系统上，可能使用等价的 IsDBCSLeadByte( )函数。我们的基准显示，当应用程序在 Linux 系统上使用 mblen( )函数时，mblen( )函数的处理过程大约占用 CPU 总时间的 30%~35%。当在 Windows 系统上运行时，IsDBCSLeadByte( )函数只使用 CPU 总时间的 3%~5%。

理解为了在内存中存储多字节数据，例如长整数、浮点数以及 UTF-16 字符，数据库客户端操作系统使用的字节顺序或字节序(endianness)[1]，也是很有帮助的。操作系统的字节序取决于操作系统运行的处理器。处理器使用以下两种字节序之一：

- Big endian 机器在内存中存储数据时，从“大的一端”开始。第一个字节是最大的(最重要的)。
- Little endian 机器在内存中存储数据时，从“小的一端”开始。第一个字节是最小的(最不重要的)。

例如，让我们考虑整数 56789652，该整数的 16 进制表示形式是 0x03628a94。在 big endian 机器上，4 个字节在内存中，从最左端的 16 进制数字开始，保存在从 0x18000 开始的地址中。相反，在 little endian 机器上，4 个字节从最右端的 16 进制数字开始保存。

Big Endian

```
18000 18001 18002 18003
0x03 0x62 0x8a 0x94
```

Little Endian

```
18000 18001 18002 18003
0x94 0x8a 0x62 0x03
```

Intel 公司的 80x86 处理器和它们的芯片是 little endian。Sun Microsystems 公司的 SPARC、Motorola 公司的 68K 以及 PowerPC 系列是 big endian。Java 虚拟机(JVM)也是 big endian。有些处理器甚至在寄存器中有一位，用于让您选择希望处理器使用的字节序。

性 能 提 示

如果可能的话，使数据库客户端操作系统的字节序和数据库服务器操作系统的字节序相匹配。如果它们相匹配的话，数据库驱动程序就不需要为转换多字节数据的字节顺序而执行额外的工作。

例如，假定有一个财务处理应用程序，可以使用该应用程序准备财务报告，例如资产负债表、损益表、现金流以及一般的分类账户。应用程序运行于 Windows XP 系统上，并从运行于 Windows NT 系统上的 Microsoft SQL Server 数据库中检索数据。数据库驱动程序

1 术语 endianness 来自由 Jonathan Swift 撰写的小说《格利佛游记》，1726 年初版。在这本小说中，船舶失事的漂流者，格利佛，和一个小人国的国王纠缠到一起，该小人国分为倔强的两派：一派是 Big-Endians，他们从大的一端打开他们的糖心鸡蛋(半熟的鸡蛋)，另一派是 Little-Endians，他们从小的一端打开他们的鸡蛋。

不需要为长整数转换字节顺序，因为机器之间的交换是相匹配的：从 little endian 到 little endian。如果将应用程序安装到运行在 Solaris 机器上的 UNIX 操作系统中，情况会如何呢？您将会看到性能下降了，因为数据库驱动程序必须将长整数从数据库服务器的 little endian 转换为 big endian，如图 4-5 所示。类似地，如果应用程序运行在 Windows 机器上，而数据库服务器切换到运行于 Solaris 机器上的 UNIX 操作系统中，由于不匹配，数据库驱动程序需要为长整数转换字节顺序。在许多情况下，对于不匹配不能采取任何措施，但是了解这一情况是有帮助的，在所有其他因素都相同的情况下，字节序不匹配会影响性能。

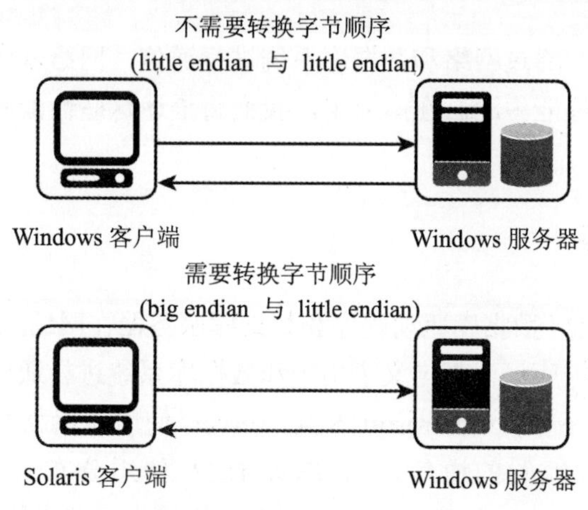

图 4-5　处理器的字节序决定了是否需要转换字节顺序

使问题变得更复杂的是，数据库系统并不总是以数据库服务器机器上使用的操作系统的字节序发送数据。有些数据库系统总是以 big endian 或 little endian 发送数据。其他数据库系统使用和数据库服务器机器相同的字节序发送数据。还有一些数据库系统使用和数据库客户端机器相同的字节序发送数据。表 4-1 列出了一些常用数据库系统发送数据时使用的字节序。

表 4-1　数据库系统发送数据使用的字节序

数据库系统	字　节　序
DB2	数据库服务器机器的字节序
MySQL	little endian
Oracle	big endian
Microsoft SQL Server	little endian
Sybase ASE	数据库客户端机器的字节序

例如，假设应用程序连接到运行于 Windows 机器上的 Oracle 数据库。Oracle 数据库通常使用 big endian 发送数据，为了适应运行它的操作系统的 little endian，转换多字节数据的字节顺序。再说一次，我们不能改变数据库客户端、数据库服务器以及数据库系统的字节序，但是了解字节序影响性能的原理是有帮助的。

4.3 网络

如果数据库应用程序通过网络和数据库系统进行通信，网络就成为数据库中间件的一部分，需要理解网络的性能内涵。在本节中，我们将描述这些性能内涵并提供处理它们的指导原则。

4.3.1 数据库协议包

为了请求和检索信息，数据库驱动程序和数据库服务器在网络上传送数据库协议包(通常是 TCP/IP)[2]。每个数据库厂商都定义了用于和数据库系统进行通信的协议，一种只有数据库系统理解的格式。例如，Microsoft SQL Server 使用表格格式数据流(Tabular Data Stream，TDS)协议进行编码的通信，而 IBM DB2 使用分布式关系数据库体系结构(Distributed Relational Database Architecture，DRDA)协议进行编码的通信。

数据库驱动程序和数据库进行通信的方式取决于它们的架构。有些数据库驱动程序使用特定于数据库的协议直接和数据库服务器进行通信。其他数据库驱动程序使用特定于驱动程序的协议，该协议由服务器组件转换为特定于数据库的协议。还有一些驱动程序需要数据库厂商的客户端库和数据库服务器进行通信。有关数据库驱动程序架构的更多信息，请查看第 3 章中的 3.3.2 节。

当应用程序生成基于标准的 API 请求时，例如执行 Select 语句查询数据，数据库驱动程序将 API 请求改变为 0 个、1 个或多个针对数据库服务器的请求。数据驱动程序[3]将请求打包成数据库协议包，并将它们发送到数据库服务器，如图 4-6 所示。数据库服务器也使用数据库协议包向驱动程序传送所请求的数据。

---

2 如果应用程序和数据库运行在同一台机器上，数据库驱动程序以回送(loop-back)模式使用网络，或根本不使用网络，而使用共享内存直接和数据库进行通信。

3 通常，我们说数据库驱动程序向数据库服务器发送数据库协议包。然而，对于使用基于客户端架构的驱动程序，这个任务由数据库客户端(例如，Net8 for Oracle)执行。

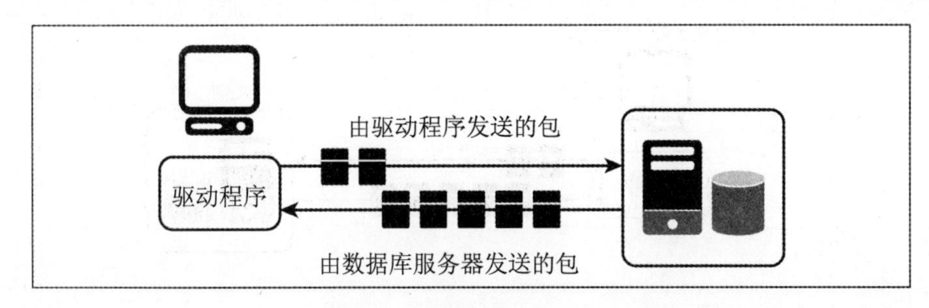

图 4-6　数据库协议包

需要理解的一个重要原则是：应用程序 API 请求和发送到数据库的协议包的数量不是一一对应的。例如，如果一个 ODBC 应用程序使用 SQLFetch 函数同时返回结果集记录，不是每个 SQLFetch 执行都会导致向数据库发送协议包或从数据库返回协议包。大多数驱动程序通过同时预取多条记录，优化从数据库检索结果集。如果请求的结果集记录已经存在于驱动程序结果集缓存中，那么就不再需要和数据库服务器之间进行一次网络往返，因为当对上一个 SQLFetch 执行进行优化时，驱动程序已经检索了该结果集记录。

本书不断地说明当优化了数据库驱动程序和数据库之间的通信之后，会提升数据库应用程序的性能。请记住，您应当总是询问的一个问题是：如何才能减少在数据库驱动程序和数据库之间通信的信息量。对于这一优化，一个重要的因素是数据库协议包的容量。

由数据库驱动程序向数据库服务器发送的数据库协议包的容量，必须等于或小于数据库服务器允许的最大数据库协议包容量。例如，如果数据库服务器接受的最大协议包容量是 64KB，数据库驱动程序必须发送容量为 64KB 或更小的包。通常，包的容量越大，性能越好，因为包容量越大，需要在驱动程序和数据库之间传输的包的数量就越少。更少的包意味着数据库驱动程序和数据库之间的网络往返更少。

注　　意

尽管如果发送和接收更少的包，大部分数据库应用程序的性能会更好，但是事情并不总是这样，参见 4.3.3 节。

例如，如果数据库驱动程序使用容量为 32KB 的包，并且数据库服务器的包的容量配置为 64KB，数据库服务器必须将它的包容量限制为由驱动程序使用的更小的 32KB 包容量。如图 4-7 所示，虽然客户端检索相同数量的数据，但是通过网络传输的包的数量却增加了。

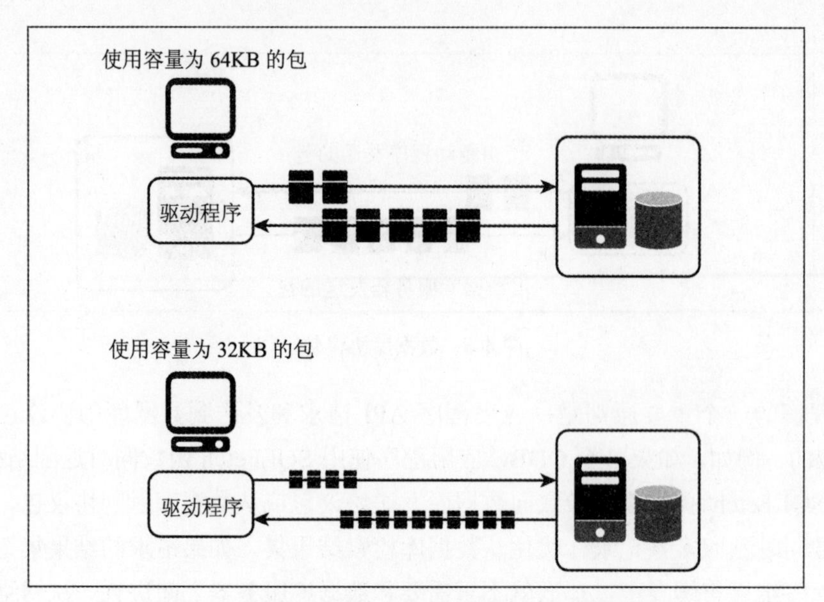

图 4-7　包的容量影响需要的数据库协议包的数量

增加包的数量还意味着增加包的开销。增加包的开销会降低吞吐量，或者说在一段时间内从发送程序向接收程序传输的数据量。

为什么包的开销会降低吞吐量呢？每个包在包头中保存额外字节的信息，从而限制了可以在每个包中传输的数据量。包的容量越小，传输数据就需要越多的包。例如，具有 30 个字节包头的容量为 64KB 的包，等于三个容量为 32KB 包的总和，每个 32KB 的包有 30 个字节的包头，如图 4-8 所示。为了传输分解包，并且当它们到达目的地之后重新组装包，这需要额外的 CPU，从而降低了原始数据的整体传输速度。更少的包需要更少的分解和组装操作，并且最终使用更少的 CPU 时间。

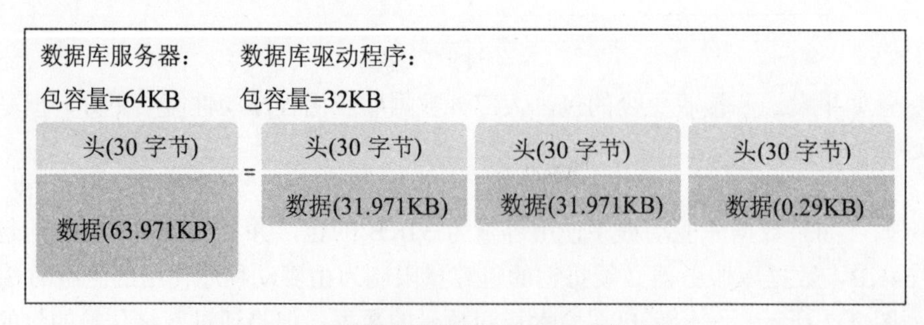

图 4-8　64KB 数据库协议包与 32KB 包的比较

4.3.2 网络包

一旦创建了数据库协议包，为了传输到数据库服务器，数据库驱动程序就会将包移交给 TCP/IP。TCP/IP 使用网络包传输数据。如果数据库协议包的大小比网络包定义的大小更大，为了在网络上进行传输，TCP/IP 需要将通信分割为更小的网络包，并且在目的地再将它们重新组装起来。

像下面这样思考这一过程：数据库协议包就像是一箱食用苏打，长距离运输它非常困难。TCP/IP 将这箱食用苏打分成四个 6 包，或网络包，从而可以容易地通过网络进行传输。当所有四个 6 包到达目的地后，它们被重新组装成一箱。

和数据库协议包类似，更少的网络包，性能更好。和数据库协议包不同的是，不能配置网络包的容量。

每个网络节点(连接到网络的任何机器，例如客户端、服务器、路由器等)针对它连接到的每个网络至少有一个网络适配器。网络包的容量是由发送网络节点的操作系统中网络适配器的最大传输单元(Maximum Transmission Unit，MTU)设置[4]决定的。MTU 是能够通过特定网络连接发送的最大的包容量，它是网络类型的特征。默认情况下，MTU 设置被设置为网络类型的 MTU。可以将 MTU 设置为其他数值，但是不能超出网络类型的 MTU。

例如，如果网络包的容量是 1500 字节(以太网的 MTU)，TCP/IP 将数据库协议包分割成通过网络传输数据所需要的容量为 1500 字节的网络包，如图 4-9 所示。

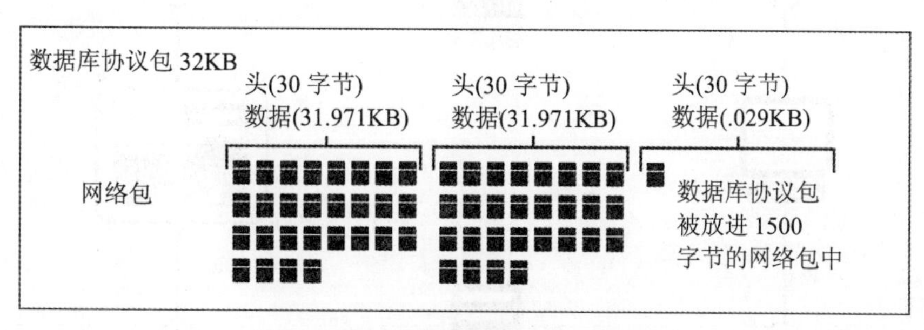

图 4-9　将数据库协议包分割成网络包

有关 MTU 影响网络包的原理的细节，请阅读 4.3.6 节中的“理解最大传输单元(MTU)”部分。

数据库驱动程序和数据库服务器只处理数据库协议包，而不处理网络包。一旦网络包到达它们的目的地，例如一个数据库服务器，数据库服务器的操作系统将它们重新组装成和数据库进行通信的数据库协议包。为了理解在这一过程中发生了什么操作，让我们进一

4　这个设置的名称取决于操作系统。有关细节请参考操作系统文档。

步分析网络包以及网络(如 TCP/IP)的工作原理。

就像车道有限的繁忙的高速公路，带宽有限的网络处理计算机之间的网络通信。通过将通信分割成网络包，TCP/IP 能够控制通信流量。

就像汽车并入高速公路一样，网络包可以和来自其他计算机的包并入网络通信，而不会扰乱道路。

每个网络包的头包含以下相关信息：

- 网络包来自何处
- 网络包发往何方
- 网络包如何和其他网络包重新组装成数据库协议包
- 如何检查网络包内容是否有错误

因为每个网络包本质上包含它自己传送的指令，并不是同一条信息的所有网络包都会通过相同的路径传输。当传输条件发生变化时，网络包可以动态地通过网络上的不同路径路由。例如，如果路径 A 的通信量超载，网络包可能会通过路径 B 路由，从而减少拥挤瓶颈，如图 4-10 所示。

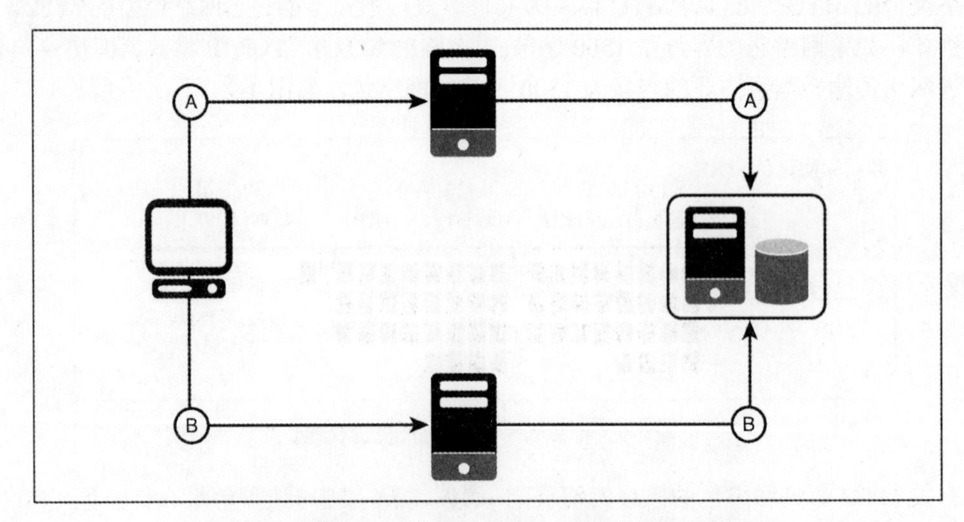

图 4-10　网络包可能由于动态路由而通过不同的路经传输

甚至网络包到达它们目的地的顺序也是不同的。例如，经过路径 B 的网络包可能比经过路径 A 的网络包先达到目的地。当所有网络包到达它们的目的地之后，接收包的计算机的操作系统将网络包重新组装成数据库协议包。

4.3.3 配置包的容量

请记住，更大的包容量通常提供更好的性能，因为检索数据需要更少的包，并且更少的包意味着和数据库之间的网络往返更少。因此，使用允许配置数据库协议包的容量的数据库驱动程序是很重要的。有关数据库驱动程序中性能调校选项的更多信息，请查看第 3 章中的 3.3.3 节。此外，可以配置许多数据库服务器使用比默认值更大的包容量。

既然实际上是使用网络包在网络上传输数据，并且网络的 MTU 控制着网络包的容量，那么为什么更大的数据库协议包容量会提高性能呢？让我们比较下面的例子。在这两个例子中，数据库驱动程序向数据服务器发送 25KB 的数据，但是示例 B 使用比示例 A 更大的数据库协议包容量。因为使用更大的数据库协议包容量，减少了网络往返次数。更重要的是，减少了实际网络通信量。

示例 A：数据库协议包容量=4KB

使用容量为 4KB 的数据库协议包，如图 4-11 所示，为了向数据库服务器发送 25KB 的数据，数据库驱动程序创建 7 个容量为 4KB 的数据库协议包(假定包头为 30 字节)(6 个包传输 3.971KB 的数据，1 个包传输 0.199KB 的数据)。

\+ \+ \+ \+ \+ \+ \+ 25KB(7 个数据库协议包)

图 4-11　容量为 4KB 的数据库协议包

如果网络路径的 MTU 是 1500 字节，如图 4-12 所示，为了在网络上传输数据，将数据库协议包分割成网络包(共 19 个网络包)。前 6 个数据库协议包中的每一个都被分割成 3 个 1500 字节的网路包。最后一个数据库协议包包含的数据可以放入 1 个 1500 字节的网络包中。

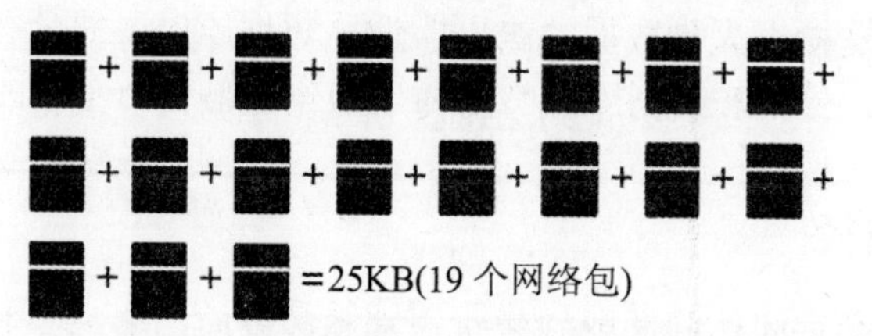

图 4-12　将 4KB 的数据库协议包分割成 1500 字节的网络包

下面让我们看一下示例 B，示例 B 使用容量更大的数据库协议包。

示例 B：数据库协议包容量=32KB

使用 32KB 的数据库协议包，向数据库服务器发送 25KB 的数据，数据库驱动程序只需要创建 1 个 32KB 的数据库协议包(假定包头为 30 字节)，如图 4-13 所示。

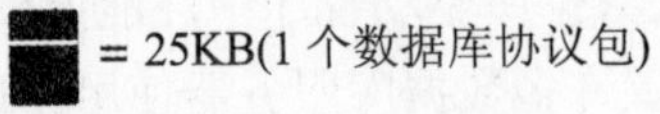

= 25KB(1 个数据库协议包)

图 4-13　容量为 32KB 的数据库协议包

如果网络路径的 MTU 是 1500 字节，如图 4-14 所示，为了通过网络传输数据，1 个数据库协议包被分割成 17 个网络包，和示例 A 相比减少了 10%。

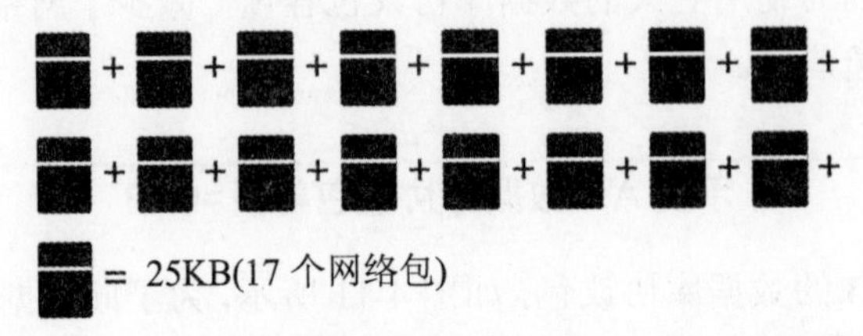

图 4-14　将 32KB 的数据库协议包分割成 1500 字节的网络包

尽管更大的网络包通常是最佳的性能选择，但是情况并不总是如此。如果应用程序只发送检索较小结果集的查询，使用容量较小的包可能工作的更好。例如，ATM 银行应用程序通常发送和接收许多包含少量数据的包，例如取款额、存款额以及新的收支情况。只包含一条或两条记录数据的结果集不能填满整个容量较大的包。在这种情况下，使用更大的包不会提高性能。相反，对于检索包含数千条记录的较大结果集的报表应用程序，使用较大的包，执行性能会更好。

性 能 提 示

如果应用程序发送检索大量数据的查询，调校数据库服务器的包容量为最大容量，并调校数据库驱动程序，使其和数据库服务器使用的包的最大容量相匹配。

4.3.4　分析网络路径

通常，我们讨论数据库访问，就好像客户端和数据库服务器总是位于同一区域，也许是位于同一座建筑物中通过局域网(LAN)进行连接。然而，在现在的分布式计算环境中，真实的情况是，用户可能在位于纽约的客户端桌面上工作，检索存储在位于加利福尼亚或欧洲的数据库中的数据。

例如，数据库应用程序可以发送通过局域网传送的数据请求，通常，经过一个或多个路由器到达目标数据库，也可以发送通过广域网传送的数据请求，经过多个路由器到达目标数据库。因为在这个世界上最流行的广域网是 Internet，应用程序可能还需要通过一个或多个 Internet 服务提供程序(ISP)路由器进行通信。然后，用户最终在他们的桌面上看到数据之前，从数据库检索的数据必须沿着类似的路径传输回。

无论数据库应用程序是访问位于局域网中的数据库服务器，还是数据请求要经过更加复杂的路径，如何确定和数据库应用程序相关联的网络包是否使用最高效的路径？

可以使用 tracert 命令(Windows)和 traceroute 命令(UNIX/Linux)，查找网络包在到达目的地的过程中经过的网络节点。此外，默认情况下，这些命令还显示一个时延样本，时延(latency)是沿着跟踪的网络路径，与每个节点之间的网络往返使用的时间延迟。

示例 A：在 Windows 系统上使用 tracert 命令

这个例子跟踪从位于北美的客户端向位于欧洲的数据库服务器发送的网络包经过的网络路径。执行 tracert 命令：

```
tracert belgsever-01
```

注意，跟踪报告显示网路包经过三次网络转发(列表中第 4 个网络节点是目的地)。

```
Tracing route to belgserver-01 (10.145.11.263)
over a maximum of 30 hops:

   1    <1 ms   <1 ms   <1 ms   10.40.11.215
   2     1 ms    3 ms     3 ms   10.40.11.291
   3   113 ms  113 ms  113 ms   10.98.15.222
   4   120 ms  117 ms  119 ms   10.145.16.263
```

示例 B：在 UNIX/Linux 系统上使用 traceroute 命令

这个例子跟踪返回途中的网络包经过的路径。执行 traceroute 命令[5]：

```
traceroute nc-sking
```

和示例 A 中显示的报告类似，本示例中的跟踪报告显示网络包经过三次网络转发。

5　根据所使用的操作系统，traceroute 命令支持不同的选项。查看操作系统文档中的命令选项部分的命令参考。

```
Traceroute to nc-sking (10.40.4.263), 30 hops max,
40 byte packets

    1   10.139.11.215   <1 ms    <1 ms    <1 ms
    2   10.139.11.291    2 ms     1 ms     1 ms
    3   10.40.11.254   182 ms   190 ms   194 ms
    4   10.40.4.263    119 ms   112 ms   120 ms
```

跟踪过去数据库服务器和从数据库服务器返回的路径之后，让我们分析一下跟踪报告能够提供什么信息。

- 网络包从客户端传输到数据库服务器采用的路径和从数据库服务器返回到客户端采用的路径是可比的吗？通过网络的物理路径在每个方向上可能是不同的，但是某条路径比其他路径明显要短吗？例如，如果某个特定的路由器由于网络拥挤而成为瓶颈，可能希望改变网络拓扑，从而网络包可以使用不同的路径进行传输。
- 在每条路径上，在客户端和数据库服务器之间有多少次网络转发？这些网络转发中的某次转发是可以消除的吗？例如，如果客户端被分配到和数据库服务器不同的子网，客户端机器能够被重新分配到同一个子网吗？有关减少网络转发的更多细节，请阅读下一节。
- 在每条路径上，会产生包分片吗？有关检查包分片以及避免产生包分片的策略的详细信息，请阅读 4.3.6 节。

4.3.5 减少网络转发和争用

有一句格言大概意思是：“通常成功的道路不是笔直的。”然而，当涉及数据访问时，就不需要应用这句谚语了。具有更少网络转发的更短的网络路径，通常比具有更多网络转发更长的网络路径，提供更好的性能，因为每个中间网络节点必须对到达目的地需要经过该节点的网络包进行处理。

这个处理过程包括检查包头的目的地信息，以及在它的路由表中查找目的地，以确定采取最优的路径。此外，每个中间网络节点还检查包的容量，以确定是否需要对包进行分片。在更长的路径上，例如，从局域网到广域网，数据请求更有可能会遇到不同的 MTU 大小，从而会导致包分片(参见 4.3.6 节)。

数据库应用程序通常和其他类型的网络通信程序共享网络。在任意时刻，不同的用户可能请求文件和 Internet 内容、发送电子邮件、使用流视频/音频、执行备份等。当通信负担比较轻时，网络操作位于较高的状态，并且性能可能会很好。然而，当大量用户请求连接，并同时执行其他网络请求时，网络可能因为需要传输大量的网路包而变得超载。如果数据库应用程序发送的网络包经过一个网络通信超载的中间节点，应用程序的性能会受到不良的影响。

有时由于正常的商业通信而造成的网络拥挤，会因为设计较差的网络拓扑或带宽的变化而使情况变得更坏。例如，如果网络包到达它们的目的地，必须通过一个单独的网关路由器，包必须在路由器的队列中等待处理，在网关造成包回退(packet back)。在这种情况下，可以通过增加另外的访问目标网络的路由器来改变网络拓扑吗？类似地，从局域网到广域网造成的带宽变化，会造成通信速度下降，和 4 车道的高速公速融入到 2 车道的高速公路非常类似。

减少网络转发和网络争用的一个方法是，使用私有数据网络为数据库应用程序创建专用网络路径，为了实现该目标，可以使用一个切换到专用网络适配器的网络、租用的 T1 连接、或某些其他类型的专用网络。例如，如图 4-15 所示，客户端完全可以公开访问公共网络，包括电子邮件和 Internet，然而更乐意直接私有地访问数据库服务器。

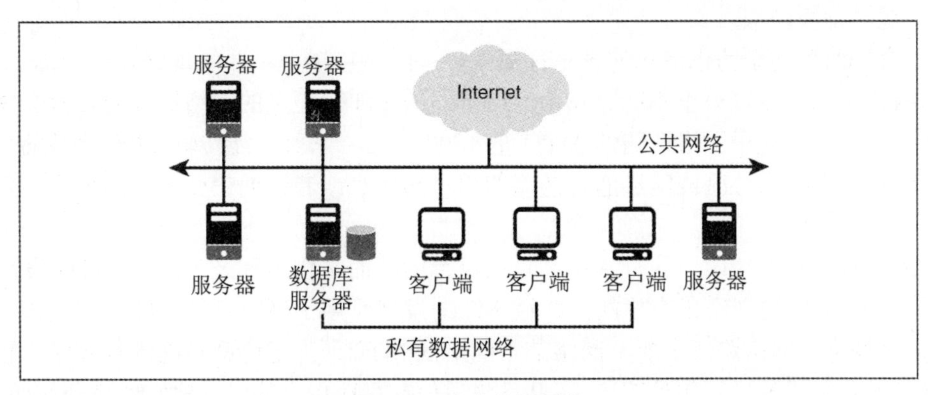

图 4-15　私有数据网络

甚至当客户端和数据库服务器相互临近时，也不要假定网路包会采取直接的点到点的路径。例如，考虑一个真实公司的例子，该公司的业务依赖于关键的批量更新，这些更新操作每天周期性地执行。尽管客户端和数据库服务器在同一房间中紧挨在一起，但是程序的性能却并不好。

网络路径分析显示，当应用程序请求数据时，与请求相关联的网络包在到达数据库服务器之前，通常要经过多达 17 次网络转发。尽管客户端和数据库服务器机器位于相同的位置，但是它们被分配到了不同的公共网络子网。在这种情况下，将机器重新分配到同一个网络子网中，网络转发从 17 次降低到 1 次，批量更新的平均响应时间从 30 秒降低到 5 秒，性能令人惊奇地提高了 500%。

注　意

虚拟私有网络(Virtual Private Network，VPN)为通过 Internet 传送数据的应用程序模拟私有数据网络。它不能消除网络转发，但是却提供了私有网络的安全扩展，并减少了网络争用。

4.3.6 避免网络包分片

在讨论其他内容之前，让我们总结一下已经学习过的数据库驱动程序和数据库服务器如何使用网络请求以及发送数据的相关内容：

- 数据库驱动程序和数据库服务器之间通过发送数据库协议包进行通信。
- 如果数据库协议包的容量比网络包定义的容量更大，TCP/IP 将数据库协议包分割成在网络上传输数据所需要的数量众多的网络包。
- MTU 是能够通过特定的网络链路发送的最大网络包的容量，并且 MTU 是网络类型的特征。
- 对于两种类型的包，包的容量都很重要，因为包越少，性能越好。

当网络包太大，以至于不能穿越由网络链路的 MTU 定义的网络链接时，就会发生网络包分片。例如，如果网络链路的 MTU 是 1500 字节，它就不能传输 1700 字节的包。超出容量的包，必须被分割成能够通过链路的更小的包，或者说通信必须使用更小的包重新发送。

在大多数现代系统中，包分片不是自动进行的，而是作为称之为路径 MTU 发现(path MTU discovery)的处理结果产生的，路径 MTU 发现是用于确定路径 MTU 的技术，路径 MTU 是沿着特定网络路线上所有网络节点的最低 MTU。为了协商正确的包容量，包分片在网络节点之间需要进行额外的通信，并且将通信分割成更小的包并将它们重新组装起来，需要大量的 CPU 处理时间，所以包分片会降低性能。下面的小节将会分析为什么包分片会对性能造成负面影响，并为检查和解决包分片提供指导原则。

1．理解最大传输单元(MTU)

MTU 是由网络类型定义的，能够通过特定网络链路的最大的包容量。一些常用网络类型的 MTU 值，参见表 4-2。

表 4-2　常用网络类型的 MTU 值

网　络	MTU
16MB/秒的令牌环网	17914
4MB/秒的令牌环网	4464

(续表)

网　　络	MTU
FDDI	4352
以太网	1500
IEEE 802.3/802.2	1492
PPPoE(广域网微型接口)	1480
X.25	576

每个网络节点有一个或多个安装好的网络适配器，用于该节点所连接的每个网络。在每个节点上的操作系统为每个网络适配器提供了 MTU 设置。MTU 设置决定了从该节点发出的网络包的容量。默认情况下，MTU 设置被设定为网络类型的 MTU，并且也可以被设定为其他数值，但是该值不能超过网络类型的 MTU。例如，如果一个连接到以太网的网络节点，机器网络适配器的 MTU 设置必须被设定为 1500(以太网的 MTU)或更小的值。

MTU 是如何影响网络包的呢？让我们考虑一个简单的例子，在该示例中只有两个节点：一个客户端和一个数据库服务器，发送和接收数据包，如图 4-16 所示。在这种情况下，节点 A 的 MTU 设置是 1500，意味着节点 A 通过网络向节点 B 发送 1500 字节的包。

类似地，节点 B 的 MTU 设置也是 1500，并且向节点 A 返回传送 1500 字节的包。

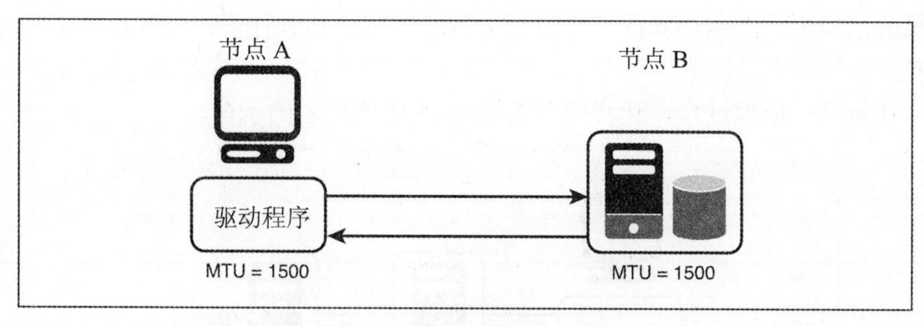

图 4-16　MTU 的简单示例

现在让我们看一个更加复杂的例子，在这个例子中网络包经过一个中间网络节点路由到数据库服务器，如图 4-17 所示。在这个例子中，节点 A 的 MTU 设置为 1500，节点 B 的 MTU 设置为 1492，节点 C 的 MTU 设置为 1500。

根据网络链路，可以通过网络传输的最大包容量以及发送包经过的部分网络，如表 4-3 所示。

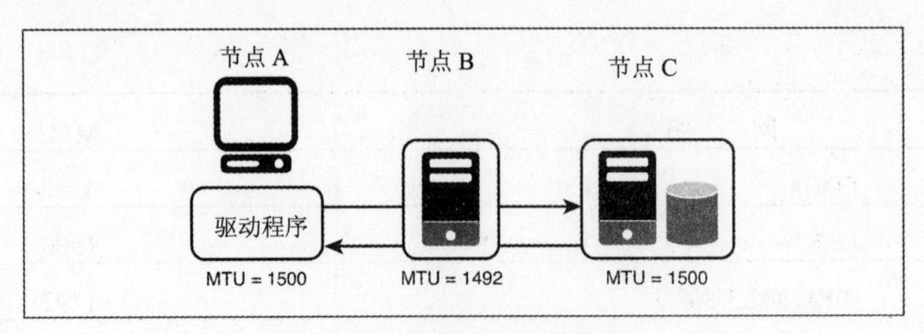

图 4-17　MTU 的复杂示例

表 4-3　最大包容量

网 络 链 路	最大包容量
节点 A 到节点 B	1500 字节
节点 B 到节点 C	1492 字节
节点 C 到节点 B	1500 字节
节点 B 到节点 A	1492 字节

如果一个网络节点接收到一个超出其容量限制的网络包，网络节点就会丢弃那个包，并向发送网络包的节点发送有关它能够接受的网络包容量的信息。发送包的网络节点将原来的信息分割成更小的包，并重新发送。通知发送包的网络节点必须进行分片所需要的通信，以及使用更小的包重新发送的通信，都会增加这条网络链路的通信量。此外，为了传输将信息分割成更小的包，以及当它们到达目的地后对其进行重新组装，会显著增加 CPU 处理时间。

为了理解这一处理过程，让我们分析图 4-18 中所显示的示例。

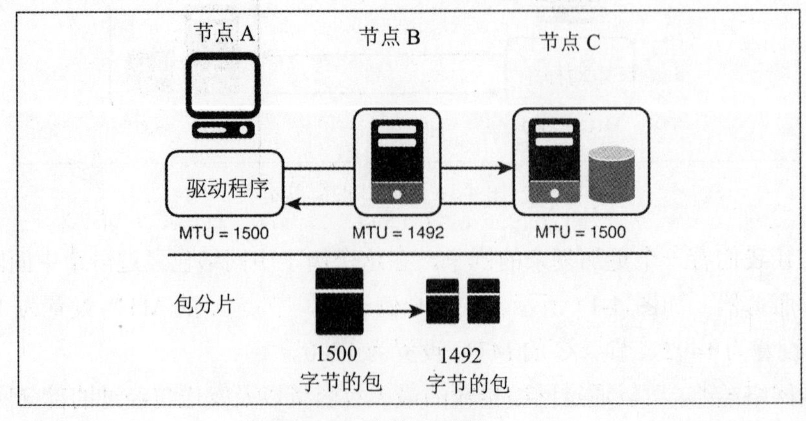

图 4-18　包分片示例

(1) 作为数据请求的结果，节点 A 向节点 C 发送多个 1500 字节的包。

(2) 节点 B 每次接收到一个 1500 字节的包时，它都丢弃该包，并向节点 A 发送一条消息，告诉节点 A，大于 1492 字节的包不能通过节点 B。

(3) 节点 A 将信息分割成多个 1492 字节的包，并重新发送。

(4) 当节点 B 接收到 1492 字节的包时，它将包传递给节点 C。

性 能 提 示

在大多数情况下，可以通过配置客户端和数据库服务器的 MTU 设置，使其等于路径 MTU，即路径上所有网络节点的最低 MTU，从而避免包分片。例如，对于图 4-18 中所显示的例子，如果将客户端和数据库服务器的 MTU 都设置为 1492，就不会发生包分片了。

2. VPN 放大了包分片的可能

将 MTU 设置配置为路径 MTU，并不总是能够避免包分片。例如，当使用 VPN 通道时，由于额外的包开销，出现包分片问题的可能性被放大了。

VPN 负责将 Internet 上的远程计算机连接到公共局域网，在两个端点之间创建安全路径。在 VPN 路径中的通信信息被加密，从而防止 Internet 上的其他用户拦截和检查或修改信息。执行加密的安全协议，通常是 IP 安全协议(Internet Protocol Security Protocol，IPSec)，使用新的、更大的包封装或包装每个网络包，并为新包增加它所拥有的 IPSec 头。由于这种封装造成的更大的包经常会导致网络包分片。

例如，假定 VPN 网络链路的 MTU 是 1500 字节，并且 VPN 客户端的 MTU 设置被设定为路径 MTU，其值为 1500。尽管对于局域网访问这一配置是理想的，但是对于 VPN 用户它存在一个问题。IPSec 不能封装 1500 字节的包，因为包容量已经达到 VPN 链路能够接受的最大值。在这种情况下，为了使 IPSec 能够对网络包进行封装，原来的信息需要使用更小的包重新发送。将客户端的 MTU 设置改为 1420 或更小的数值，为 IPSec 封装提供足够的余地，从而避免包分片。

性 能 提 示

能够适合所有 MTU 的容量是不存在的。如果应用程序的用户大部分是 VPN 用户，为适应 VPN 用户，沿着网络路径修改 MTU 设置。然而，请记住为局域网用户降低 MTU 会导致他们的应用程序性能下降。

3. 局域网与广域网

因为通过广域网进行通信通常比通过局域网进行通信需要更多的网络转发，所以应用程序更有可能遇到容量不同的 MTU，从而导致包分片。此外，如果数据必须经过 VPN 在广域网中进行传输，包分片进一步降低了 MTU 的容量。如果不能通过将客户端和数据库服务器的 MTU 设置为路径 MTU 避免包分片(参见前面的“理解最大传输单元(MTU)”小节)，减少客户端和数据库服务器之间的网络往返次数以保持性能就变得尤为重要了。

4. 检测与解决网络包分片

如果不知道沿着网络路径的每个节点的 MTU 的情况，如何能够确定是否会发生包分片？操作系统命令，例如 ping 命令(Windows)和 traceroute 命令(UNIX/Linux)，可以帮助您确定沿着特定网络路径的包是否正在被分片。此外，通过进一步的探测工作，可以确定针对该网络路径的最优包容量，即不需要进行包分片的容量。

例如，假定客户端是安装了 Windows XP 的机器，并且从这台机器向位于伦敦的 UNIX 数据库服务器发送数据请求。通过下面的跟踪报告，可以知道在到达服务器的过程中涉及到三次网络转发：

```
Tracing route to UK-server-03 [10.131.15.289]
over a maximum of 30 hops:

  1  <1 ms   <1 ms   <1 ms  10.30.4.241
  2  <1 ms   <1 ms   <1 ms  10.30.4.245
  3  112 ms  111 ms  111 ms  10.168.73.37
  4  113 ms  112 ms  116 ms  10.131.15.289
```

因此，网络路径看起来和图 4-19 中显示的配置类似。如果客户端的 MTU 被设置为 1500 字节，则客户端通过网络发送 1500 字节的包。不知道其他网络节点的 MTU。

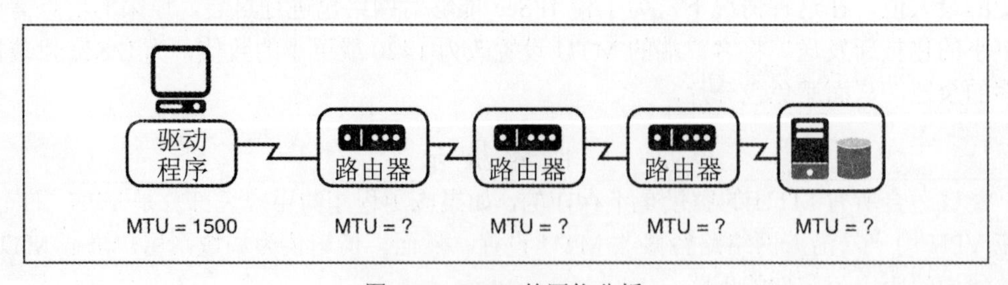

图 4-19 MTU 的网络分析

在后续的例子中，我们将使用 ping(Windows)和 traceroute(UNIX/Linux)命令确定，容量为 1500 字节的包沿着这条网络路径是否会发生包分片，我们还将为这条网络路径查找最优的包容量。

示例 A：在 Windows 系统上检测包分片

1．在命令行提示窗口，输入 ping 命令，检测客户端和数据库服务器之间的连接。-f 标志打开包头中的"不要进行分片"(DF)字段，如果在沿着路径上的任意一个网络节点需要对包进行分片，就会强制 ping 命令失败。-l 标志设置包的容量。例如：

```
ping UK-server-03 -f -l 1500
```

如果需要进行包分片，ping 命令会失败，并提供以下消息，该消息指示网络包因为设置了 DF 字段不能被分割：

```
Packet needs to be fragmented but DF set
```

2．重复运行 ping 命令，每次以逻辑增量减少包的容量(例如，1500、1475、1450、1425、1400 等)，直到返回的消息指示命令执行成功。

例如，下面的代码显示当将包的容量设置为 1370 字节时，ping 命令执行成功：

```
Pinging UK-server-03 [10.131.15.289] with 1370 bytes of data

Reply from 10.131.15.289: bytes=1370 time=128ms TTL=1
Reply from 10.131.15.289: bytes=1370 time=128ms TTL=1
Reply from 10.131.15.289: bytes=1370 time=128ms TTL=1
Reply from 10.131.15.289: bytes=1370 time=128ms TTL=1

Ping statistics for 10.131.15.289:
   Packets: Sent = 4, Received = 4, Lost = 0 (0% loss)
Approximate round trip times in milli-seconds:
   Minimum = 128ms, Maximum = 128ms, Average = 128ms
```

3．一旦找到了能够在整个网络上工作的包容量，(如果可能的话)将客户端和数据库服务器的 MTU 设置配置为该容量值。

示例 B：在 UNIX/Linux 系统上检测包分片

1．在命令行提示窗口，输入 traceroute 命令[6]。如果发生包分片，-F 标志强制命令失败。命令中的整数用于设置包的容量。

6　根据所使用的操作系统，traceroute 命令支持不同的选项。查看操作系统文档中的命令选项部分的命令参考。

```
traceroute UK-server-03 -F 1500
```

如果发生包分片，命令会失败，并提供以下消息：

```
!F
```

2. 重复运行 traceroute 命令，每次以逻辑增量减少包的容量(例如，1500、1475、1450、1425、1400 等)，直到返回的消息指示 traceroute 命令执行成功。

下面的例子显示了当将包的容量设置为 1370 字节时，traceroute 命令执行成功：

```
Traceroute to UK-server-03 (10.131.15.289), 4 hops max,
1370 byte packets

 1 10.139.11.215   <1 ms    <1 ms    <1 ms
 2 10.139.11.291    2 ms     1 ms     1 ms
 3 10.40.11.254   182 ms   190 ms   194 ms
 4 10.40.4.263    119 ms   112 ms   120 ms
```

4.3.7 增加网络带宽

带宽(bandwidth)是网络连接传输网络包的能力。能力越大，更有可能得到良好的性能，尽管整体性能还取决于多种因素，例如执行时间。增加带宽与将拥挤的 2 车道高速公路拓宽为 4 车道或 6 车道的高速公路类似。高速公路拓宽后能够处理更多的交通量，缓解瓶颈。

升级使用功能更强大的网络适配器，是为提高网络性能可以采用的最简单和投资最少的方法之一。当网络带宽在过去的几年中显著增长时，为增加带宽所需要的硬件费用却在迅速下降。现在，不用 40 美元就可以很容易地买到一块 1GB 的网络适配器。假定没有其他网络限制，从 100Mbps 的网络适配器升级到 1GB 的网络适配器，可以将性能提高 7%~10%。对于付出的价钱和努力，这是该投资最好的回报。

4.4 硬件

很显然，数据库的配置能够节约或消耗硬件资源，但是在本节中，我们主要讨论数据库驱动程序和特定的应用程序设计以及编码技巧如何才能够优化硬件资源，并缓解以下硬件资源中的性能瓶颈：

- 内存
- 磁盘

- CPU(处理器)
- 网络适配器

此外，我们还将探讨在数据库计算领域中一个称之为虚拟化的新趋势，虚拟化会扩大与硬件相关的性能问题。

4.4.1　内存

计算机的随机访问内存(Random Access Memory，RAM)或物理内存的数量是有限的，并且作为通用规则，RAM 越多越好。当计算机运行它的进程时，为了快速访问，将代码和数据保存在称之为页面(pages)的 RAM 块中。在一个页面中能够存储的数据量取决于处理器平台。

当计算机运行需要的内存超出 RAM 数量时，通过利用虚拟内存以保证工作的平滑处理。虚拟内存(virtual memory)允许操作系统通过将 RAM 中最近没有使用的页面复制到位于磁盘上的文件中，以释放 RAM 空间。该文件被称为页面文件(page file)或交换文件(swap file)，写入文件的过程就是著名的页面调度(paging)。如果应用程序由于其他原因，再次需要已经写入到页面文件中的页面，操作系统将它从页面文件交换回 RAM 中。

当 RAM 的使用达到其容量时，页面调度会更加频繁。因为磁盘 I/O 比 RAM 要慢很多，过多的页面调度会造成性能急剧下降。过多的页面调度还可能和其他需要使用相同磁盘的进程进行交互，从而造成磁盘争用(更多信息，请查看 4.4.2 节)。实际上，内存瓶颈经常伪装成磁盘问题。因此，如果检测到正在过多地读写磁盘，首先应当分析是否存在内存瓶颈。

内存泄露(memory leak)也会导致过多的页面调度，不断地增加使用 RAM，然后增加对虚拟内存的使用，直到页面文件的容量达到最大值。根据内存泄露的严重程度，在几个星期、几天、或几个小时中，虚拟内存可能会被耗尽。内存泄露通常是由于以下原因造成的：当应用程序使用资源时占用资源，但是当资源不再需要时却没有释放它们。

表 4-4 列出了造成内存瓶颈的一些常见原因以及推荐的解决方法。

表 4-4　造成内存瓶颈的原因及其解决方法

原　　因	解 决 方 法
物理内存(RAM)不足	增加更多的 RAM
由于没有对应用程序代码或数据驱动程序很好地进行优化，造成过多地使用内存	分析并调校数据库应用程序或数据库驱动程序，最小化对内存的使用。更多信息，请阅读下面的“为最小化内存使用调校应用程序和数据库驱动程序”小节

1. 检测内存瓶颈

内存瓶颈的主要症状是持续的、高速率的页面失效。当应用程序请求一个页面，但是系统不能在RAM中请求的位置找到页面时，就会发生页面失效(page fault)。

可能发生两种类型的页面失效：

软页面失效(soft page fault)，当请求的页面位于RAM中的其他位置时，会发生软页面失效。软页面失效对性能的影响较小，因为为了找到页面不需要磁盘I/O。

硬页面失效(hard page fault)，当请求的页面位于虚拟内存中时，会发生硬页面失效。操作系统必须将虚拟内存中的页面交换出来，并将其放回到RAM中。因为涉及到磁盘I/O，如果频繁发生硬页面失效，会降低系统的性能。

为了检测内存瓶颈，收集有关系统的信息，并回答以下问题：

- 请求的页面触发页面失效的频率有多高？通过这一信息可以知道在一段时间内，发生的页面失效的总数量，包括软页面失效和硬页面失效。
- 为解决页面失效，需要从磁盘找回多少页面？通过将这一信息和上一信息进行比较，可以确定在页面失效总数量之中，发生了多少次硬页面失效。
- 所有个人应用程序或进程对内存的使用量是否持续攀升并且从没有稳定过？如果是，应用程序或进程可能存在内存泄露。在池环境中，检测内存泄露更复杂，因为池连接和预先编译的语句一直位于内存中，并且即使它们没有造成内存泄漏，也会使应用程序看起来好像是正在泄露内存。如果当使用连接池时，发生内存问题，试着调校连接池，减少池中连接的数量。类似地，试着调校语句池，减少池中预先编译的语句的数量。

有关能够帮助调试内存使用问题的工具信息，请阅读第10章中的10.5节。

2. 为最小化内存使用调校应用程序和数据库驱动程序

下面是一些针对最小化内存使用的通用指导原则：

- 减少打开的连接和预先编译的语句的数量——打开的连接使用客户端和数据库服务器上的内存。应用程序使用完连接后，确保立即关闭连接。如果应用程序使用连接池，并且数据库服务器(或应用程序服务器)开始遇到内存问题，试着调校连接池，减少池中连接的数量。或者，如果数据库系统或数据库服务器支持重新认证，也许可以使用重新认证将为应用程序提供服务所需要的连接数量降至最少。

  联合使用语句池和连接池，会使内存情况的复杂程度成指数倍增加。在数据库客户端，和每个池中语句关联的客户端资源位于内存中。在数据库服务器中，每个池中的连接有一个和其相关联的语句池，它也位于内存中。例如，如果应用程序使用5个池中的连接以及20个预先编译的语句，每个语句池和5个连接相关联，每个连接池可能潜在地包含所有 20 条预先编译的语句。即，5 个连接×20 条预先编译的语句=100 条预先编译的语句，这些语句都保存在数据库服务器的内存中。如果使用语句池，并且客户端和数据库服务器开始遇到内存问题，试着调校语句池，减少池中预先编译的语句数量。更多信息，请查看第 8 章中的 8.5.1 节。

- 不要使事务处于活动状态很长时间——数据库必须将事务生成的每个修改写入到保存在数据库服务器内存中的日志中。如果应用程序使用更新大量数据的事务，而没有在正常的时间间隔中提交修改，应用程序会消耗相当数量的数据库内存。提交事务会刷新日志内容并释放由数据库服务器使用的内存。有关提交活动事务的指导原则，请查看 2.1.2 节中的“管理事务提交”小节。
- 避免从数据库服务器检索大量数据——当数据库驱动程序从数据库服务器检索数据时，它通常在结果集中存储检索的数据，结果集保留在客户端的内存中。如果应用程序执行返回数百万条记录的查询，内存会很快被用光。确保评估 SQL 查询只返回必需的数据。

  类似地，检索长数据——例如大的 XML 数据、长文本、长二进制数据、Clob 以及 Blob——也可能造成内存问题。假定应用程序执行检索数百条记录的查询，并且这些记录包含 Blob。如果数据库系统不支持真正的 LOB，数据库驱动程序可能会模拟这一功能，通过网络检索全部 Blob，并将它们放到客户端的内存中。更多信息，请查看 2.1.4 节。
- 避免使用可滚动游标，除非知道数据库系统完全支持可滚动游标——使用可滚动游标，既可以向前也可以向后在结果集中移动。因为许多数据库系统对服务器方可滚动游标只有有限的支持，数据库驱动程序经常模拟可滚动游标，将可滚动结果集保存到客户端或应用程序服务器的内存中。大的可滚动结果集会很容易地耗尽内存。更多信息请阅读 2.1.4 节中的“使用可滚动游标”小节。
- 如果在数据库服务器、应用程序服务器或客户端，内存是一个限制因素，为适应这一限制因素，调校数据库驱动程序——有些数据库驱动程序提供的调校选项允许选择如何以及在哪儿执行那些消耗内存非常多的操作。例如，如果由于大的结果集，客户端过多地和磁盘进行页面交换，您可能希望减小预取缓冲区(fetch buffer)的大小，即减少驱动程序用于保存从数据库服务器检索结果的内存数量。减小预取缓冲区的大小降低了内存消耗，但是这意味着更多的网络往返，所以需要理解如何在这两者之间取得平衡。

4.4.2　磁盘

磁盘读写操作会影响性能，因为访问磁盘非常慢。避免访问磁盘(或在多磁盘的情况下，访问磁盘控制器)最容易的方法是使用内存。例如，考虑应用程序检索大结果集的情况。如果客户端或应用程序服务器具有足够的内存，并且数据库驱动程序支持这一调校选项，为了避免结果集被写入磁盘，可以在客户端增加预取缓冲区的容量。然而，请记住，如果对内存的使用达到了物理内存的容限，会更加频繁地向磁盘调度页面。除了降低性能，过度的页面调度还可能和其他需要相同磁盘的进程进行交互，从而造成磁盘争用。

当多个进程或线程试图同时访问同一个磁盘时会发生磁盘争用(disk contention)。能够访问磁盘的进程/线程数量是有限的，并且磁盘能够传输的数据量也是有限的。当达到这些限制时，为了访问磁盘，进程可能必须等待。通常，CPU 活动被挂起，直到磁盘访问完成。

如果检测到磁盘访问比应当的访问次数更频繁，首先应当排除是否存在内存瓶颈。一旦排除了内存瓶颈，确保应用程序避免不必要的磁盘读取和写入，从而降低磁盘争用发生的可能性。

性 能 提 示

作为通用规则，应用程序应当只有在以下情况下才访问磁盘：检索数据库元数据到内存中，以及将修改写入到磁盘中，例如提交事务的情况。

表 4-5 列出了一些造成磁盘瓶颈的常见原因及其解决方法。

表 4-5　造成磁盘瓶颈的原因及其解决方法

原　　因	解 决 方 法
由内存瓶颈引起的过多的页面调度	检测并解决内存瓶颈，更多信息请查看 4.4.1 节
过多地读取和写入磁盘，可能会引起磁盘争用	分析并调校应用程序，避免不必要的磁盘读取和写入。更多信息请查看下面的“为避免不必要的磁盘读取/写入调校应用程序”小节

1. 检测磁盘瓶颈

为了检测磁盘瓶颈，收集系统信息，并回答以下问题：

- 是否正在发生过多的页面调度？内存瓶颈很像磁盘瓶颈，所以在进行任何磁盘改进之前，应当先排除是否存在内存瓶颈。有关检测内存瓶颈的信息，请阅读 4.4.1 节中的“检测内存瓶颈”小节。
- 磁盘繁忙有多么频繁？如果在一段持续时间内，磁盘持续活动的比率为 85%或更高，并且有持续不断的磁盘操作等待队列，那么就可能存在磁盘瓶颈。

2. 为避免不必要的磁盘读取/写入调校应用程序

下面是一些通用规则，帮助应用程序避免不必要的磁盘读取和写入：

- 避免对内存的使用量达到极限——一旦内存耗尽，就会发生页面调度。有关检测和避免内存瓶颈的信息，请查看 4.4.1 节。
- 避免为事务使用自动提交模式——当使用事务时，数据库将事务生成的每个修改写入到保存在数据库内存中的日志中。相应地，数据库将修改写入磁盘并刷新日志。在自动提交模式下，事务由数据库自动提交，或者如果数据库不支持自动提交模式，由数据库服务器自动提交。可以通过使用手动提交模式，使磁盘访问量降至最低。更多信息请阅读 2.1.2 节中的“管理事务提交”小节。

4.4.3 CPU(处理器)

CPU 是数据库服务器(或应用程序服务器)的大脑，执行大部分计算以及检索或修改数据库表的逻辑需求。当 CPU 过度繁忙时，它处理工作的速度会变得缓慢，甚至可能会在其运行队列中存在等待处理的工作。当 CPU 太过繁忙以至于不能响应工作请求时，数据库服务器或应用程序服务器的性能会迅速降至最低。例如，图 4-20 显示了在具有不同 CPU 性能的不同机器上，运行相同驱动程序的基准。正如所看到的，当运行在没有 CPU 限制的机器上时，性能稳定攀升。在 CPU 有限制的机器上，性能被 CPU 限制了。

表 4-6 列出造成 CPU 瓶颈的一些常见原因，以及解决它们的推荐方法。

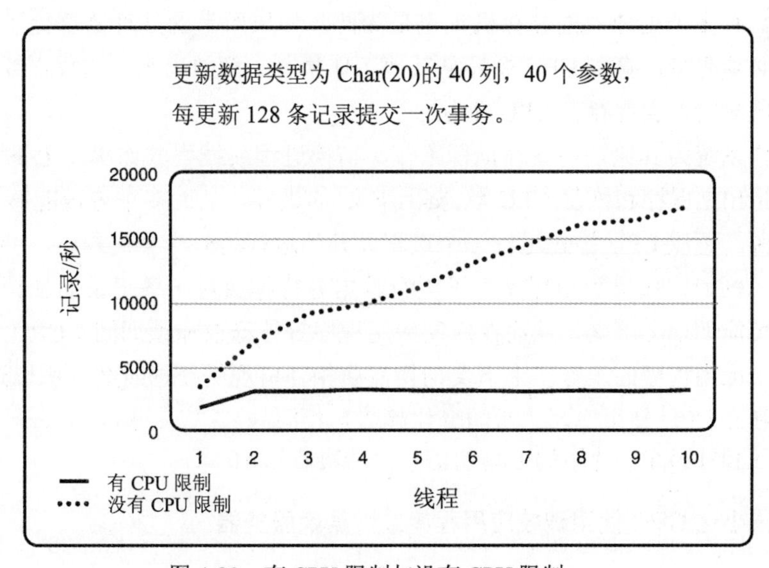

图 4-20　有 CPU 限制与没有 CPU 限制

表 4-6　造成 CPU 瓶颈的原因及其解决方法

原　因	解决方法
CPU 能力不足	添加多个处理器，或升级到功能更强大的处理器
数据库驱动程序效率低下	有关为什么选择良好的数据库驱动程序是很重要的信息，请查看 3.3 节
数据库应用程序代码或数据库驱动程序没有进行很好的优化	为最小化 CPU 使用分析并调校应用程序和数据库服务器。更多细节，请查看下面的“为最小化 CPU 使用调校应用程序或数据库服务器”小节

1. 检测 CPU 瓶颈

为了检测 CPU 瓶颈，收集系统信息，并回答以下问题：

- CPU 为执行工作使用了多长时间？如果在一段连续时间内，处理器的繁忙程度为 80%或者更高，可能会造成麻烦。如果检测到 CPU 使用率很高，深入分析单个线程，确定是否某个应用程序使用的 CPU 循环比平均共享的 CPU 循环多。如果是，进一步分析应用程序的设计和编码情况怎样，参见下面的“为最小化 CPU 使用调校应用程序或数据库服务器”小节。
- 在 CPU 运行队列中有多少进程或线程在等待执行。单个队列用于 CPU 请求，即使在具有多个处理器的计算机上也是如此。如果所有的处理器都处于繁忙状态，线程必须等待，直到 CPU 循环从其他工作执行中解放出来。进程需要在队列中等待一段时间，表明存在 CPU 瓶颈。
- 操作系统为其他等待线程执行工作，切换进程或线程的比率。上下文切换(context switch)是保存和恢复 CPU 状态(上下文)的进程，从而多个进程能够共享单个 CPU 资源。每次 CPU 停止运行一个进程并开始运行另外一个进程时，会发生上下文切换。例如，如果应用程序为了更新数据等待释放对一条记录的加锁，这时操作系统可能切换上下文，从而在您的应用程序等待释放加锁期间，CPU 能够执行另外一个应用程序的工作。上下文切换需要相当可观的处理时间，所以过多的 CPU 切换和高 CPU 使用率，二者的变化趋势是相同的。

有关帮助调试 CPU 使用的工具的信息，请查看第 10 章。

2. 为最小化 CPU 使用调校应用程序或数据库服务器

下面是一些帮助应用程序或数据库驱动程序最小化 CPU 使用的通用规则：

- 尽可能重用查询计划——当将一条新的 SQL 语句发送到数据库时，数据库为该 SQL 语句编译查询计划，并将其保存起来以备将来引用。每次 SQL 语句被提交到数据库，数据库就会查找匹配的 SQL 语句和查询计划。如果没有找到查询计划，数据库为语句创建一个新的查询计划。数据库每次创建新的查询计划，都需要使用 CPU 循环。为了最大限度地重用查询计划，可以考虑使用语句池。有关语句池的更多信息，请查看 8.5 节。
- 确保对连接池和语句池进行了正确的调校——如果对池进行了正确的调校，可以节省 CPU，但是如果没有进行正确的调校，池环境的 CPU 使用量可能比期望的更多。作为通用规则，当数据库必须创建一个新连接或预先编译的语句时，需要消耗很多的 CPU 处理时间。有关配置池环境的信息，请查看第 8 章。
- 通过减少网络往返避免上下文切换——在网络往返中的每个数据请求都会触发一个上下文切换。上下文切换需要相当数量的处理器时间，所以过多地上下文切换和高 CPU 使用率，这二者的变化趋势是相同的。减少网络往返的次数，还可以减少上下文切换的次数。减少网络往返的应用程序设计和编码实践包括连接池、语句池、避免自动提交模式而使用手动提交模式、在适当的情况下使用本地事务而不要使用分布式事务、以及为批量插入使用批处理或参数数组。
- 将数据转换降至最低——选择能够高效地转换数据的数据库驱动程序。例如，有些数据库驱动程序不支持 Unicode 编码，Unicode 是一种用于多语言字符集的标准编码。如果数据库驱动程序不支持 Unicode 编码，使用 Unicode 数据时需要更多的数据转换，从而导致使用更多的 CPU。

  此外，选择处理高效的数据类型。当使用各种数据类型时，选择处理效率比较高的数据类型。通过网络检索和返回特定类型的数据，可能会增加也可能会减少网络通信量。有关哪些数据类型比其他数据类型的处理效率更高的详细信息，请查看 2.1.4 节中的“选择正确的数据类型”小节。
- 理解模拟的功能会增加对 CPU 的使用——如果数据库系统没有对某一功能提供支持，数据库驱动程序有时会模拟这些功能。虽然模拟功能提供了互操作性的优点，但是请记住模拟行为通常需要使用更多的 CPU，因为数据库驱动程序或数据库必须执行额外的步骤以满足这一行为。例如，如果应用程序对 Oracle 数据库使用了可滚动游标，Oracle 数据库不支持可滚动游标，相对于支持可滚动游标的数据库系统，例如 DB2，无论是在客户端/应用程序服务器还是在数据库服务器上都会增加对 CPU 的使用。有关驱动程序模拟功能类型的更多信息，请查看 2.5 节。
- 谨慎使用数据加密——数据加密方法，例如 SSL，都是 CPU 密集的，因为在数据库驱动程序和数据库系统之间，需要执行额外的步骤进行协商，并就在数据加密过程中使用的加密/解密信息达成一致的协议。为了限制和数据加密相关的性能损失，可以考虑为加密和非加密数据分别建立连接。例如，一个连接可以用于访问类似个人税务登记号的敏感数据，而其他连接用于不需要进行加密的数据，例如个人住址和头衔。然而，并不是所有的数据库系统都允许这么操作。有些数据库系统，例如 Sybase ASE，要求要么所有的数据库连接都使用加密，要么都不进行加密。更多信息，请查看 2.1.5 节中的“网络传输中的数据加密”小节。

- 如果对于数据库服务器、应用程序服务器或客户端，CPU 是一个限制因素，为适应该限制，调校数据库驱动程序——有些数据库驱动程序提供选项，用于选择如何以及在何处执行 CPU 密集型的操作。例如，Sybase ASE 为预先编译的语句创建存储过程，创建存储过程是一个 CPU 密集型的操作，但是执行存储过程不是 CPU 密集型的操作。如果应用程序只执行预先编译的语句一次，而不是执行多次，数据库服务器使用的 CPU 比所需要的更多。选择允许调校 Sybase ASE 是否为预先编译的语句创建存储过程的驱动程序，可以通过节省对 CPU 的使用，明显提高性能。

4.4.4 网络适配器

连接到网络的计算机至少有一块网络适配器，用于通过网络发送和接收网络包。网络适配器是针对特定的网络类型设计的，例如以太网、令牌环网等。网络上任意一端的网络适配器的速度的不同，都会造成性能问题。例如，64 位的网络适配器发送数据的速度比 32 位的网络适配器处理数据的速度要快。

缓慢的网络可能表明需要更大的带宽、更强的发送和接收网络包的能力。增加带宽就像是将拥挤的 2 车道高速公路拓宽为 4 车道或 6 车道的高速公路。这样高速公路就可以处理更多的交通量，从而缓解瓶颈。

表 4-7 列出了造成网络瓶颈的一些常见原因，以及解决它们的推荐方法。

表 4-7　造成网络瓶颈的原因及其解决方法

原　因	解 决 方 法
带宽不足	增加多个网络适配器或升级网络适配器。有关升级网络适配器的更多信息，请查看 4.3.7 节 通过多个网络适配器分散客户端连接 通过配置数据库驱动程序使用数据库服务器允许的最大容量的数据库协议包，减少网络通信量。更多信息，请查看 4.3.3 节
数据库驱动程序效率低下	有关选择好的数据库驱动程序为什么很重要的信息，请查看 3.3 节

(续表)

原　因	解 决 方 法
没有对应用程序代码或数据库驱动程序进行很好的优化	分析并调校数据库应用程序和数据库服务器，以高效地使用网络。更多信息，请查看下面的“为高效地使用网络调校应用程序或数据库驱动程序”小节

1. 检测网络瓶颈

使用网络适配器发送和接收网络包的速率是多少？通过比较这一速率和网络带宽，可以知道网络通信相对于网络适配器的负担是否太重。为了给通信高峰预留空间，对网络能力的使用不应超过 50%。

有关帮助调试网络使用的工具的信息，请查看 10.5。

2. 为高效地使用网络调校应用程序或数据库驱动程序

下面是一些用于帮助应用程序和数据库驱动程序高效地使用网络的通用规则：

- 减少网络往返次数——减少网络往返次数，就减少了应用程序对网络的依赖，从而提高了性能。用于减少网络往返次数的应用程序设计和编码实践包括：连接池、语句池、避免自动提交模式而使用手动提交模式、在合适的情况下使用本地事务而不要使用分布式事务，以及为批量插入操作使用批处理或参数数组。
- 调校数据库驱动程序优化网络通信——有些数据库驱动程序提供了调校选项，用于优化网络通信。例如，如果数据库驱动程序支持这些选项，可以增加数据库协议包的容量，这会很大地提高性能，因为减少了通过网络发送的网络包的数量。更多信息，请查看 4.3.3 节。
- 避免从数据库服务器检索大量数据——通过网络传输的数据越多，用于传输数据所需要的网络包就越多。例如，像 XML 文件、Blob 以及 Clob 数据可能非常大。就像检索数千条字符数据记录会影响性能一样，因为数据太大，通过网络检索长数据既缓慢又需要消耗大量的资源。除非确实需要，否则应避免检索长数据。更多信息，请查看 2.1.4 节。
- 如果无法避免检索会产生大量网络通信的数据，应用程序仍然可以通过限制通过网络发送的记录数量，以及通过减少通过网络发送的每条记录的大小，控制从数据库返回的数据量。更多信息，请查看 2.1.4 节中的“限制返回的数据量”小节。
- 理解如果使用流协议数据库，大结果集会延迟应用程序的响应时间——Sybase ASE、Microsoft SQL Server 以及 MySQL 都是流协议数据库的例子。这些数据库系统处理查询并发送结果，直到没有更多的结果需要发送；数据库不能中断。因此，网络连接一直是“繁忙的”，直到所有的结果返回到应用程序。大结果集中断网络可用性的时间比小结果集更长。如果正在使用流协议数据库，减少从数据库服务器检索的数据量更加重要。有关流协议数据库与基于游标的协议数据库的更多信息，请查看 2.1.1 节中的“多条语句共享一个连接的工作原理”小节。

- 避免可滚动游标，除非知道数据库系统完全支持可滚动游标——可滚动游标提供了既可以向前也可以向后在结果集中移动的能力。因为在许多数据库系统中，对服务器方的可滚动游标只有有限的支持，数据库驱动程序经常模拟可滚动游标，将可滚动结果集保存到客户端或应用程序服务器的内存中。大的可滚动结果集会导致在网络上传输大量的数据。更多信息，请阅读 2.1.4 节中的“使用可滚动游标”小节。

4.4.5 虚拟化

您可能听到过有关在数据库计算领域中的一个称之为虚拟化的新趋势。虚拟化(virtualization)通过允许在一台物理计算机上同时运行多个操作系统，使公司可以合并服务器资源。一个服务器可以运行 4、8、16、甚至更多虚拟操作系统。在 2007 年，提供虚拟管理解决方案的公司从 6 家增加到 50 家，增加了 866%。弄清楚为什么会出现这种情况并不困难。

在过去的 10 年里，硬件变得更加便宜并且功能更加强大。为了跟上计算要求，许多公司采购了大量的服务器机器，但是他们经常发现为了存放和维护这些机器所需要的空间、电力以及空气条件方面的不足。据估计，在没有使用虚拟化的环境中，只使用了 8%~10% 的服务器能力。使用虚拟化，公司可以使用更少的机器完成更多的工作，并且消除了与之相关的为多台服务器提供存放空间所需要的费用。例如，设想一个 IT 数据中心在一个拥挤的、租赁的服务器空间中维护 50 台服务器。通过只在 10 台服务器上创建 5 台虚拟服务器，数据中心可以搬迁到更小的空间，并摆脱昂贵的租金，而不会牺牲业务能力。

虚拟化对数据库应用程序的性能意味着什么呢？首先，选择支持虚拟化技术的数据库驱动程序很重要。接下来，需要理解对硬件资源的使用，例如网络、内存、CPU 以及磁盘，更容易达到极限；由硬件限制造成的问题影响应用程序性能的可能性变大了。

最后，要理解虚拟环境使得检测性能瓶颈的实际发源地变得更加困难，这是很重要的，因为虚拟化增加了环境的复杂性。此外，还没有工具用于在不知道操作系统的情况下，分析虚拟环境中资源的使用情况(尽管为了监视活动和资源使用情况，许多公司一直在开发虚拟化管理工具)。例如，图 4-21 显示了一台虚拟的机器，在该机器上运行 4 个操作系统，并且宿主了 4 个应用程序。如果应用程序 A 和应用程序 C 同时每天例行地生成网络通信高峰，虚拟机器的网络适配器可能无法处理网络请求的增长。网络请求的增长不仅能够影响应用程序 A 和 C 的性能，还会影响应用程序 B 和 D 的性能。

我们可以听到的最悦耳的声音是，您可以买得起最好的硬件。掌握帮助您调试虚拟环境中的性能问题的软件工具需要的学习曲线很陡峭，最终需要的花费可能比购买最好的硬件的花费还要高。在图 4-21 显示的例子中，如果为每台虚拟机器提供专用的网络适配器，性能瓶颈就会解决。

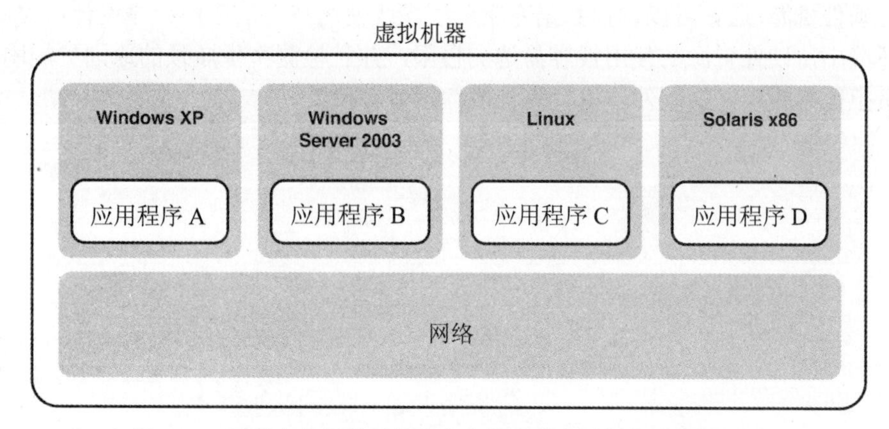

图 4-21　运行多个操作系统和多个数据库应用程序的虚拟机器

在少数情况下，为那些负担过重的机器增加或升级硬件资源可能是不可行的。例如，每台计算机都有一个它所能访问的内存数量的限制。当硬件成为限制性能的因素时，使用高效的数据库驱动程序就变得更加重要了。有关选择高效的数据库驱动程序的更多信息，请查看 3.3 节。

4.5　小结

数据库应用程序运行的环境会影响应用程序的性能。在 Java 环境中，使用不同厂商的 JVM，应用程序的性能是不同的，所以选择能够为应用程序提供最优性能的 JVM 是很重要的。可以通过调校 JVM 的堆容量和垃圾收集，进一步提升应用程序的性能。相反，.NET CLR 没有为垃圾收集提供相同的调校能力，垃圾收集的效率主要取决于应用程序的代码。

任何操作系统变化，甚至很小的一点变化，其影响性能的程度可能超出您的想象。一个经常看到的因素是操作系统的字节序，字节序由计算机的处理器决定。如果可能的话，试着调整数据库客户端操作系统的字节序，使其和数据库服务器操作系统的字节序相匹配。

数据库客户端和数据库服务器通过网络进行通信，通常是 TCP/IP 网络。数据库应用程序使用网络的效率会影响性能。以下关键技术用于确保在网络上得到最佳的性能：

- 减少网络往返次数
- 调校数据库协议包的容量
- 减少到网络目的地之间网络转发的次数
- 避免网络包分片

硬件资源，例如内存、磁盘 I/O、CPU 以及网络适配器，都可能成为性能的制约因素。为了节约硬件资源，通常可以调校数据库驱动程序或使用特定的应用程序设计和编码技巧。在虚拟环境中，硬件资源的使用很容易达到极限，并且检测产生瓶颈的原因更加困难。购买能够负担得起的最好的硬件，将会为长期运行节省投资。

第 5 章

ODBC 应用程序：编写良好的代码

开发对性能进行过优化的 ODBC 应用程序不是很容易。Microsoft 公司的 ODBC 程序员参考手册(ODBC Programmer's Reference)没有提供与性能相关的信息。此外，当应用程序的运行效率低下时，ODBC 驱动程序和 ODBC 驱动程序管理器也不会返回警告。本章描述了用于提高 ODBC 应用程序性能的编码实践的通用指导原则。这些指导原则已经通过检查大量 ODBC 应用程序中的 ODBC 实现进行了汇编。通常，在本章中提供的指导原则可以提高性能，因为它们实现了以下目标中一个或多个：

- 降低网络通信量
- 限制磁盘 I/O
- 优化应用程序和驱动程序之间的交互
- 简化查询

如果已经阅读过其他编码章节(第 6 章和第 7 章)，可能会注意到本章中的有些信息和那些章节中的信息很相似。虽然有一些相似之处，但是本章关注的是与 ODBC 编码相关的特定信息。

5.1 管理连接

通常，创建连接是应用程序执行的性能开销最大的操作之一。开发人员经常认为建立连接只是一个简单的请求，认为驱动程序和数据库服务器只进行一次网络往返，以验证用户的证书。实际上，建立连接需要在驱动程序和数据库服务器之间进行许多次网络往返。例如，当驱动程序连接到 Oracle 或 Sybase ASE 数据库时，建立连接可能需要 7~10 次网络往返。此外，数据库还需要为连接消耗资源，包括会对性能有显著影响的磁盘 I/O 和内存分配。

在应用程序中实现连接之前，静下心来仔细设计如何处理连接是很有必要的。使用在本节中提供的指导原则，可以更加高效地管理连接。

5.1.1 高效地建立连接

数据库应用程序使用以下两种方法之一管理连接：

- 从连接池中获取连接。
- 在需要时创建新连接。

当选择一种方法管理连接时，请记住有关连接和性能的以下事实：

- 创建连接是非常昂贵的。
- 打开连接在数据库服务器和数据库客户端都要使用相当数量的内存。
- 打开大量的连接可能会耗尽内存，这会导致从内存向磁盘调度页面，从而使整体性能下降。

5.1.2 使用连接池

如果应用程序有多个用户，并且数据库服务器提供了充足的数据库资源，使用连接池可以显著提高性能。重用连接减少了在驱动程序和数据库之间建立物理连接所需要的网络往返次数。使用连接池的代价是在开始创建包含连接的连接池时性能要受到影响。当应用程序实际使用连接池中的连接时，性能就会得到很大的提升。当应用程序执行时，获取一个连接变成了最快的操作之一，而不是最慢的操作之一。

尽管从池中获取连接的效率很高，但是应用程序打开和关闭连接的时机会影响应用程序的可伸缩性。为了尽可能缩短用户拥有物理连接的时间，在用户即将需要使用连接之前打开连接。类似地，一旦用户不再需要连接，就及时关闭连接。

在满足用户所需服务的前提下，为了使连接池中所需连接的数量降至最低，如果数据库驱动程序支持称之为重新认证的特性，可以将与一个用户相关联的连接切换给另外一个用户。将连接的数量降至最低可以节约内存，并且可以提高性能。有关连接池的更多细节，请查看 8.4 节。

5.1.3　一次建立一个连接

对于有些应用程序，使用连接池并不是最好的选择，特别是如果限制连接重用时。有关这方面的例子，请查看 2.1.1 节中的“不宜使用连接池的情况”小节。

性 能 提 示

如果应用程序没有使用连接池，在应用程序执行 SQL 语句的过程中，避免多次打开连接和关闭连接，因为打开连接会冲击应用程序的性能。不需要为应用程序执行的每条 SQL 语句打开一个新的连接。

5.1.4　为多条语句使用一个连接

当正在为多条语句使用一个连接时，如果连接到流协议数据库，应用程序可能必须等待连接。在流协议数据库中，通过一个连接一次只能处理一个请求；使用同一连接的其他请求必须等待，直到完成了正在处理的请求。Sybase ASE、Microsoft SQL Server 以及 MySQL 都是流协议数据库的例子。

相反，当连接到使用基于游标的协议的数据库时，驱动程序通知数据库服务器何时进行工作以及检索多少数据。几个游标能够同时使用网络，每个游标在很小的时间片中工作。Oracle 和 DB2 是使用基于游标的协议的数据库示例。有关流协议和基于游标的协议数据库的详细解释，请阅读 2.1.1 节中的“为多条语句创建一个连接”小节。

为多条语句使用一个连接的优点是，降低了建立多个连接的负担，并且允许多条语句访问数据库。在数据库服务器和客户端机器上的负担都降低了。缺点是应用程序为了执行一条语句可能必须进行等待，直到这个连接可用。有关使用这种连接管理模型的指导原则，请参见 2.1.1 节中的“为多条语句创建一个连接”小节。

5.1.5　高效地获取数据库信息和驱动程序信息

请记住，创建连接是应用程序执行的性能开销最大的操作之一。

性 能 提 示

因为打开连接会冲击应用程序的性能，一旦应用程序建立了连接，为了收集有关驱动程序和数据库的信息，例如支持的数据类型或数据库版本，使用 SQLGetInfo 以及 SQLGetTypeInfo 函数，应当避免建立额外的连接。例如，有些应用程序建立了一个连接，然后调用在一个独立的 DLL 或共享库中的例程，该例程重新建立连接，并收集有关驱动程序和数据库的信息。

在两次连接之间数据库改变它们支持的数据类型或数据库版本的频率有多大？因为这种类型的信息在两次连接之间通常不会改变，并且没有大量的信息需要保存，所以您可能希望获取并缓存这些信息，从而应用程序在以后可以访问这些信息。

5.2 管理事务

为了确保数据完整性，事务中的所有语句作为一个单元提交或回滚。例如，当使用计算机从一个银行账户向另外一个银行账户进行转账时，该请求就涉及一个事务——更新存储在两个账户数据库中的数值。如果工作单元中的所有部分都成功了，就提交事务。如果工作单元中的任意一部分失败，则回滚事务。

使用本节中提供的指导原则，可以帮助您更加高效地管理事务。

5.2.1 管理事务提交

提交(或回滚)事务是比较缓慢的，因为涉及到磁盘 I/O，并且潜在地需要大量的网络往返。提交实际上涉及哪些工作呢？数据库必须将事务对数据库生成的每个修改写入到磁盘中。通常连续地写入日志文件；尽管如此，提交事务涉及到昂贵的磁盘 I/O。

在 ODBC 中，默认的事务提交模式是自动提交模式。在自动提交模式下，为每个需要请求数据库的 SQL 语句(Insert、Update、Delete 以及 Select 语句)执行一次提交。当使用自动提交模式时，应用程序不能控制提交数据库工作的时机。实际上，在向数据库提交工作时，通常没有发生实际需要提交的工作。

有些数据库，例如 DB2，不支持自动提交模式。对于这些数据库，默认情况下，在每个成功的操作(SQL 语句)之后，数据库驱动程序向数据库发送一个提交请求。提交请求需要在驱动程序和数据库之间进行一次网络往返。尽管应用程序没有请求提交，并且即使操作没有对数据库进行修改，也会发生和数据库之间的网络往返。例如，甚至当执行了一条 Select 语句时，数据库驱动程序也会执行一次网络往返。

让我们看一看下面的 ODBC 代码，这些代码关闭了自动提交模式。代码中的注释显示了如果驱动程序或者数据库自动执行提交，会在何时进行提交。

```
/* For conciseness, this code omits error checking */

/* Allocate a statement handle */
rc = SQLAllocHandle(SQL_HANDLE_STMT, hdbc, &hstmt);

/* Prepare an INSERT statement for multiple executions */
strcpy (sqlStatement, "INSERT INTO employees "+"VALUES (?, ?, ?)");
```

```
rc = SQLPrepare((SQLHSTMT)hstmt, sqlStatement, SQL_NTS);

/* Bind parameters */
rc = SQLBindParameter(hstmt, 1, SQL_PARAM_INPUT,
                      SQL_C_SLONG, SQL_INTEGER, 10, 0,
                      &id, sizeof(id), NULL);
rc = SQLBindParameter(hstmt, 2, SQL_PARAM_INPUT,
                      SQL_C_CHAR, SQL_CHAR, 20, 0,
                      name, sizeof(name), NULL);
rc = SQLBindParameter(hstmt, 3, SQL_PARAM_INPUT,
                      SQL_C_SLONG, SQL_INTEGER, 10, 0,
                      &salary, sizeof(salary), NULL);

/* Set parameter values before execution */
id = 20;
strcpy(name, "Employee20");
salary = 100000;
rc = SQLExecute(hstmt);

/* A commit occurs because auto-commit is on */

/* Change parameter values for the next execution */
id = 21;
strcpy(name, "Employee21");
salary = 150000;
rc = SQLExecute(hstmt);

/* A commit occurs because auto-commit is on */

/* Reset parameter bindings */
rc = SQLFreeStmt((SQLHSTMT)hstmt, SQL_RESET_PARAMS);
strcpy(sqlStatement, "SELECT id, name, salary" +
  "FROM employees");

/* Execute a SELECT statement. A prepare is unnecessary
  because it's executed only once. */
rc = SQLExecDirect((SQLHSTMT)hstmt, sqlStatement, SQL_NTS);

/* Fetch the first row */
rc = SQLFetch(hstmt);
while (rc != SQL_NO_DATA_FOUND) {

/* All rows are returned when fetch
```

```
    returns SQL_NO_DATA_FOUND */

    /* Get the data for each column in the result set row */
    rc = SQLGetData (hstmt, 1, SQL_INTEGER, &id,
                     sizeof(id), NULL);
    rc = SQLGetData (hstmt, 2, SQL_VARCHAR, &name,
                     sizeof(name), NULL);
    rc = SQLGetData (hstmt, 3, SQL_INTEGER, &salary,
                     sizeof(salary), NULL);
    printf("\nID: %d Name: %s Salary: %d", id, name, salary);

    /* Fetch the next row of data */
    rc = SQLFetch(hstmt);
    }

  /* Close the cursor */
  rc = SQLFreeStmt ((SQLHSTMT)hstmt, SQL_CLOSE);

  /* Whether a commit occurs after a SELECT statement
     because auto-commit is on depends on the driver.
     It's safest to assume a commit occurs here. */

  /* Prepare the UPDATE statement for multiple executions */
  strcpy (sqlStatement,
          "UPDATE employees SET salary = salary * 1.05" +
          "WHERE id = ?");
  rc = SQLPrepare ((SQLHSTMT)hstmt, sqlStatement, SQL_NTS);

  /* Bind parameter */
  rc = SQLBindParameter(hstmt, 1, SQL_PARAM_INPUT,
                        SQL_C_LONG, SQL_INTEGER, 10, 0,
                        &index, sizeof(index), NULL);

  for (index = 0; index < 10; index++) {

     /* Execute the UPDATE statement for each
        value of index between 0 and 9 */
     rc = SQLExecute (hstmt);

  /* Because auto-commit is on, a commit occurs each time
     through loop for a total of 10 commits */
     }

  /* Reset parameter bindings */
```

```
    rc = SQLFreeStmt ((SQLHSTMT)hstmt, SQL_RESET_PARAMS);

    /* Execute a SELECT statement. A prepare is unnecessary
       because it's only executed once. */
    strcpy(sqlStatement, "SELECT id, name, salary" +
       "FROM employees");
    rc = SQLExecDirect ((SQLHSTMT)hstmt, sqlStatement, SQL_NTS);

    /* Fetch the first row */
    rc = SQLFetch(hstmt);
    while (rc != SQL_NO_DATA_FOUND) {

    /* All rows are returned when fetch
    returns SQL_NO_DATA_FOUND */

    /* Get the data for each column in the result set row */
    rc = SQLGetData (hstmt, 1, SQL_INTEGER, &id,
                     sizeof(id), NULL);
    rc = SQLGetData (hstmt, 2, SQL_VARCHAR, &name,
                     sizeof(name), NULL);
    rc = SQLGetData (hstmt,3,SQL_INTEGER,&salary,
                     sizeof(salary), NULL);
    printf("\nID: %d Name: %s Salary: %d", id, name, salary);

    /* Fetch the next row of data */
    rc = SQLFetch(hstmt);
    }

/* Close the cursor */
rc = SQLFreeStmt ((SQLHSTMT)hstmt, SQL_CLOSE);

/* Whether a commit occurs after a SELECT statement
   because auto-commit is on depends on the driver.
   It's safest to assume a commit occurs here. */
```

性 能 提 示

为了提交每个操作，在数据库服务器上需要大量的磁盘 I/O，并且需要在驱动程序和数据库服务器之间进行额外的网络往返，所以在应用程序中关闭自动提交模式，并转而使用手动提交模式是一个好主意。使用手动提交模式，应用程序可以控制何时提交数据库工作，从而可以明显提高系统性能。为了关闭自动提交模式，使用 SQLSetConnectAttr 函数，例如，SQLSetConnectAttr(hstmt, SQL_ATTR_AUTOCOMMIT, SQL_AUTOCOMMIT_OFF)。

例如，让我们分析下面的ODBC代码。除了关闭了自动提交模式，并使用手动提交模式之外，这些代码和前面的代码是相同的：

```
/* For conciseness, this code omits error checking */

/* Allocate a statement handle */
rc = SQLAllocStmt((SQLHDBC)hdbc, (SQLHSTMT *)&hstmt);

/* Turn auto-commit off */
rc = SQLSetConnectAttr (hdbc, SQL_AUTOCOMMIT,
                        SQL_AUTOCOMMIT_OFF);

/* Prepare an INSERT statement for multiple executions */
strcpy (sqlStatement, "INSERT INTO employees" +
 "VALUES (?, ?, ?)");
rc = SQLPrepare((SQLHSTMT)hstmt, sqlStatement, SQL_NTS);

/* Bind parameters */
rc = SQLBindParameter(hstmt, 1, SQL_PARAM_INPUT,
                      SQL_C_SLONG, SQL_INTEGER, 10, 0,
                      &id, sizeof(id), NULL);
rc = SQLBindParameter(hstmt, 2, SQL_PARAM_INPUT,
                      SQL_C_CHAR, SQL_CHAR, 20, 0,
                      name, sizeof(name), NULL);
rc = SQLBindParameter(hstmt, 3, SQL_PARAM_INPUT,
                      SQL_C_SLONG, SQL_INTEGER, 10, 0,
                      &salary, sizeof(salary), NULL);

/* Set parameter values before execution */
id = 20;
strcpy(name,"Employee20");
salary = 100000;
rc = SQLExecute(hstmt);

/* Change parameter values for the next execution */
id = 21;
strcpy(name,"Employee21");
salary = 150000;
rc = SQLExecute(hstmt);

/* Reset parameter bindings */
rc = SQLFreeStmt(hstmt, SQL_RESET_PARAMS);
```

```
/* Manual commit */
rc = SQLEndTran(SQL_HANDLE_DBC, hdbc, SQL_COMMIT);

/* Execute a SELECT statement. A prepare is unnecessary
   because it's only executed once. */
strcpy(sqlStatement, "SELECT id, name, salary" +
   "FROM employees");
rc = SQLExecDirect((SQLHSTMT)hstmt, sqlStatement, SQL_NTS);

/* Fetch the first row */
rc = SQLFetch(hstmt);
while (rc != SQL_NO_DATA_FOUND) {

/* All rows are returned when fetch
   returns SQL_NO_DATA_FOUND */

   /* Get the data for each column in the result set row */
   rc = SQLGetData (hstmt, 1, SQL_INTEGER, &id,
                    sizeof(id), NULL);
   rc = SQLGetData (hstmt, 2, SQL_VARCHAR, &name,
                    sizeof(name), NULL);
   rc = SQLGetData (hstmt, 3, SQL_INTEGER, &salary,
                    sizeof(salary), NULL);
   printf("\nID: %d Name: %s Salary: %d", id, name, salary);

   /* Fetch the next row of data */
   rc = SQLFetch(hstmt);
   }

/* Close the cursor */
rc = SQLFreeStmt ((SQLHSTMT)hstmt, SQL_CLOSE);

strcpy (sqlStatement,
       "UPDATE employees SET salary = salary * 1.05" +
       "WHERE id = ?");

/* Prepare the UPDATE statement for multiple executions */
rc = SQLPrepare ((SQLHSTMT)hstmt, sqlStatement, SQL_NTS);

/* Bind parameter */
rc = SQLBindParameter(hstmt, 1, SQL_PARAM_INPUT,
                      SQL_C_SLONG, SQL_INTEGER, 10, 0,
                      &index, sizeof(index), NULL);
```

```
for (index = 0; index < 10; index++) {

  /* Execute the UPDATE statement for each
     value of index between 0 and 9 */
  rc = SQLExecute (hstmt);
  }

/* Manual commit */
rc = SQLEndTran(SQL_HANDLE_DBC, hdbc, SQL_COMMIT);

/* Reset parameter bindings */
rc = SQLFreeStmt ((SQLHSTMT)hstmt, SQL_RESET_PARAMS);

/* Execute a SELECT statement. A prepare is unnecessary
  because it's only executed once. */
strcpy(sqlStatement, "SELECT id, name, salary" +
  "FROM employees");
rc = SQLExecDirect ((SQLHSTMT)hstmt, sqlStatement, SQL_NTS);

/* Fetch the first row */
rc = SQLFetch(hstmt);
while (rc != SQL_NO_DATA_FOUND) {

/* All rows are returned when fetch
   returns SQL_NO_DATA_FOUND */

   /* Get the data for each column in the result set row */
   rc = SQLGetData (hstmt, 1, SQL_INTEGER, &id,
                    sizeof(id), NULL);
   rc = SQLGetData (hstmt, 2, SQL_VARCHAR, &name,
                    sizeof(name), NULL);
   rc = SQLGetData (hstmt,3,SQL_INTEGER,&salary,
                    sizeof(salary), NULL);
   printf("\nID: %d Name: %s Salary: %d", id, name, salary);

   /* Fetch the next row of data */
   rc = SQLFetch(hstmt);
   }

/* Close the cursor */
rc = SQLFreeStmt ((SQLHSTMT)hstmt, SQL_CLOSE);

/* Manual commit */
```

```
rc = SQLEndTran (SQL_HANDLE_DBC, hdbc, SQL_COMMIT);
```

如果关闭了自动提交模式，有关何时提交工作的信息，请查看 2.1.2 节中的“管理事务提交”小节。

5.2.2　选择正确的事务模型

应当使用哪种类型的事务：本地事务还是分布式事务？本地事务访问和更新位于单个数据库中的数据。分布式事务访问和更新位于多个数据库中的数据；因此，它必须协调这些数据库。

性 能 提 示

分布式事务由ODBC和Microsoft分布式事务协调程序(Distributed Transaction Coordinator, DTC)定义。因为在分布式事务中涉及到的所有组件之间进行通信，需要写入日志并且需要网络往返，所以分布式事务的执行速度比本地事务明显要慢。除非必须使用分布式事务，否则应当使用本地事务。

许多 COM+组件的默认事务行为是使用分布式事务，所以将默认事务行为改为本地事务可以提高性能，如下所示：

```
// Disable MTS Transactions.
XACTOPT options[1] = {XACTSTAT_NONE,"NOT SUPPORTED"};
hr = Itxoptions->SetOptions(options);
```

有关性能和事务的更多信息，请查看 2.1.2 节。

5.3　执行 SQL 语句

当执行 SQL 语句时，使用本节提供的指导原则帮助选择使用哪个 ODBC 函数可以得到最佳的性能。

5.3.1　使用存储过程

数据库驱动程序可以使用以下任意一种方法调用数据库中的存储过程：

- 使用和其他 SQL 语句相同的方式执行存储过程。数据库解析 SQL 语句，确认变量类型，并将变量转换为正确的数据类型。
- 直接调用数据库中的远程过程调用(Remote Procedure Call，RPC)。数据库略过执行 SQL 语句所需要的解析和优化过程。

性 能 提 示

通过调用为参数使用参数占位符的 RPC 调用存储过程，而不是使用字面变量。因为数据库略过了将存储过程作为 SQL 语句执行时所需要的解析和优化过程，所以性能会得到显著提升。

请记住，SQL 总是作为字符串发送给数据库的。例如，考虑下面的存储过程调用，它向存储过程传递一个字面变量：

```
{call getCustName (12345)}
```

尽管 getCustName( )中的变量为整数，但是该变量在一个字符串内，即在字符串{call getCustName (12345)}内，传递给数据库。数据库解析 SQL 语句，分离出单个变量值 12345，并在作为 SQL 语言事件执行存储过程之前，将字符串 12345 转换成整数值。使用数据库中的 RPC，应用程序可以向 RPC 传递参数。驱动程序发送一个数据库协议包，其中包含以本地数据类型格式表示的参数，略过作为 SQL 语句执行存储过程所需要的解析和优化过程。比较下面两个例子。

示例 A：不使用服务器方 RPC

存储过程 getCustName 没有使用服务器方 RPC 进行优化。数据库对待 SQL 存储过程执行请求就像是一个正常的 SQL 语言事件，包括在执行存储过程之前解析语句、确认变量类型、以及将变量转换为正确的数据类型。

```
strcpy (sqlStatement,"{call getCustName (12345)}");
rc = SQLPrepare((SQLHSTMT)hstmt, sqlStatement, SQL_NTS);
rc = SQLExecute(hstmt);
```

示例 B：使用服务器方 RPC

存储过程 getCustName 使用服务器方 RPC 进行了优化。因为应用程序避免了字面变量，并通过将变量指定为参数调用存储过程，所以驱动程序通过直接在数据库上作为 RPC 调用存储过程，优化了存储过程的执行。数据库对 SQL 语言的处理过程可以避免，从而执行速度更快。

```
strcpy (sqlStatement,"{call getCustName (?)}");
rc = SQLPrepare((SQLHSTMT)hstmt, sqlStatement, SQL_NTS);
rc = SQLBindParameter(hstmt, 1, SQL_PARAM_INPUT,
                      SQL_C_LONG, SQL_INTEGER, 10, 0,
                      &id, sizeof(id), NULL);
id = 12345;
rc = SQLExecute(hstmt);
```

当遇到字面变量时，驱动程序为什么不对字面变量进行解析，并自动改变存储过程的调用，从而可以使用 RPC 执行存储过程？考虑下面这个例子：

```
{call getCustname (12345)}
```

驱动程序不知道数值 12345 是代表一个整数、小数、短整数、长整数、或其他数值数据类型。为了确定正确的数据类型以包装 RPC 请求，驱动程序必须和数据库服务器进行昂贵的网路往返。确定字面变量的真正数据类型所需要的开销远比试图将执行请求作为 RPC 带来的利益要大。

5.3.2 使用语句与预先编译的语句

大多数应用程序有一个特定的被多次执行的 SQL 语句集合，并且有少数几条 SQL 语句在应用程序的整个生命期内只被执行一次或两次。选择 SQLExecDirect 函数还是 SQLPrepare/SQLExecute 函数，取决于计划执行 SQL 语句的频率。

SQLExecDirect 函数针对只执行一次的 SQL 语句进行了优化。相反，SQLPrepare/SQLExecute 函数针对使用参数占位符以及被多次执行的 SQL 语句进行了优化。尽管首次执行预先编译的语句的开销比较大，但是在 SQL 语句的后续执行中就会看到它的优点了。

使用 SQLPrepare/SQLExecute 函数通常至少需要和数据库服务器直接进行两次网络往返：

- 一次网络往返用于解析和优化语句
- 一次或多次网络往返用于执行语句并返回结果

性 能 提 示

如果应用程序在其生命期中只生成一次请求，使用 SQLExecDirect 函数相对于使用 SQLPrepare/SQLExecute 函数是更好的选择，因为 SQLExecDirect 函数只需要一次网络往返。请记住，减少网络通信通常可以得到最佳的性能。例如，如果有一个应用程序运行一天的销售报告，为了生成该报告所需要的数据，应当使用 SQLExecDirect 函数向数据库发送查询，而不应当使用 SQLPrepare/SQLExecute 函数。

有关语句与预先编译的语句的更多信息，请参见 2.1.3 节。

5.3.3 使用参数数组

更新大量数据，通常是通过预先准备一条 Insert 语句，并多次执行该语句完成的，这种方法需要大量的网络往返。

性 能 提 示

当更新大量数据时，为了减少网络往返次数，可以使用带有以下参数的 SQLSetStmtAttr 函数一次向数据库发送多条 Insert 语句：SQL_ATTR_PARAMSET_SIZE，用于设置参数数组的大小；SQL_ATTR_PARAMS_PROCESSED_PTR，指定由 SQLExecute 填充的变量(包含插入记录的数量)；SQL_ATTR_PARAM_STATUS_PTR，指向一个数组，该数组包含为每条记录返回的状态信息。

对于 ODBC 3.x，使用参数 SQL_ATTR_PARAMSET_SIZE、SQL_ATTR_PARAMS_PROCESSED_PTR 以及 SQL_ATTR_PARAM_STATUS_PTR 调用 SQLSetStmtAttr 函数，取代了在 ODBC 2.x 中调用 SQLParamOptions。

在执行语句前，应用程序设置赋值数组中的每个数据元素的值。当执行语句时，驱动程序试图使用一次网络往返，处理整个数组内容。例如，比较下面两个例子：

示例 A：执行预先编译的语句多次

使用预先编译的语句多次执行一条 Insert 语句，为了执行 100 次插入操作需要 101 次网络往返：1 次网络往返用于准备语句，另外 100 次网络往返用于执行迭代操作：

```
rc = SQLPrepare (hstmt, "INSERT INTO DailyLedger (...)" +
  "VALUES (?,?,...)", SQL_NTS);
// bind parameters
...
do {
// read ledger values into bound parameter buffers
...
rc = SQLExecute (hstmt);
// insert row
} while ! (eof);
```

示例 B：参数数组

当使用参数数组执行 100 次插入操作时，只需要两次网络往返：一次用于准备语句，另外一次用于执行数组。尽管参数数组使用更多的 CPU 循环，但是通过减少网络往返次数提高了性能。

```
SQLPrepare (hstmt, "INSERT INTO DailyLedger (...)" +
    "VALUES (?,?,...)", SQL_NTS);
SQLSetStmtAttr (hstmt, SQL_ATTR_PARAMSET_SIZE, (UDWORD)100,
    SQL_IS_UINTEGER);
```

```
SQLSetStmtAttr (hstmt, SQL_ATTR_PARAMS_PROCESSED_PTR,
   &rows_processed, SQL_IS_POINTER);
// Specify an array in which to retrieve the status of
// each set of parameters.
SQLSetStmtAttr(hstmt, SQL_ATTR_PARAM_STATUS_PTR,
   ParamStatusArray, SQL_IS_POINTER);
// pass 100 parameters per execute
// bind parameters
...
do {
// read up to 100 ledger values into
// bound parameter buffers.
...
rc = SQLExecute (hstmt);
// insert a group of 100 rows
} while ! (eof);
```

5.3.4　使用游标库

ODBC 游标库是 Microsoft 数据访问组件(Microsoft Data Access Component，MDAC)的一个组件，用于为正常情况下不支持它们的驱动程序实现静态游标(一种可滚动游标)。

性 能 提 示

如果 ODBC 驱动程序支持可滚动游标，不要在应用程序中编写代码加载 ODBC 游标库。尽管游标库为静态游标提供了支持，但是游标库还会在用户的本地磁盘驱动器上创建临时的日志文件。因为磁盘 I/O 需要创建这些临时日志文件，所以使用 ODBC 游标库会降低性能。

如果不知道驱动程序是否支持可滚动游标，该怎么办呢？使用下面的代码确保只有当驱动程序不支持可滚动游标时，使用 ODBC 游标库：

```
rc = SQLSetConnectAttr (hstmt, SQL_ATTR_ODBC_CURSORS,
SQL_CUR_USE_IF_NEEDED, SQL_IS_INTEGER);
```

5.4　检索数据

只有当需要时才检索数据，并且选择最高效的方法检索数据。当检索数据时，使用本节提供的指导原则优化性能。

5.4.1 检索长数据

通过网络检索长数据——例如大 XML 数据、长文本、长二进制数据、Clob 以及 Blob——速度比较慢并且需要消耗大量的资源。大多数用户实际上不希望查看长数据。例如，考虑一个雇员字典应用程序的用户界面，该应用程序允许用户查看一个雇员的电话分机号码和所属部门，并且可以通过点击雇员名称选择查看雇员的照片。

Employee	Phone	Dept
Harding	X4568	Manager
Hoover	X4324	Sales
Taft	X4569	Sales
Lincoln	X4329	Tech

检索每个雇员的照片会降低性能，这是没有必要的。如果用户确实希望查看照片，他可以点击雇员名称，应用程序可以再次查询数据库，在 Select 列表中指定只检索这个长列。这种方法允许用户检索结果集，而不会因为网络通信使性能降低很多。

尽管从 Select 列表中排除长数据是最好的方法，但是有些应用程序在向驱动程序发送查询之前没有很好地规划 Select 列表(即，有些应用程序使用 SELECT * FROM *table*…)。如果 Select 列表包含长数据，驱动程序被迫检索长数据，即使应用程序永远不从结果集中检索长数据。如果可能的话，不要使用检索表中全部列的方法。例如，考虑下面的代码：

```
rc = SQLExecDirect (hstmt, "SELECT * FROM employees" +
                    "WHERE SSID = '999-99-2222'", SQL_NTS);
rc = SQLFetch (hstmt);
```

当执行一个查询后，驱动程序无法确定应用程序使用结果中的哪一列；应用程序可能返回任意结果列。当驱动程序处理 SQLFetch 或 SQLExtendedFetch 请求时，它至少返回一列，通常返回多列，结果记录从数据库通过网络返回。结果记录为每条记录包含所有列值。如果其中一列包含长数据，例如一幅雇员照片，会如何呢？性能会明显下降。

性 能 提 示

因为通过网络检索长数据会对性能造成负面影响，设计应用程序从 Select 列表中排除长数据。

限制 Select 列表只包含姓名列，会使在运行时执行查询的速度更快。例如：

```
rc = SQLExecDirect (hstmt, "SELECT name FROM employees" +
                   "WHERE SSID = '999-99-2222'", SQL_NTS);
```

```
rc = SQLFetch(hstmt);
rc = SQLGetData(hstmt, 1, ...);
```

5.4.2 限制检索的数据量

如果应用程序只需要两条记录，却执行检索 5 条记录的查询，就会影响应用程序的性能，特别是如果不必要的记录包含长数据。

性 能 提 示

提升性能最简单的方法是限制在驱动程序和数据库服务器之间的网络通信量——为了优化性能，编写指示驱动程序只从数据库检索应用程序所必需的数据的 SQL 查询。

确保 Select 语句使用 Where 子句限制检索的数据量。即使使用 Where 子句时，如果没有恰当地限制 Select 语句的请求，也可能会检索数百条记录的数据。例如，如果希望从雇员表返回近年来雇佣的每个经理的数据，应用程序可能像下面这样执行查询，并且随后，过滤出不是经理的雇员记录：

```
SELECT * FROM employees
WHERE hiredate > 2000
```

然而，假定雇员表有一列用于存储每个雇员的照片。在这种情况下，检索额外的记录对于应用程序的性能会造成严重的影响。让数据库过滤请求，并避免通过网络发送不需要的额外数据。下面的查询使用的方法更好，限制了检索的数据并提高了性能：

```
SELECT * FROM employees
WHERE hiredate > 2003 AND job_title='Manager'
```

有时应用程序需要使用会产生大量网络通信的 SQL 查询。例如，考虑一个应用程序显示来自支持案例历史的信息，每个案例包含了一个 10MB 的记录文件。用户确实需要查看记录文件的全部内容吗？如果不需要查看文件的全部内容，让应用程序只显示记录文件开头部分的 1MB 内容，则可以提升性能。

性 能 提 示

当不能避免检索会产生大量网络通信量的数据时，应用程序仍然可以通过限制通过网络发送的记录数量，并降低通过网络发送的每条记录的大小，控制从数据库向驱动程序发送的数据量。

假定有一个基于图形用户界面(GUI)的应用程序，并且每屏只能显示 20 条记录的数据。构造一个检索 100 万条记录的查询是很容易的，例如 SELECT * FROM employees，但是很少会遇到需要检索 100 万条记录的情况。当设计应用程序时，使用 SQL_ATTR_MAX_

ROWS 选项调用 SQLSetStmtAttr 函数，自动限制查询能够返回的记录数量，是很好的方法。例如，如果应用程序调用 SQLSetStmtAttr(SQL_ATTR_MAX_ROWS，10000，0)，所有查询返回的记录都不会超过 10 000 条。

此外，调用 SQLSetStmtAttr 函数时，可以使用 SQL_ATTR_MAX_LENGTH 选项对以下数据类型限制能够从列值中返回的数据的字节：

- Binary
- Varbinary
- Longvarbinary
- Char
- Varchar
- Longvarchar

例如，考虑一个应用程序，允许用户从技术文章存储库中选择技术文章。不是检索并显示整篇文章，应用程序可以调用 SQLSetStmtAttr(SQL_ATTR_MAX_LENGTH，153600，0)，只为应用程序检索技术文章开头部分的 150KB 的文本——这足以为用户提供合理的文章预览。

5.4.3 使用绑定列

可以使用 SQLBindCol 函数或 SQLGetData 函数从数据库检索数据。当调用 SQLBindCol 时，它将一个变量关联(或绑定)到结果集中的一列。没有向数据库发送任何内容。SQLBindCol 函数告诉驱动程序记住变量的地址，当实际检索数据时，驱动程序将使用该地址保存数据。当执行了 SQLFetch 函数之后，驱动程序将数据放入到由 SQLBindCol 函数指定的变量地址中。相反，SQLGetData 函数直接将数据返回给变量。对于检索长数据这是一般的方法，但是这种方法经常会超出单个缓冲区的长度，从而必须分部分检索。

性 能 提 示

使用 SQLBindCol 函数而不要使用 SQLGetData 函数检索数据，从而减少 ODBC 的调用次数，并最终减少网络往返次数，提升性能。

下面的代码使用 SQLGetData 函数检索数据：

```
rc = SQLExecDirect (hstmt, "SELECT <20 columns>" +
                    "FROM employees" +
                    "WHERE HireDate >= ?", SQL_NTS);
do {
rc = SQLFetch (hstmt);
// call SQLGetData 20 times
```

```
} while ((rc == SQL_SUCCESS) || (rc == SQL_SUCCESS_WITH_INFO));
```

如果查询检索 90 条结果记录，则会产生 1891 次 ODBC 调用(20 次调用 SQLGetData×90 条结果记录＋91 次调用 SQLFetch)。

下面的代码使用 SQLBindCol 函数而不是 SQLGetData 函数：

```
rc = SQLExecDirect (hstmt, "SELECT <20 columns>" +
                    "FROM employees" +
                    "WHERE HireDate >= ?", SQL_NTS);
// call SQLBindCol 20 times
do {
rc = SQLFetch (hstmt);
} while ((rc == SQL_SUCCESS) || (rc == SQL_SUCCESS_WITH_INFO));
```

ODBC 调用的数量从 1891 次减少至 111 次(20 次调用 SQLBindCol＋91 次调用 SQLFetch)。除了减少调用的数量，许多驱动程序还通过将结果信息直接从数据库绑定到用户缓冲区，对如何使用 SQLBindCol 函数进行了优化。也就是说，驱动程序不是直接将信息检索到容器中，然后再将该信息复制到用户缓冲区中，驱动程序从数据库请求的信息直接被放入到用户缓冲区中。

5.4.4　使用 SQLExtendedFetch 而不是 SQLFetch

大多数 ODBC 驱动程序现在为只向前移动的游标提供了 SQLExtendedFetch 函数。然而，大部分 ODBC 应用程序仍然继续使用 SQLFetch 函数返回数据。

性 能 提 示

使用 SQLExtendedFetch 函数而不是使用 SQLFetch 函数获取数据，可以减少 ODBC 调用的次数，最终降低了网络往返的次数，并且简化了代码编写。使用 SQLExtendedFetch 函数可以得到更好的性能和可维护性更高的代码。

再一次，考虑在上一节中使用的同一个例子，但是这次使用 SQLExtendedFetch 函数而不是 SQLFetch 函数：

```
rc = SQLSetStmtOption (hstmt, SQL_ROWSET_SIZE, 100);
// use arrays of 100 elements
rc = SQLExecDirect (hstmt, "SELECT <20 columns>" +
                    "FROM employees" +
                    "WHERE HireDate >= ?", SQL_NTS);
// call SQLBindCol 1 time specifying row-wise binding
do {
rc = SQLExtendedFetch (hstmt, SQL_FETCH_NEXT, 0,
```

```
      &RowsFetched, RowStatus);
  } while ((rc == SQL_SUCCESS) || (rc == SQL_SUCCESS_WITH_INFO));
```

应用程序生成的ODBC调用次数现在从1891次减少至4次(1次调用SQLSetStmtOption＋1次调用SQLExecDirect＋1次调用SQLBindCol＋1次调用SQLExtendedFetch)。除了减少了ODBC调用加载之外，有些ODBC驱动程序还能够使用数组从服务器检索数据，通过减少网络通信量，进一步提高了性能。

对于不支持SQLExtendedFetch函数的ODBC驱动程序，应用程序可以通过调用SQLSetConnectAttr函数启用使用ODBC游标库的只向前游标。使用游标库不会改进性能，但是当使用只向前的游标时，它也不会增加应用程序的响应时间，因为不需要进行记录。对于可滚动游标，情况就不同了(参见5.3.4节)。此外，如果本地不支持SQLExtendedFetch函数，通过驱动程序使用游标库可以简化代码，因为应用程序可以总是依赖于SQLExtended-Fetch函数。应用程序不需要两种算法(一种使用SQLExtendedFetch函数，而另一种使用SQLFetch函数)。

5.4.5 确定结果集中记录的数量

ODBC定义了两种类型的游标：

- 只向前游标
- 可滚动游标(静态的、键集驱动的(keyset-driven)、动态的以及混合的)

通过可滚动游标既可以向前也可以向后在结果集中移动。然而，因为在许多数据库系统中只对服务器方可滚动游标提供有限的支持，ODBC驱动程序经常模拟可滚动游标，将结果集中的记录保存到驱动程序所在机器(客户端或应用程序服务器)的高速缓存中。

除非确定数据库本地支持使用可滚动结果集，否则不要调用SQLExtendedFetch函数查找结果集中包含多少条记录。对于模拟可滚动游标的驱动程序，调用SQLExtendedFetch函数会导致驱动程序为了到达最后一条记录而通过网络检索所有的结果。这一模拟可滚动游标的模型为开发人员提供了灵活性，但是随之也带来了性能损失，直到保存记录的客户端高速缓存被全部填满。不要调用SQLExtenedFetch函数确定记录的数量，而应当通过迭代遍历结果集统计记录数量，或通过提交带有Count函数的Select语句获取记录数量。例如：

```
SELECT COUNT(*) FROM employees
```

遗憾的是，没有很容易的方法来确定数据库驱动程序是使用本地服务器方可滚动游标还是模拟这一功能。对于Oracle或MySQL，驱动程序模拟可滚动游标，但是对于其他数据库，这一问题更加复杂。有关哪些常用数据库支持服务器方可滚动游标，以及哪些数据库驱动程序模拟可滚动游标的详细内容，请查看2.1.4节中的“使用可滚动游标”小节。

性 能 提 示

通常，不要编写依赖于来自查询的结果记录数量的代码，因为为了确定查询将返回多少条记录，驱动程序经常必须检索结果集中的所有记录。

5.4.6　选择正确的数据类型

当设计数据库模式时，显然需要考虑在数据库服务器上存储需求的影响。相对不明显，但是同样重要的是，必须考虑为了将数据在其本地格式和 ODBC 驱动程序之间移动时需要的网络通信量。通过网络检索和发送某种数据类型的数据可能会增加或降低网络通信量。

性 能 提 示

对于多用户、多卷的应用程序，每天可能会在驱动程序和数据库服务器之间传递数十亿、甚至数万亿网络包。选择处理效率比较高的数据类型可以显著提升性能。

有关哪些数据类型比其他数据类型的处理速度更快的信息，请查看 2.1.4 节中的“选择正确的数据类型”小节。

5.5　更新数据

使用本节提供的指导原则更加高效地管理数据更新。

许多数据库都有名为 pseudo-columns 的隐藏列，该列代表和表中每条记录相关联的唯一键。通常，在 SQL 语句中使用 pseudo-columns 伪列可以为访问记录提供最快的方法，因为它们通常指向物理记录的确切位置。

性 能 提 示

使用 SQLSpecialColumns 函数标识最优的列，通常是 pseudo-columns 伪列，用于更新数据的 Where 子句中。

有些应用程序，例如 Where 子句由从结果集中检索的列值的子集构成的应用程序，就不能使用定位(positioned)更新和删除。有些应用程序可能通过使用可查找的(searchable)结果列，或通过调用 SQLStatistics 函数查找可能是唯一索引中一部分的列，规划 Where 子句。这些方法通常能够工作，但是会使查询变得相当复杂。例如：

```
rc = SQLExecDirect (hstmt, "SELECT first_name, last_name," +
                    "ssn, address, city, state, zip" +
                    "FROM employees", SQL_NTS);
// fetch data using complex query
```

```
...
rc = SQLExecDirect (hstmt, "UPDATE employees SET address = ?" +
                    "WHERE first_name = ? AND last_name = ?" +
                    "AND ssn = ? AND address = ? AND city = ? AND" +
                    "state = ? AND zip = ?", SQL_NTS);
```

许多数据库支持的 pseudo-columns 伪列，没有在表定义中进行明确定义，而是每个表的隐藏列(例如，Oracle 数据库中表的 ROWID 列)。因为 pseudo-columns 伪列不是显式表定义的一部分，所以不能通过调用 SQLColumns 函数检索它们。为了确定是否存在 pseudo-columns 伪列，应用程序必须调用 SQLSpecialColumns 函数。例如：

```
...
rc = SQLSpecialColumns (hstmt, SQL_BEST_ROWID, ...);
...
rc = SQLExecDirect (hstmt, "SELECT first_name, last_name," +
                    "ssn, address, city, state, zip," +
                    "ROWID FROM employees", SQL_NTS);
// fetch data and probably "hide" ROWID from the user
...
rc = SQLExecDirect (hstmt, "UPDATE employees SET address = ?" +
                    "WHERE ROWID = ?", SQL_NTS);
// fastest access to the data!
```

如果数据源没有包含 pseudo-columns 伪列，SQLSpecialColumns 的结果集由特定表中最优化的唯一索引构成(如果存在一个唯一索引的话)。因此，应用程序不需要调用 SQLStatistics 查找最小的唯一索引。

5.6 使用目录函数

目录函数用于检索与结果集相关的信息，例如列的数量和类型。因为目录函数相对于其他 ODBC 函数执行速度比较慢，频繁使用它们会损害性能。当选择并使用目录函数时，使用本节提供的指导原则优化性能。

5.6.1 尽可能不使用目录函数

与其他 ODBC 函数相比，生成结果集的目录函数执行速度比较慢。为了检索由 ODBC 规范授权的所有结果列信息，为目录函数的一次调用检索结果集，ODBC 驱动程序经常必须执行多次查询或复杂的查询。

性 能 提 示

尽管编写不使用目录函数的 ODBC 应用程序几乎是不可能的，但是尽可能不使用目录函数可以提高性能。

为了避免多次执行目录函数，还应当缓存从目录函数生成的结果集中检索的信息。例如，只调用 SQLGetTypeInfo 一次，并缓存应用程序需要使用的结果集元素。应用程序不可能使用目录函数生成的结果集的全部元素，所以维护缓存信息不是很困难。

5.6.2 避免查找模式

目录函数支持能够限制检索数据量的变量。为这些变量使用空值或查找模式，例如%A%，通常会生成很耗费时间的查询。此外，因为不必要的结果还会增加网络通信量。

性 能 提 示

尽可能为生成结果集的目录函数提供非空变量。

在下面的例子中，应用程序使用 SQLTables 函数确定是否存在名为 WSTable 的表，并且为大部分参数提供空值。

```
rc = SQLTables(hstmt, null, 0, null, 0, "WSTable", SQL_NTS, null, 0);
```

驱动程序解释该请求：检索存在于数据库目录中的所有数据库模式中，并且别名为 WSTable 的所有表、视图、系统表、同义词(synonyms)、临时表。

相反，下面的请求为所有参数提供非空值，使驱动程序以更高效的方式处理请求：

```
rc = SQLTables(hstmt, "cat1", SQL_NTS, "johng", SQL_NTS,
               "WSTable", SQL_NTS, "Table", SQL_NTS);
```

驱动程序解释该请求：检索“cat1”目录中名为“WSTable”，并且由“johng”所拥有的表。不检索同义词、视图、系统表、别名或临时表。

我们对与正在请求的信息相关的对象有时了解得很少。当调用目录函数时，应用程序能够提供给驱动程序的所有信息都会改进性能和可靠性。

5.6.3 使用假查询确定表的特征

有时需要数据表的列的相关信息，如列名、列的数据类型以及列的精度和范围。例如，允许由用户确定选择哪些列的应用程序可能需要请求数据表中每一列的名称。

性 能 提 示

为了确定与数据库表相关的特征，应避免使用 SQLColumns 函数。反而，应当在一条执行 SQLDescribeCol 函数的预先编译的语句中使用假查询(dummy query)。只有当不能从结果集元数据获取到请求的信息时(例如，使用表列的默认值)，才使用 SQLColumns 函数。

下面的例子显示了使用 SQLDescribeCol 函数相对于使用 SQLColumns 函数的优点。

示例 A：SQLColumns 函数

该函数准备并执行一个潜在的复杂查询，规划结果描述信息，驱动程序检索结果记录，并返回结果。该方法会增加对 CPU 的使用和网络通信。

```
rc = SQLColumns (... "UnknownTable" ...);
// This call to SQLColumns will generate a query to the
// system catalogs... possibly a join which must be
// prepared, executed, and produce a result set.
rc = SQLBindCol (...);
rc = SQLExtendedFetch (...);
// user must retrieve N rows from the server
// N = # result columns of UnknownTable
// result column information has now been obtained
```

示例 B：SQLDescribeCol 函数

该函数准备一个检索结果集信息的简单查询，但是不执行查询，并且驱动程序不检索结果记录。只检索与结果集相关的信息(在示例 A 中使用 SQLColumns 函数检索相同的信息)。

```
// prepare dummy query
rc = SQLPrepare (... "SELECT * FROM UnknownTable" +
   "WHERE 1 = 0" ...);
// query is never executed on the server - only prepared
rc = SQLNumResultCols (...);
for (irow = 1; irow <= NumColumns; irow++) {
    rc = SQLDescribeCol (...)
    //+optional calls to SQLColAttributes
    }
// result column information has now been obtained
// Note we also know the column ordering within the table!
// This information cannot be
// assumed from the SQLColumns example.
```

如果默认情况下，数据库系统，例如 Microsoft SQL Server 服务器，不支持预先编译的语句，情况会如何呢？示例 A 的性能不会变化，但是示例 B 的性能会稍微下降，因为除了准备查询之外还要对假查询进行评估。因为查询的 Where 子句总是评估为 FALSE，查询不生成结果记录，并执行没有检索结果记录的语句。因此，即使性能有一些下降，示例 B 仍然优于示例 A。

5.7 小结

如果不能降低网络通信量、限制磁盘 I/O、简化查询以及优化应用程序和驱动程序之间的查询，ODBC 应用程序的性能会受到影响。对于提升性能，减少网络通信可能是最重要的技巧。例如，当需要更新大量数据时，使用参数数提升组，而不是执行 Insert 语句多次，可以减少完成更新操作所需要的网络往返次数。

通常，创建连接是应用程序执行的对性能影响最大的任务。连接池可以帮助您高效地管理连接，特别是如果应用程序具有大量的用户时。不管应用程序是否使用连接池，确保在用户使用完连接后立即关闭连接。

为如何处理事务做出明智的选择，也可以提升性能。例如，使用手动提交模式而不是自动提交模式，可以更好地控制提交工作的时机。类似地，如果不需要分布式事务的保护，使用本地事务可以提升性能。

效率低下的 SQL 查询会降低 ODBC 应用程序的性能。有些 SQL 查询不过滤数据，导致驱动程序检索不必要的数据。当不必要的数据是长数据时，例如存储为 Blob 或 Clob 的数据，应用程序的性能会受到极大的影响。即使定义明确的 SQL 查询，其性能也或多或少地取决于执行它们的方式。例如，使用 SQLExtendedFetch 函数而不使用 SQLFetch 函数，使用 SQLBindCol 函数而不使用 SQLGetData 函数，可以减少 ODBC 调用次数并提高性能。

[illegible] Microsoft SQL Server [illegible]

5.7 小结

[illegible] ODBC [illegible]

[illegible]

[illegible]

[illegible] SQL [illegible] ODBC [illegible] SQL [illegible]

第 6 章

JDBC 应用程序：编写良好的代码

开发对性能进行过优化的 JDBC 应用程序不是很容易。当代码运行缓慢时，数据库驱动程序不会抛出异常进行通知。本章提供了一些用于提高 JDBC 应用程序性能的编码实践的通用指导原则。这些指导原则已经通过检查大量 JDBC 应用程序中的 JDBC 实现进行了汇编。通常，在本章提供的指导原则可以提高性能，因为它们实现了以下目标中的一个或多个：

- 降低网络通信量
- 限制磁盘 I/O
- 优化应用程序和驱动程序之间的交互
- 简化查询

如果已经阅读过其他编码章节(第 5 章和第 7 章)，可能会注意到本章中的有些信息和那些章节中的信息很相似。虽然有一些相似之处，但是本章关注的是与 JDBC 编码相关的特定信息。

6.1 管理连接

通常，创建连接是应用程序执行的性能开销最大的操作之一。开发人员经常认为建立连接只是一个简单的请求，认为只需要在驱动程序和数据库服务器之间进行一次网络往返，以验证用户是否是可信任的。实际上，建立连接需要在驱动程序和数据库服务器之间进行许多次网络往返。例如，当驱动程序连接到 Oracle 或 Sybase ASE 数据库时，建立连接可能需要 7~10 次网络往返。此外，数据库还要为连接消耗资源，包括会对性能有显著影响的磁盘 I/O 和内存分配。

在应用程序中实现连接之前，静下心来仔细设计如何处理连接是很有必要的。使用在本节中提供的指导原则，可以更加高效地管理连接。

6.1.1 高效地建立连接

数据库应用程序使用以下两种方法之一管理连接：

- 从连接池中获取连接。
- 在需要时创建新连接。

当选择一种方法管理连接时，请记住有关连接和性能的以下事实：

- 创建连接对性能的影响非常大。
- 打开连接需要在数据库服务器和数据库客户端上都使用相当数量的内存。
- 打开大量的连接可能会耗尽内存，这会导致从内存向磁盘调度页面，从而使整体性能下降。

6.1.2 使用连接池

如果应用程序有多个用户并且数据库服务器提供了充足的数据库资源，例如内存和 CPU，使用连接池可以显著提升性能。重用连接减少了在驱动程序和数据库之间建立物理连接所需要的网络往返次数。使用连接池的代价是在开始创建包含连接的连接池时性能会受到影响。当应用程序实际使用连接池中的连接时，性能就会得到很大的提升。获取连接变成了应用程序执行的最快的操作之一，而不是最慢的操作之一。

尽管从池中获取连接的效率很高，但是当应用程序打开和关闭连接时会影响应用程序的可伸缩性。为了尽可能缩短用户拥有物理连接的时间，在用户即将需要使用连接之前打开连接。类似地，一旦用户不再需要连接，应当及时关闭连接。

在满足用户所需服务的前提下，为了使连接池中所需连接的数量降至最低，如果数据库驱动程序支持重新认证，可以将与一个用户相关联的连接切换给另外一个用户。将连接的数量降至最低可以节约内存，并且可以提升性能。请查看 8.4 节。

有关连接池的更多细节，请查看第 8 章。

6.1.3　一次建立一个连接

对于有些应用程序使用连接池并不是最好的选择，特别是如果重用连接受到限制时。有关这方面的例子，请查看 2.1.1 节中的“不宜使用连接池的情况”小节。

性 能 提 示

如果应用程序没有使用连接池，在应用程序执行 SQL 语句的过程中，避免多次打开连接和关闭连接，因为打开连接会冲击应用程序的性能。不需要为应用程序执行的每条 SQL 语句打开一个新的连接。

6.1.4　为多条语句使用一个连接

当正在为多条语句使用一个连接时，如果连接到流协议数据库，应用程序可能必须等待连接。在流协议数据库中，通过一个连接一次只能处理一个请求；使用同一连接的其他请求必须等待，直到完成了正在处理的请求。Sybase ASE、Microsoft SQL Server 以及 MySQL 都是流协议数据库的例子。

相反，当连接到使用基于游标的协议的数据库时，驱动程序通知数据库服务器何时进行工作以及检索多少数据。几个游标能够同时使用网络，每个游标在很小的时间片中工作。Oracle 和 DB2 是基于游标的协议数据库的例子。有关流协议和基于游标的协议数据库的更多细节，请阅读 2.1.1 节中的“为多条语句创建一个连接”小节。

为多条语句使用一个连接的优点是，降低了建立多个连接的开销，并且允许多条语句访问数据库。在数据库服务器和客户端机器上的开销都降低了。缺点是为了执行一条语句，应用程序可能必须等待，直到这个连接可用。有关使用这种连接管理模型的指导原则，请参见 2.1.1 节中的“为多条语句创建一个连接”小节。

6.1.5　高效地断开连接

每个连接到数据库的物理连接都要在客户端和数据库服务器上消耗相当数量的内存。

性 能 提 示

请记住，在应用程序结束对连接的使用后立即关闭连接——不要等到垃圾收集器为您关闭连接。如果应用程序使用连接池，及时关闭连接特别重要，从而可以立即将连接返回到连接池中，供其他用户使用。

对于 Java 应用程序，JVM 使用垃圾收集器自动识别和回收为不再使用的对象分配的内存。如果等待垃圾收集器清除不再使用的连接，连接占用内存的时间比所需要的时间更长。请记住，不管是否使用连接池，一旦用户不再需要使用连接，就明确地关闭连接，从而释放为它们分配的内存。

为了安全地关闭打开的连接，可以在 finally 块中关闭连接，如下面的例子所示。在 finally 块中的代码总是会运行，而不管是否发生异常。这些代码确保关闭所有可能没有明确关闭的连接，而不用等待垃圾收集器关闭它们。

```
// Open a connection
Connection conn = null;
Statement st = null;
ResultSet rs = null;

try {
   ...
   conn = DriverManager.getConnection(connStr, uid, pwd);
   ...
   st = conn.prepareStatement(sqlString);
   ...
   rs = st.executeQuery();
   ...
   }
catch (SQLException e){
// exception handling code here
                    }
finally {
        try {
            if (rs != null)
            rs.close();
            if (st != null)
            st.close();
            if (conn != null)
            conn.close();
            }
catch (SQLException e) {
// exception handling code here
                    }
        }
```

有些驱动程序在它们的连接对象实现中包含了 Java 的 finalize( )方法；其他一些则没有包含。在任何情况下，不要依赖 Java 的 finalize( )方法关闭连接，因为应用程序必须等待垃圾收集器运行 finalize( )方法。再强调一次，不再使用的连接直到垃圾收集器删除它们才会被关闭，这会占用内存。此外，垃圾收集器每次进行垃圾收集时，必须执行额外的步骤，这会减慢收集过程，并可能进一步延迟关闭连接的时间。有关 JVM 中垃圾收集器工作原理的更多信息，请查看 4.1.1 节中的“垃圾收集”小节。

6.1.6　高效地获取数据库信息和驱动程序信息

请记住，创建连接是应用程序执行的对性能影响最大的操作之一。

性 能 提 示

因为打开连接会冲击应用程序的性能，一旦应用程序建立了连接，为了收集有关驱动程序和数据库的信息，例如它们支持的数据类型或数据库版本，应当避免建立额外的连接。例如，有些应用程序建立了一个连接，然后又调用在一个单独组件中的方法，该方法重新建立连接并收集与驱动程序和数据库相关的信息。应用程序被设计为独立的组件，例如 J2EE 共享库或 Web 服务，可以通过作为例程的参数传递信息来共享元数据，而不是另外建立一个连接重新请求信息。

在两次连接之间数据库改变它们支持的数据类型或数据库版本的频率有多大？因为这种类型的信息在两次连接之间通常不会改变，并且不需要保存大量的信息，所以您可能希望加载并缓存这些信息，从而应用程序在以后可以访问这些信息。

6.2　管理事务

为了确保数据完整性，事务中的所有语句作为一个单元被提交或回滚。例如，当使用计算机从一个银行账户向另外一个银行账户进行转账时，该请求就涉及一个事务——更新存储在两个账户数据库中的数值。如果工作单元中的所有部分都成功了，就提交事务。如果工作单元中的任意一部分失败，则回滚事务。

使用在本节中提供的指导原则，可以帮助您更加高效地管理事务。

6.2.1　管理事务提交

提交(或回滚)事务是比较缓慢的，因为涉及到磁盘 I/O，并且潜在地需要大量的网络往返。提交实际上涉及哪些工作呢？数据库必须将事务对数据库造成的每个修改写入到磁盘中。通常连续地写入日志文件；尽管如此，提交事务涉及到昂贵的磁盘 I/O。

在 JDBC 中，默认的事务提交模式是自动提交。在自动提交模式下，为每条需要请求数据库的 SQL 语句(Insert、Update、Delete 以及 Select 语句)执行一次提交。当使用自动提交模式时，应用程序不能控制何时提交数据库工作。事实上，当没有工作需要提交时也会发生提交。

有些数据库，例如DB2，不支持自动提交模式。对于这些数据库，默认情况下每次成功操作(SQL 语句)之后，数据库驱动程序向数据库发送一个提交请求。提交请求需要在驱动程序和数据库之间进行一次网络往返。尽管应用程序没有请求提交，并且即使操作没有对数据库进行修改，仍然会和数据库之间进行网络往返。例如，即使执行一条Select语句，数据库驱动程序也会生成一次网络往返。

让我们看一看下面的Java代码，这些代码关闭了自动提交模式。代码中的注释显示了如果驱动程序或数据库自动执行提交，会在何时进行提交。

```
// For conciseness, this code omits error checking

// Create a Statement object
stmt = con.createStatement();

// Prepare an INSERT statement for multiple executions
sql = "INSERT INTO employees VALUES (?, ?, ?)";
prepStmt = con.prepareStatement(sql);

// Set parameter values before execution
prepStmt.setInt(1, 20);
prepStmt.setString(2, "Employee20");
prepStmt.setInt(3, 100000);
prepStmt.executeUpdate();

// A commit occurs because auto-commit is on

// Change parameter values for the next execution
prepStmt.setInt(1, 21);
prepStmt.setString(2, "Employee21");
prepStmt.setInt(3, 150000);
prepStmt.executeUpdate();

// A commit occurs because auto-commit is on

prepStmt.close();

// Execute a SELECT statement. A prepare is unnecessary
// because it's executed only once.
sql = "SELECT id, name, salary FROM employees";
```

```
// Fetch the data
resultSet = stmt.executeQuery(sql);
while (resultSet.next()) {

  System.out.println("Id: " + resultSet.getInt(1) +
                     "Name: " + resultSet.getString(2) +
                     "Salary: " + resultSet.getInt(3));
}
System.out.println();
resultSet.close();

// Whether a commit occurs after a SELECT statement
// because auto-commit is on depends on the driver.
// It's safest to assume a commit occurs here.

// Prepare the UPDATE statement for multiple executions
sql = "UPDATE employees SET salary = salary * 1.05" +
  "WHERE id = ?";
prepStmt = con.prepareStatement(sql);

// Because auto-commit is on,
// a commit occurs each time through loop
// for total of 10 commits
for (int index = 0; index < 10; index++) {
   prepStmt.setInt(1, index);
   prepStmt.executeUpdate();
}

// Execute a SELECT statement. A prepare is unnecessary
// because it's only executed once.
sql = "SELECT id, name, salary FROM employees";

// Fetch the data
resultSet = stmt.executeQuery(sql);
while (resultSet.next()) {

System.out.println("Id: " + resultSet.getInt(1) +
                   "Name: " + resultSet.getString(2) +
                   "Salary: " + resultSet.getInt(3));
}
System.out.println();

// Close the result set
```

```
    resultSet.close();

    // Whether a commit occurs after a SELECT statement
    // because auto-commit is on depends on the driver.
    // It's safest to assume a commit occurs here.

    }
    finally {

    closeResultSet(resultSet);
    closeStatement(stmt);
    closeStatement(prepStmt);
    }
  }
```

性 能 提 示

为了提交每个操作，在数据库服务器上需要大量的磁盘 I/O，并且需要在驱动程序和数据库服务器之间进行额外的网络往返，所以在应用程序中关闭自动提交模式并转而使用手动提交模式是一个好主意。使用手动提交模式，应用程序可以控制何时提交数据库工作，这样可以显著提升系统的性能。为了关闭自动提交模式，使用连接方法 setAutoCommit (false)。

例如，让我们看一看下面的 Java 代码。除了关闭了自动提交模式，并使用手动提交之外，这些代码和前面的代码相同：

```
// For conciseness, this code omits error checking

    // Turn auto-commit off
    con.setAutoCommit(false);

    // Create a Statement object
    stmt = con.createStatement();

    // Prepare an INSERT statement for multiple executions
    sql = "INSERT INTO employees VALUES (?, ?, ?)";
    prepStmt = con.prepareStatement(sql);

    // Set parameter values before execution
    prepStmt.setInt(1, 20);
    prepStmt.setString(2, "Employee20");
    prepStmt.setInt(3, 100000);
```

```
prepStmt.executeUpdate();

// Change parameter values for the next execution
prepStmt.setInt(1, 21);
prepStmt.setString(2, "Employee21");
prepStmt.setInt(3, 150000);
prepStmt.executeUpdate();
prepStmt.close();

// Manual commit
con.commit();

// Execute a SELECT statement. A prepare is unnecessary
// because it's executed only once.
sql = "SELECT id, name, salary FROM employees";

// Fetch the data
resultSet = stmt.executeQuery(sql);
while (resultSet.next()) {

   System.out.println("Id: " + resultSet.getInt(1) +
                     "Name: " + resultSet.getString(2) +
                     "Salary: " + resultSet.getInt(3));
}
System.out.println();
resultSet.close();

// Prepare the UPDATE statement for multiple executions
sql = "UPDATE employees SET salary = salary * 1.05" +
 "WHERE id = ?";
prepStmt = con.prepareStatement(sql);

// Execute the UPDATE statement for each
// value of index between 0 and 9
for (int index = 0; index < 10; index++) {
   prepStmt.setInt(1, index);
   prepStmt.executeUpdate();
}

// Manual commit
con.commit();

// Execute a SELECT statement. A prepare is unnecessary
```

```
    // because it's only executed once.
    sql = "SELECT id, name, salary FROM employees";

    // Fetch the data
    resultSet = stmt.executeQuery(sql);
    while (resultSet.next()) {

        System.out.println("Id: " + resultSet.getInt(1) +
                           "Name: " + resultSet.getString(2) +
                           "Salary: " + resultSet.getInt(3));
    }
    System.out.println();

    // Close the result set
    resultSet.close();

    }
    finally {
    closeResultSet(resultSet);
    closeStatement(stmt);
    closeStatement(prepStmt);
    }
  }
```

如果关闭了自动提交模式，有关何时提交工作的信息，请查看 2.1.2 节中的“管理事务提交”小节。

6.2.2 选择正确的事务模型

应当使用哪种类型的事务：本地事务还是分布式事务？本地事务访问和更新位于单个数据库中的数据。分布式事务访问和更新位于多个数据库中的数据；因此，它必须协调这些数据库。

性 能 提 示

对于分布式事务，通过 Java 事务 API(Java Transaction API，JTA)指定，因为在分布式事务中涉及的所有组件之间进行通信，需要写入日志并且需要网络往返，所以执行速度比本地事务明显要慢。除非必须使用分布式事务，否则应当使用本地事务。

如果应用程序将被部署到应用程序服务器，还需要理解许多 Java 应用程序服务器用于分布式事务的默认事务行为。通常，管理人员，而不是开发人员，负责在应用程序服务器上部署应用程序，选择默认事务行为，因为他们不完全理解使用分布式事务对性能的影响。

例如，假设开发了一个利用两个不同 jar 文件的应用程序。为了执行完全不相关的工作，每个 jar 文件连接到一个不同的数据库。一个 jar 文件连接到一个数据库，增加了在系统中发生问题的可能性。另一个 jar 文件连接到另一数据库，以更新顾客的地址。当应用程序被部署之后，应用程序服务器可能会询问一个调校问题，类似于“这个组件是分布式的？”管理人员经过思考之后，为了安全起见决定回答“是”。管理人员为应用程序做出了会对性能造成显著影响的选择。

这个问题实际上意味着什么呢？“这个组件在一个逻辑工作单位中访问多个数据源？”显然，有些应用程序需要分布式事务，但是许多应用程序不需要分布式事务提供的保护，也不需要与它们相关的开销。如果不希望应用程序使用应用程序服务器的默认事务行为，务必和应用程序服务器的管理人员进行联系。

有关性能和事务的更多信息，请查看 2.1.2 节。

6.3　执行 SQL 语句

当执行 SQL 语句时，使用本节提供的指导原则帮助选择使用哪个 JDBC 对象和方法，可以得到最佳的性能。

6.3.1　使用存储过程

数据库驱动程序可以使用以下任意一种方法调用数据库中的存储过程：

- 使用和其他任意 SQL 语句相同的方式执行存储过程。数据库解析 SQL 语句，确认变量类型，并将变量转换为正确的数据类型。
- 直接调用数据库中的远程过程调用(Remote Procedure Call，RPC)。数据库略过执行 SQL 语句所需要的解析和优化过程。

性 能 提 示

通过激活为参数使用参数占位符的 RPC 调用存储过程，而不是使用字面变量。因为数据库略过将存储过程作为 SQL 语句执行时所需要的解析和优化过程，所以性能会得到显著提升。

请记住，SQL 总是作为字符串发送给数据库的。例如，考虑下面的存储过程调用，它向存储过程传递一个字面变量：

```
{call getCustName (12345)}
```

尽管 getCustName()中的变量是整数，但是该变量在一个字符串内，即在字符串{call getCustName (12345)}内，传递给数据库。数据库解析 SQL 语句，分离出单个变量值 12345，并在作为 SQL 语言事件执行存储过程之前，将字符串 12345 转换成整数值。使用数据库中的 RPC，应用程序可以向 RPC 传递参数。驱动程序发送一个数据库协议包，其中包含以本地数据类型格式表示的参数，略过作为 SQL 语句执行存储过程所需要的解析和优化过程。比较以下两个例子。

示例 A：不使用服务器方 RPC

存储过程 getCustName 没有使用服务器方 RPC 进行优化。数据库将 SQL 存储过程执行请求作为一个正常的 SQL 语言事件对待，包括在执行存储过程之前解析语句、确认变量类型，并将变量转换为正确的数据类型。

```
CallableStatement cstmt =
   conn.prepareCall ("{call getCustName (12345)}");
ResultSet rs = cstmt.executeQuery ();
```

示例 B：使用服务器方 RPC

存储过程 getCustName 使用服务器方 RPC 进行了优化。因为应用程序避免了字面变量，并且通过将变量指定为参数调用存储过程，所以驱动程序通过直接在数据库上作为 RPC 调用存储过程，优化了存储过程的执行。避免了数据库对 SQL 语言的处理过程，从而执行速度更快。

```
CallableStatement cstmt =
   conn.prepareCall ("{call getCustName (?)}");
cstmt.setLong (1, 12345);
ResultSet rs = cstmt.executeQuery();
```

当遇到字面变量时，驱动程序为什么不对字面变量进行解析，并自动改变 SQL 存储过程的调用，从而可以使用 RPC 执行存储过程？考虑下面这个例子：

```
{call getCustname (12345)}
```

驱动程序不知道数值 12345 代表的是一个整数、小数、短整数、长整数、还是其他数值数据类型。为了确定正确的数据类型以封装 RPC 请求，驱动程序必须向数据库服务器生成昂贵的网路往返。确定字面变量的真正数据类型所需要的开销，远比试图将执行请求作为 RPC 带来的利益还要大。

6.3.2　使用语句与预先编译的语句

大多数应用程序有一个被多次执行的 SQL 语句集合，并且有少数几条 SQL 语句在应用程序的生命期内只被执行一次或两次。选择 Statement 对象还是 PreparedStatement 对象，取决于计划执行 SQL 语句的频率。

Statement 对象针对只执行一次的 SQL 语句进行了优化。相反，PreparedStatement 对象针对多次执行的 SQL 语句进行了优化。尽管首次执行预先编译的语句的开销比较大，但是在 SQL 语句的后续执行中就会看到优点了。

使用 PreparedStatement 对象通常至少需要和数据库服务器进行两次网络往返：

- 一次网络往返用于解析和优化语句
- 一次或多次网络往返用于执行语句并返回结果

性 能 提 示

如果应用程序在其生命期中只生成一次请求，使用 Statement 对象相对于使用 PreparedStatement 对象是更好的选择，因为 Statement 对象只需要一次网络往返。请记住，减少网络通信通常可以得到最佳的性能。例如，如果有一个应用程序运行一天的销售报告，为生成该报告所需要的数据，应当使用 Statement 对象向数据库发送查询，而不应当使用 PreparedStatement 对象。

通常，为了得到更好的性能，数据库应用程序使用连接池、语句池、或联合使用两者。这些特征是如何影响应当使用 Statement 对象还是 PreparedStatement 对象？

如果使用 JDBC 3.0 或更早的版本，使用下面的指导原则：

- 如果使用语句池并且 SQL 语句只被执行一次，使用 Statement 对象，该对象不被放入到语句池中。从而避免了在池中查找该语句所需要的开销。
- 如果 SQL 语句虽不会被频繁地执行，但是在连接池中的语句池的生命期内会被执行多次，使用 PreparedStatement 对象。在没有使用语句池的环境下，使用 Statement 对象。

JDBC 4.0 提供了更细粒度级别的语句池。语句池的实现对执行 100 次的 PreparedStatement 对象与执行两次的 PreparedStatement 对象的重视程度不同。JDBC 4.0 允许应用程序提示池管理器，对一条预先编译的语句，应当使用语句池还是不应当使用语句池。为了得到最好的性能，被多次执行的预先编译的语句可以放入池中。那些使用不是很频繁的语句可以不放入池中，因此，不会影响语句池。

有关语句与预先编译的语句的更多信息，请参考 2.1.3 节。有关性能和联合使用连接池与语句池的信息，请查看 8.5.1 节。

6.3.3 使用批处理与预先编译的语句

更新大量数据，通常是通过预先准备一条 Insert 语句，并多次执行该语句完成的，这种方法会造成和数据库服务器之间进行大量的网络往返。

性 能 提 示

当更新大量数据时，为了减少网络往返次数，可以使用 PreparedStatement 对象的 addBatch( )方法，一次向数据库发送多条 Insert 语句。

例如，比较下面的例子：

示例 A：执行预先编译的语句多次

使用预先编译的语句执行一条 Insert 语句多次，为了执行 100 次插入操作，需要 101 次网络往返：1 次网络往返用于准备语句，另外 100 次网络往返用于执行迭代操作：

```
PreparedStatement ps = conn.prepareStatement(
   "INSERT INTO employees VALUES (?, ?, ?)");
for (n = 0; n < 100; n++) {
  ps.setString(name[n]);
  ps.setLong(id[n]);
  ps.setInt(salary[n]);
  ps.executeUpdate();
}
```

示例 B：使用批处理

当使用 addBatch( )方法统一处理 100 次插入操作时，只需要两次网络往返：一次用于准备语句，另外一次用于执行批处理。尽管批处理使用更多的 CPU 循环，但是通过减少网络往返次数提升了性能。

```
PreparedStatement ps = conn.prepareStatement(
   "INSERT INTO employees VALUES (?, ?, ?)");
for (n = 0; n < 100; n++) {
  ps.setString(name[n]);
```

```
    ps.setLong(id[n]);
    ps.setInt(salary[n]);
    ps.addBatch();
  }
  ps.executeBatch();
```

6.3.4　使用 getXXX 方法从结果集获取数据

JDBC API 提供了以下方法，用于从结果集返回数据：

- 通用数据类型方法，例如 getObject( )
- 特定数据类型方法，例如 getInt( )、getLong( )以及 getString( )

因为 getObject( )方法是通用的，当指定了非默认数据类型映射时，其性能比较差。为了确定返回的值的数据类型并生成正确的映射，驱动程序必须进行额外的处理。这个过程称为装箱(boxing)。当发生装箱时，为了创建对象，需要在数据库客户端的 Java 堆中分配内存，这会强制进行垃圾收集。有关垃圾收集对性能影响的更多信息，请查看 4.1.1 节中的“垃圾收集”小节。

性 能 提 示

使用特定的方法为数据类型获取数据，而不是使用通用方法。例如，使用 getInt( )方法获取 Integer 值，而不是使用 getObject( )方法。

如果获取数据时为结果列提供列号，而不是使用列名，也可以提高性能，例如使用 getString(1)、getLong(2)以及 getInt(3)。如果使用列名，不会增加网络往返次数，但是需要进行昂贵的查找操作。例如，假定使用如下代码：

```
getString("foo")…
```

如果列名在数据库中是大写的，驱动程序必须将 foo 转换为大写(FOO)，然后将 FOO 和列表中的所有列进行比较。这个操作的开销很大，特别是如果结果集包含很多列时。如果驱动程序能够直接获取第 23 列，则可以节省相当数量的处理时间。

例如，假定有一个结果集，包含 15 列和 100 行。我们希望只从其中的 3 列中检索数据：employee_name(string)、employee_number(bigint)以及 salary(integer)。如果使用列名 getString(“Employee_Name”)、getLong(“Employee_Number”)以及 getInt(“Salary”)，驱动程序必须将每个列名转换为在数据库元数据中的列使用的适当的大小写形式，这会造成相当可观的查找工作。相反，如果使用列号 getString(1)、getLong(2)以及 getInt(15)，则可以显著提高性能。

6.3.5 检索自动生成的键

许多数据库具有名为 pseudo-columns 的隐藏列，该列保存一个和表中的每条记录相关联的唯一键。通常，在 SQL 语句中使用 pseudo-column 伪列访问记录是最快的方法，因为它们通常指向物理记录的确切位置。

在 JDBC 3.0 之前，应用程序只能通过在插入数据之后立即执行 Select 语句检索 pseudo-column 的值。例如，分析下面的代码，这些代码从 Oracle 的 ROWID 字段检索数值：

```
// insert row
int rowcount = stmt.executeUpdate (
  "INSERT INTO LocalGeniusList (name) VALUES ('Karen')");

// now get the disk address - rowid -
// for the newly inserted row
ResultSet rs = stmt.executeQuery (
    "SELECT rowid FROM LocalGeniusList
    WHERE name = 'Karen'");
```

使用这种方法检索 pseudo-columns 伪列有两个主要缺点：

- 通过网络发送一个额外的查询，并且在数据库服务器上执行这一额外的查询，从而增加了网络通信量。
- 如果数据库表没有主键，查询的查找条件不能唯一地标识一条记录，从而会检索多个 pseudo-column 伪列值，并且应用程序不能确定哪个值实际上是最近插入记录的值。

对于 JDBC 3.0 及以后版本，当记录被插入到表中时可以检索自动生成的键的信息。自动生成的键唯一地标识一条记录，即使表中不存在主键。例如：

```
// insert row AND retrieve key
int rowcount = stmt.executeUpdate (
    "INSERT INTO LocalGeniusList (name) VALUES ('Karen')",
       Statement.RETURN_GENERATED_KEYS);
ResultSet rs = stmt.getGeneratedKeys();
// key is available for future queries
```

应用程序现在具有了一个值，该值可以用于后续查询的搜索条件，并且提供了对记录最快的访问。

6.4　检索数据

只有当需要时才检索数据，并且选择最高效的方法检索数据。当检索数据时，使用本节提供的指导原则优化性能。

6.4.1　检索长数据

通过网络检索长数据——例如大 XML 文件、长文本、长二进制数据、Clob 以及 Blob——速度比较慢，并且需要消耗大量的资源。大多数用户实际上不希望查看长数据。例如，设想一个雇员字典应用程序的用户界面，该应用程序允许用户查看雇员的电话分机号码和所属部门，并且可以通过点击雇员名称选择查看雇员的照片。

Employee	Phone	Dept
Harding	X4568	Manager
Hoover	X4324	Sales
Lincoln	X4329	Tech
Taft	X4569	Sales

检索每个雇员的照片会降低性能，这是没有必要的。如果用户确实希望查看照片，他可以点击雇员名称，应用程序可以再次查询数据库，在 Select 列表中指定只检索这个长数据列。这种方法允许用户检索结果集，不会因为网络通信而使性能降低很多。

尽管从 Select 列表中排除长数据是最好的方法，但是有些应用程序在向驱动程序发送查询之前没有很好地规划 Select 列表(即，有些应用程序使用 SELECT * FROM table...)。如果 Select 列表包含长数据，驱动程序就会被迫检索长数据，即使应用程序永远不从结果集中请求长数据。例如，分析下面的代码：

```
ResultSet rs = stmt.executeQuery (
   "SELECT * FROM employees WHERE SSID = '999-99-2222'");
rs.next();
string name = rs.getString(1);
```

当执行一个查询后，驱动程序无法确定应用程序使用结果中的哪一列；应用程序可以获取检索的任意结果列。当驱动程序处理 ResultSet.next( )请求时，它至少检索一列，并且通常是检索多列，通过网络从数据库返回结果记录。结果记录为每条记录包含所有列值。如果其中一列包含长数据，例如一张雇员照片，情况会如何呢？性能会明显下降。

性 能 提 示

因为通过网络检索长数据会对性能造成负面影响，设计应用程序从 Select 列表中排除长数据。

限制 Select 列表只包含姓名列，会使得在运行时执行查询的速度更快。例如：

```
ResultSet rs = stmt.executeQuery (
  "SELECT name FROM employees" +
  WHERE SSID = '999-99-2222'");
rs.next();
string name = rs.getString(1);
```

尽管 Blob 和 Clob 接口的方法允许应用程序控制返回数据的长度，但是，因为许多数据库不真正支持大对象(Large Object，LOB)定位器，或者因为将 LOB 映射到 JDBC 模型的复杂性，驱动程序经常模拟 getBlob( )和 getClob( )方法，了解这一情况是很重要的。例如，应用程序可能执行 Blob.getBytes(1,1000)只返回大小为 3MB 的 Blob 值的前 1000 字节。可以认为只从数据库检索 1000 字节。如果驱动程序模拟这一功能，实际情况是通过网络检索并缓存整个 3MB 的 Blob 值，这会降低性能。

6.4.2 限制检索的数据量

如果应用程序只需要两条记录，却执行检索 5 条记录的查询，就会影响应用程序的性能，特别是如果不必要的记录包含长数据。

性 能 提 示

提升性能最简单的方法之一是限制在驱动程序和数据库服务器之间的网络通信量——为了优化性能，编写指示驱动程序只从数据库检索应用程序所必需的数据的 SQL 查询。

确保 Select 语句使用 Where 子句限制检索的数据量。即使使用 Where 子句，如果没有恰当地限制 Select 语句的请求，也可能会检索数百条记录的数据。例如，如果希望从雇员表返回近年来雇佣的每个经理的数据，应用程序可能像下面那样执行查询，并且随后过滤出不是经理的雇员记录：

```
SELECT * FROM employees
WHERE hiredate > 2000
```

然而，假定雇员表中有一列用于存储每个雇员的照片。在这种情况下，检索额外的记录会明显影响应用程序的性能。让数据库为您过滤请求，并避免通过网络发送不需要的额外数据。下面的查询使用的方法更好，限制了检索的数据量并提升了性能：

```
SELECT * FROM employees
WHERE hiredate > 2003 AND job_title='Manager'
```

有时应用程序需要使用会产生大量网络通信的 SQL 查询。例如，考虑一个应用程序显示来自支持案例历史的信息，每个案例包含一个 10MB 的记录文件。用户确实需要查看记录文件的全部内容吗？如果不需要查看文件的全部内容，让应用程序只显示记录文件开头部分的 1MB 内容，则可以提升性能。

性 能 提 示

如果必须检索会生成大量网络通信量的数据，应用程序仍然可以通过限制通过网络发送的记录数量，并降低通过网络发送的每条记录的大小，控制从数据库向驱动程序发送的数据量。

假定有一个基于图形用户界面(GUI)的应用程序，并且每屏只能显示 20 条记录的数据。构造一个检索 100 万条记录的查询是很容易的，例如 SELECT * FROM employees，但是很少会遇到需要使用 100 万条记录的情况。当设计应用程序时，调用 ResultSet 接口的 setMaxRows( )方法，限制查询能够返回的记录数量，是一种很好的方法。例如，如果应用程序调用 rs.setMaxRows(10000)，所有查询返回的记录都不会超过 10 000 条。

此外，调用 ResultSet 接口的 setMaxFieldSize( )方法，可以针对以下数据类型限制能够从列值中返回的数据的字节：

- Binary
- Varbinary
- Longvarbinary
- Char
- Varchar
- Longvarchar

例如，考虑一个应用程序，允许用户从技术文章存储库中选择技术文章。不是检索并显示整篇文章，应用程序可以调用 rs.setMaxFieldSize(153600)，只为应用程序检索技术文章开头部分的 150KB 文本——这足以为用户提供合理的文章预览。

6.4.3　确定结果集中记录的数量

通过可滚动游标既可以向前也可以向后在结果集中移动。然而，因为在许多数据库系统中只对服务器方可滚动游标提供有限的支持，JDBC 驱动程序经常模拟可滚动游标，将结果集中的记录保存到驱动程序所在机器(客户端或应用程序服务器)的高速缓存中。

除非确定数据库本地支持使用可滚动结果集，例如 rs，否则不要调用 rs.last( )以及

rs.getRow( )方法，查找结果集包含多少条记录。对于模拟可滚动游标的驱动程序，调用rs.last( )方法会导致驱动程序为了到达最后一条记录而通过网络检索所有结果。这一模拟可滚动游标的模型为开发人员提供了灵活性，但是随之也带来了性能损失，直到保存记录的客户端高速缓存被全部填满。不要调用 rs.last( )方法确定记录的数量，而应当通过迭代遍历结果集统计记录的数量，或者通过提交包含 Count 函数的 Select 语句获取记录的数量。例如：

```
SELECT COUNT(*) FROM employees
```

遗憾的是，没有很容易的方法来确定数据库驱动程序是使用本地服务器方可滚动游标还是模拟这一功能。对于 Oracle 或 MySQL，驱动程序模拟可滚动游标，但是对于其他数据库，这一问题更加复杂。有关哪些常用数据库支持服务器方可滚动游标，以及哪些数据库驱动程序模拟可滚动游标的详细内容，请查看 2.1.4 节中的“使用可滚动游标”小节。

性 能 提 示

通常，不要编写依赖于来自查询的结果记录数量的代码，因为为了确定查询将返回多少条记录，驱动程序经常必须检索结果集中的所有记录。

6.4.4 选择正确的数据类型

当设计数据库模式时，显然需要考虑在数据库服务器上存储需求的影响。相对不明显，但同样重要的是，需要考虑为了将数据在其本地格式和 JDBC 驱动程序之间移动时需要的网络通信量。通过网络检索和发送某种数据类型的数据可能会增加或降低网络通信量。

性 能 提 示

对于多用户、多卷的应用程序，每天可能会在驱动程序和数据库服务器之间传递数十亿、甚至数万亿网络包。选择处理效率比较高的数据类型可以显著提升性能。

有关哪些数据类型比其他数据类型的处理速度更快的信息，请查看 2.1.4 节中的“选择正确的数据类型”小节。

6.4.5 选择正确的游标

JDBC 定义了三种游标类型：

- 只向前游标
- 不感知游标
- 感知游标

本节介绍如何选择游标类型，以得到最佳的性能。

1．只向前游标

只向前游标(forward-only)(或非可滚动游标)为连续读取由查询检索的结果集中的记录，提供了优秀的性能。使用只向前游标是检索结果集中表数据的最快方法。因为这种游标类型是不可滚动的，当应用程序需要以非连续的方式处理记录时，不能使用这种类型的游标。例如，如果需要在第 1 条记录之后、第 4 条记录之后等，处理结果集中的第 8 条记录，不能使用只向前游标。

2．不感知游标

对于在数据库服务器上需要高级别并发操作，并且需要在结果集中既能向前也能向后移动的应用程序，不感知(insensitive)游标是很理想的。大部分数据库系统不支持本地可滚动游标类型。然而，大部分 JDBC 驱动程序通过以下两种方法之一模拟这一功能，支持不感知游标：

- 方法 1——为不感知游标第一次请求一条记录时，驱动程序从数据库检索所有结果记录，并在驱动程序机器的内存、磁盘、或二者联合中，高速缓存结果集的全部内容。因为驱动程序不仅将游标定位到请求的记录，而且通过网络移动所有的记录，所以第一次请求时性能要受到严重冲击。后续请求定位到请求的记录不会影响性能，因为所有的数据已经缓存到本地了；驱动程序简单地将游标定位到结果集中的记录。
- 方法 2——为不感知游标第一次请求一条记录时，驱动程序只通过必需的网络往返次数从数据库服务器检索所需要的记录，并将结果集缓存在驱动程序机器中。例如，假定应用程序发送一条检索 10 000 条记录的 Select 语句，并请求不感知游标定位到第 40 条记录。如果一次网络往返只能检索 20 条记录，则驱动程序在第一次请求生成两次网络往返，检索 40 条记录。如果下一次请求的记录不在缓存的结果集中，驱动程序再次生成所需要的网络往返以检索更多的记录。

这种方法就是所谓的延迟取数据(lazy fetching)，并且通常对由用户界面驱动的应用程序可以提供更好的性能。

例如，考虑一个每屏最多显示 20 条记录的图形用户界面(GUI)应用程序。当应用程序为一条检索 20 000 条记录的 Select 语句请求一个不感知可滚动游标时，会发生什么情况呢？如果应用程序使用的驱动程序，使用方法 1 模拟不感知游标，为显示第一屏记录，用户需要等待很长时间，因为驱动程序在第一次请求时检索所有的 20 000 条记录。

然而，如果驱动程序使用方法 2 模拟不感知游标，那么第一次请求时至少使用一次网络往返检索一屏数据。为了显示第一屏数据用户不需要等待很长时间，因为驱动程序只检索 20 条记录。

假定用户希望查看最后一屏数据，并且应用程序的第一次请求被定位到记录 20 000。在这种情况下，不管使用哪种方法模拟不感知游标，性能损失是相同的，因为为了满足请求，都必须检索并缓存所有结果记录。

还需要了解当模拟不感知游标时，驱动程序消耗的内存量，特别是当可能检索长数据时。例如，使用任意一种模拟方法，如果应用程序第一次请求检索 20 000 条记录，并且每条结果记录都包含一个 10MB 的 Clob 值，情况会怎么样呢？将会检索并缓存所有结果记录，包含长数据。这一操作会很快地消耗掉在驱动程序服务器上的可用内存。在这种情况下，最好使用只向前的游标或感知游标。

3. 感知游标

感知(sensitive)游标能够获取数据库中会影响结果集的任何修改，并且对于具有以下特征的应用程序是有用的：

- 提供向前和向后访问数据
- 访问经常变化的数据
- 检索大量记录并且不能承受与模拟的不感知游标相关联的性能损失

感知游标，有时称之为键集驱动的(keyset-driven)游标，和不感知游标类似，因为数据库本地不支持感知游标，经常由 JDBC 驱动程序进行模拟。

因为感知游标提供对最新数据的访问，JDBC 驱动程序不能检索结果记录，并将它们缓存到驱动程序机器上，因为保存在数据库中的数据值在缓存之后可能会发生变化。反而，大多数驱动程序通过在向数据库发送查询之前修改查询，使其包含一个键或一个作为键的 pseudo-column 伪列。当请求感知游标时，驱动程序为每条结果记录检索键，并将键缓存到驱动程序机器上。当应用程序定位到一条记录时，驱动程序查找与请求的记录相关联的键值，并在 Where 子句中使用该键值执行 SQL 语句，以确保只有一条结果记录，并且正是应用程序请求和检索的那条记录。

例如，Oracle JDBC 驱动程序可能使用如表 6-1 所示的方法模拟感知游标：

表 6-1　模拟感知游标

应用程序请求	驱动程序动作
executeQuery(“SELECT name, addr, picture, FROM employees WHERE location = ‘Raleigh’ ”)	1．驱动程序向 Oracle 数据库发送以下语句： SELECT rowid FROM employees WHERE location = ‘Raleigh’ 2．驱动程序检索所有结果 ROWID，并将它们缓存到本地 3．驱动程序为 Oracle 数据库准备以下语句，以备将来使用： SELECT name, addr, picture FROM employees WHERE ROWID = ？

(续表)

应用程序请求	驱动程序动作
next( ) //position to row 1	1. 驱动程序在缓存中查找第 1 条记录的 ROWID 2. 驱动程序执行预先编译的语句，作为一个参数发送来自查找进程的 ROWID 值： SELECT name, addr, picture FROM employees WHERE ROWID = ? 3. 驱动程序从数据库检索第 1 条记录，然后成功返回到应用程序，指示现在已经定位到了第 1 条记录
next( )	1. 驱动程序在缓存中查找第 2 条记录的 ROWID 2. 驱动程序执行预先编译的语句，作为一个参数发送来自查找进程的 ROWID 值： SELECT name, addr, picture FROM employees WHERE ROWID = ? 3. 驱动程序从数据库检索第 2 条记录，然后成功返回到应用程序，指示现在已经定位到了第 2 条记录
last( )	1. 驱动程序在缓存中查找最后一条记录的 ROWID 2. 驱动程序执行预先编译的语句，作为一个参数发送来自查找进程的 ROWID 值： SELECT name, addr, picture FROM employees WHERE ROWID = ? 3. 驱动程序从数据库检索最后一条记录，然后成功返回到应用程序，指示现在已经定位到了最后一条记录

遗憾的是，这一模拟技术不是万无一失的。如果 SQL 语句执行多个表的外连接，或使用 Group By 子句，这个模拟就会失败，因为不能使用单个键获取结果记录。通常，游标会自动降级为不感知的可滚动游标。

6.5　更新数据

使用本节提供的指导原则更加高效地管理数据更新。

6.5.1　使用定位更新、插入和删除(updateXXX 方法)

定位更新、插入以及删除是使用 ResultSet 对象的 updateXXX 方法实现的，它对于允许应用程序用户在结果集中滚动移动，并且当移动时更新和删除记录的 GUI 应用程序是非常有用的。应用程序只需要简单地提供结果集中将被更新并且数据发生了变化的列。然后，在从结果集中的记录移动游标之前，调用 updateRow( )方法更新数据库。

例如，在下面的代码中，使用 getInt( )方法检索 ResultSet 对象 rs 的 Age 列的值，并且通过 updateInt( )方法使用整数值 25 更新列。调用 updateRow( )方法使用修改过的值在数据库中更新记录。

```
int n = rs.getInt("Age");
// n contains value of Age column in the resultset rs
...
rs.updateInt("Age", 25);
rs.updateRow();
```

定位更新通常比使用 SQL 命令进行更新速度要快，因为游标已经为正在处理的 Select 语句定位到记录。如果必须定位到记录，数据库通常使用键(例如，Oracle 数据库的 ROWID)作为记录的内部指针。此外，定位更新降低了为编写更新数据的复杂 SQL 语句的需要，使应用程序更容易维护。

6.5.2 使用 getBestRowIdentifier()方法优化更新和删除

有些数据库不能利用定位更新和删除。通常，这些应用程序通过调用 getPrimaryKey( )方法使用所有可搜索结果列，或通过调用 getIndexInfo( )方法查找可能是唯一索引一部分的列，规划 Where 子句。这些方法能够完成工作，但是会导致相当复杂的查询。例如：

```
ResultSet WSrs = WSs.executeQuery
    ("SELECT first_name, last_name, ssn, address, city,
    state, zip FROM employees");

// fetch data using complex query
...
WSs.executeQuery ("UPDATE employees SET address = ?
    WHERE first_name = ? and last_name = ? and ssn = ?
    and address = ? and city = ? and state = ?
    and zip = ?");
```

许多数据库支持 pseudo-columns 伪列。pseudo-columns 在表定义中没有明确定义，而是每个表的隐藏列(例如，Oracle 数据库中表的 ROWID 列)。pseudo-columns 伪列通常为数据访问提供了最快的速度。因为不是数据表显式定义的一部分，所以调用 getColumns( )方法时，不会返它们。

性 能 提 示

使用 getBestRowIdentifier( )方法确定唯一标识一条记录的最优列集合，用于更新数据的 WHERE 子句。

例如，为了确定是否存在 pseudo-columns 伪列，使用下面的代码：

```
...
ResultSet WSrowid = WSdbmd.getBestRowIdentifier()
   (... "employees", ...);
...
WSs.executeUpdate ("UPDATE employees SET ADDRESS = ?
   WHERE ROWID = ?";
// fastest access to the data!
```

如果数据库没有包含 pseudo-columns 伪列，getBestRowIdentifier( )方法的结果集由特定表中最优的唯一索引列构成(如果存在一个唯一索引的话)。因此，应用程序不需要调用 getIndexInfo( )方法查找最小的唯一索引。

6.6 使用数据库元数据方法

数据库元数据方法用于检索与结果集相关的信息，例如列的数量和类型。因为数据库元数据方法生成 ResultSet 对象，相对于其他 JDBC 方法执行速度要慢，所以频繁使用它们会损害性能。当选择并使用数据库元数据方法时，使用本节提供的指导原则优化性能。

6.6.1 尽可能不使用数据库元数据方法

与其他 JDBC 函数相比，生成结果集的数据库元数据方法执行速度比较慢。为了检索由 JDBC 约定授权的所有结果列信息，为数据库元数据方法的一次调用检索结果集，JDBC 驱动程序经常必须执行多次查询或复杂的查询。

性 能 提 示

尽管编写不使用数据库元数据方法的 JDBC 应用程序几乎是不可能的，但是通过尽可能不使用数据库元数据方法可以提高性能。

此外，为了避免多次执行数据库元数据方法，还应当缓存从结果集检索的信息，结果集是由数据库元数据方法生成的。例如，只调用 getTypeInfo()方法一次，并缓存应用程序需要使用的结果集元素。应用程序不可能使用由数据库元数据方法生成的结果集的全部元素，所以维护缓存信息不是很困难。

6.6.2 避免查找模式

数据库元数据方法支持能够限制检索数据量的变量。为这些变量使用空值或查找模式，例如%A%，通常会生成很耗费时间的查询。此外，由于检索了不必要的结果，所以还会增加网络通信量。

性 能 提 示

尽可能为生成结果集的数据库元数据方法提供非空变量。

在下面的例子中，应用程序使用 getTables()方法确定是否存在名为 WSTable 的表，并为大部分参数提供空值。

```
ResultSet WSrs = WSdbmd.getTables(null, null, "WSTable",null);
```

驱动程序解释该请求：检索存在于数据库目录中的所有数据库模式中，并且别名为 WSTable 的所有表、视图、系统表、同义词(synonyms)、临时表。

相反，下面的请求为所有参数提供非空值，使驱动程序以更加高效的方式处理该请求：

```
String[] tableTypes = {"TABLE"}; WSdbmd.getTables ("cat1",
   "johng", "WSTable", tableTypes);
```

驱动程序解释该请求：检索“cat1”目录中名为“WSTable”，并且由“johng”拥有的所有表。不检索同义词、视图、系统表、别名或临时表。

我们对与正在请求的信息相关的对象有时了解的很少。当调用数据库元数据方法时，应用程序能够提供给驱动程序的所有信息都会改进性能和可靠性。

6.6.3 使用假查询确定表的特征

有时需要数据表中列的相关信息，如列名、列的数据类型以及列的精度和范围。例如，允许由用户确定选择哪些列的应用程序可能需要请求数据表中每一列的名称。

性 能 提 示

要确定与数据库表相关的特征，应避免使用 getColumns( )方法。反而，应当在一条执行 getMetadata( )方法的预先编译的语句中使用假查询(dummy query)。只有当从结果集元数据中不能获取到请求的信息时(例如，使用表列的默认值)，才使用 getColumns( )方法。

下面的例子显示了使用 getMetadata( )方法相对于使用 getColumns( )方法的优点。

示例 A：使用 getColumns( )方法

该方法准备并执行一个潜在的复杂查询，规划结果描述信息，驱动程序检索结果记录，应用程序获取结果。该方法会增加对 CPU 的使用和网络通信。

```
ResultSet WSrc = WSc.getColumns (... "UnknownTable" ...);
// getColumns() will generate a query to
// the system catalogs and possibly a join
// that must be prepared, executed, and produce
// a result set
...
WSrc.next();
string Cname = getString(4);
...
// user must retrieve N rows from the database
// N = # result columns of UnknownTable
// result column information has now been obtained
```

示例 B：使用 getMetadata( )方法

该方法准备一个检索结果集信息的简单查询，但是不执行查询，并且驱动程序不检索结果记录。只检索与结果集相关的信息(在示例 A 中使用 getColumns( )方法检索相同的信息)。

```
// prepare dummy query
PreparedStatement WSps = WSc.prepareStatement
    ("SELECT * FROM UnknownTable WHERE 1 = 0");

// query is not executed on the database - only prepared
ResultSetMetaData WSsmd=WSps.getMetaData();
int numcols = WSrsmd.getColumnCount();
...
int ctype = WSrsmd.getColumnType(n)
...
// Result column information has now been obtained
// Note we also know the column ordering within the
// table!
```

如果默认情况下，数据库系统，例如 Microsoft SQL Server，不支持预先编译的语句，情况会怎样呢？示例 A 的性能不会变化，但是示例 B 的性能会稍微下降，因为除了准备查询之外，还要对假查询进行评估。因为查询的 Where 子句总是评估为 FALSE，执行没有检索结果记录的语句。因此，即使性能有一些下降，示例 B 仍然优于示例 A。

6.7 小结

如果不能降低网络通信量、限制磁盘 I/O、简化查询、以及优化应用程序和驱动程序之间的查询，JDBC 应用程序的性能会受到影响。对于提升性能，减少网络通信可能是最重要的技巧。例如，当需要更新大量数据时，使用批处理，而不是执行 Insert 语句多次，可以减少完成更新操作所需要的网络往返次数。

通常，创建连接是应用程序执行的对性能影响最大的任务。连接池可以帮助您高效地管理连接，特别是如果应用程序具有大量的用户时。不管应用程序是否使用连接池，确保在用户使用完连接后立即关闭连接。

为如何处理事务做出明智的选择，也可以提升性能。例如，使用手动提交模式而不是自动提交模式，可以更好地控制提交工作的时机。类似地，如果不需要分布式事务提供的保护，使用本地事务可以提升性能。

效率低下的 SQL 查询会降低 JDBC 应用程序的性能。有些 SQL 查询不过滤数据，导致驱动程序检索不必要的数据。当不必要的数据是长数据时，例如存储为 Blob 或 Clob 的数据，应用程序的性能会受到巨大的影响。其他可能过于复杂的查询在运行时需要进行额外的处理。

第7章

.NET 应用程序：编写良好的代码

开发对性能进行过优化的 ADO.NET 应用程序不是一件很容易的事情。当代码运行缓慢时，数据提供程序不会抛出异常进行通知。因为不同数据提供程序之间，编程概念有一定的差异，编写.NET 应用程序可能比编写 ODBC 或 JDBC 应用程序更复杂。此外，设计.NET 应用程序需要了解更多与应用程序访问的数据库相关的知识。

本章提供了一些用于提高 ADO.NET 应用程序性能的编码实践的通用指导原则。这些指导原则已经通过检查大量 ADO.NET 应用程序中的 ADO.NET 实现进行了汇编。通常，在本章提供的指导原则可以提高性能，因为它们实现了以下目标中的一个或多个：

- 降低网络通信量
- 限制磁盘 I/O
- 优化应用程序和驱动程序之间的交互
- 简化查询

如果已经阅读过其他编码章节(第 5 章和第 6 章)，可能会注意到在本章中的有些信息和那些章节中的信息很相似。虽然有一些相似之处，但是本章关注的是与 ADO.NET 编码相关的特定信息。

7.1 管理连接

通常，创建连接是应用程序执行的对性能影响最大的操作之一。开发人员经常认为建立连接只是一个简单的请求，认为只需要在驱动程序和数据库服务器之间进行一次网络往返，以验证用户是否是可信任的。实际上，建立连接需要在数据提供程序和数据库服务器之间进行许多次网络往返。例如，当数据提供程序连接到 Oracle 或 Sybase ASE 数据库时，建立连接可能需要 7~10 次网络往返。此外，数据库还要为连接消耗资源，包括会对性能有显著影响的磁盘 I/O 和内存分配。

在应用程序中实现连接之前，静下心来仔细设计如何处理连接是很有必要的。使用在本节中提供的指导原则，可以更加高效地管理连接。

7.1.1 高效地建立连接

数据库应用程序使用以下两种方法之一管理连接：

- 从连接池中获取连接。
- 在需要时创建新连接。

当选择一种方法管理连接时，请记住有关连接和性能的以下事实：

- 创建连接对性能的影响非常大。
- 打开连接无论是在数据库服务器还是数据库客户端都需要使用相当数量的内存。
- 打开大量的连接可能会耗尽内存，这会导致从内存向磁盘调度页面，从而使整体性能下降。

7.1.2 使用连接池

如果应用程序有多个用户并且数据库服务器提供了充足的数据库资源，例如内存和 CPU，使用连接池可以显著提升性能。重用连接减少了在提供程序和数据库之间建立物理连接所需要的网络往返次数。使用连接池的代价是在第一次创建包含连接的连接池时性能会受到影响。当应用程序实际使用连接池中的连接时，性能就会得到很大的提升。获取连接变成了应用程序执行的最快的操作之一，而不是最慢的操作之一。

ADO.NET 的连接池不是.NET Framework 的一部分。为了使用连接池，数据提供程序或应用程序必须实现它。在本书出版时，大多数商业 ADO.NET 数据提供程序都提供了连接池。检查您的数据提供程序以了解它是否提供了这一功能。对于提供了连接池的所有商业 ADO.NET 提供程序，默认将连接放入池中。

尽管从池中获取连接非常高效，但是当应用程序打开和关闭连接时会影响应用程序的可伸缩性。当连接处于“打开”状态时，连接被池管理器标记为“正在使用”。当连接处于“关闭”状态时，连接被标记为“没有使用”，并且其他用户可以使用。为了尽可能缩短用户拥有物理连接的时间，在用户即将需要使用连接之前打开连接。类似地，一旦用户不再需要连接，应当及时关闭连接，供其他用户使用。

对于 ADO.NET，每个唯一的连接字符串创建一个连接池(除了在重新认证的情况下)。一旦创建了连接池，直到卸载数据提供程序之前不能关闭连接池。通常，管理多个连接池需要更多的内存。然而，是因为连接的数量而不是因为连接池的数量，会消耗大量的内存，了解这一点是很重要的。在设计良好的连接池实现中，维护不活动的或空的连接池只需要很少一点系统开销。

在满足用户所需服务的前提下，为了使连接池中所需连接的数量降至最低，如果数据提供程序支持被称之为重新认证的特征，可以将与一个用户相关联的连接切换给另外一个用户。将连接的数量降至最低可以节约内存，并且可以提升性能。请查看 8.4 节。

有关连接池的更多细节，请查看第 8 章。

7.1.3 一次建立一个连接

对于有些应用程序使用连接池并不是最佳的选择。有关这方面的例子，请查看 2.1.1 节中的“不宜使用连接池的情况”小节。

性 能 提 示

如果应用程序没有使用连接池，在应用程序执行 SQL 语句的过程中，避免多次打开和关闭连接，因为打开连接会冲击应用程序的性能。不需要为应用程序执行的每条 SQL 语句打开一个新的连接。

7.1.4 高效地断开连接

每个连接到数据库的物理连接，无论是在客户端还是在数据库服务器上，都需要消耗相当数量的内存。

性 能 提 示

请记住，在应用程序结束对连接的使用后立即关闭连接——不要等到垃圾收集器为您关闭连接。如果应用程序使用连接池，及时关闭连接特别重要，从而可以立即将连接返回到连接池中，供其他用户使用。然而，请记住，关闭连接会自动关闭与该连接相关联的所有 DataReader 对象，以及使用这些对象返回结果的功能。

对于 ADO.NET 应用程序，.NET 公共语言运行库(Common Language Runtime，CLR)

使用垃圾收集器自动识别和回收为不再使用的对象分配的内存。如果等待垃圾收集器清除不再使用的连接，连接占用内存的时间比所需要的时间更长。通常，只有当有足够的 CPU 资源能够满足需要时，才会运行 CLR 中的垃圾收集器。如果应用程序运行于一个繁忙的计算机上，垃圾收集器可能不会频繁地运行，从而使不再使用的连接在更长的时间内处于打开或“正在使用”状态。

即使使用连接池，依赖垃圾收集器清除不再使用的连接也会削弱性能。当用户请求一个连接并且没有连接可用时，数据提供程序会等待一个被标记为“没有使用”的连接一段时间。因此，等待垃圾收集器清除连接可能会明显拖延其他用户获得连接的时间。反而，应当记住一旦用户不再需要使用连接，就明确地关闭连接。

为了安全地关闭打开的连接，可以在 finally 块中关闭连接，如下面的例子所示。在 finally 块中的代码总是会运行，即使发生了一个异常。这些代码确保关闭所有可能没有显式关闭的连接，而不用等待垃圾收集器关闭它们。

```
try
{
    DBConn.Open();

    // Do some other interesting work
}
catch (Exception ex)
{

    // Handle exceptions
}
finally
{

// Close the connection
      if (DBConn != null)
          DBConn.Close();
}
```

可以保证显式关闭连接的另外一种方法是使用 using 块，如下面的例子所示：

```
Using DBConn As New DDTek.Oracle.OracleConnection
  DBConn.Open();
  MsgBox("Connected.")
End Using
```

有关公共语言运行库(CLR)中垃圾收集器工作原理的更多信息，请查看 4.1.2 节。

7.1.5 高效地获取数据库信息和数据提供程序信息

请记住，创建连接是应用程序执行的对性能影响最大的操作之一。

性 能 提 示

因为打开连接会冲击应用程序的性能，一旦应用程序建立了连接，为了收集有关数据提供程序和数据库的信息，例如它们支持的数据类型或数据库版本，应当避免建立额外的连接。例如，有些应用程序建立了一个连接，然后又调用在一个单独组件中的方法，该方法重新建立连接并收集与数据提供程序和数据库相关的信息。使用 GetSchema 方法的 DbMetaDataCollectionNames.DataSourceInformation 字段共享元数据。

在两次连接之间数据库改变它们支持的数据类型或数据库版本的频率有多大？因为这种类型的信息在两次连接之间通常不会改变，并且不需要保存大量的信息，所以您可能希望检索并缓存这些信息，从而应用程序在以后可以访问这些信息。

7.2 管理事务

为了确保数据完整性，事务中的所有语句作为一个单元被提交或回滚。例如，当使用计算机从一个银行账户向另外一个银行账户进行转账时，该请求就涉及一个事务——更新存储在两个账户数据库中的数值。如果工作单元中的所有部分都成功了，就提交事务。如果工作单元中的任意一部分失败，则回滚事务。

使用在本节中提供的指导原则，可以帮助您更加高效地管理事务。

7.2.1 管理事务提交

提交(或回滚)事务是比较缓慢的，因为涉及到磁盘 I/O，并且潜在地需要大量的网络往返。提交实际上涉及哪些工作呢？数据库必须将事务对数据库造成的每个修改写入到磁盘中。通常连续地写入日志文件；尽管如此，提交事务涉及到昂贵的磁盘 I/O。

在 ADO.NET 中，默认的事务提交模式是自动提交。在自动提交模式下，为每条需要请求数据库的 SQL 语句(Insert、Update、Delete 以及 Select 语句)执行一次提交。当使用自动提交模式时，应用程序不能控制何时提交数据库工作。实际上，当没有工作需要提交时也会进行提交。

有些数据库，例如 DB2，不支持自动提交模式。对于这些数据库，每次成功操作(SQL 语句)之后，数据提供程序就向数据库发送一个提交请求。提交请求需要在提供程序和数据库之间进行一次网络往返。尽管应用程序没有请求提交，并且即使操作没有对数据库进行修改，仍然会和数据库之间进行网络往返。例如，即使执行一条 Select 语句，数据提供程序也会生成一次网络往返。

让我们分析下面的代码，这些代码关闭了自动提交模式。代码中的注释显示了如果数据提供程序或数据库自动执行提交，会在何时进行提交。

```
// For conciseness, this code omits error checking

// Allocate a Command object
cmd = conn.CreateCommand();

// Bind parameters
cmd.Parameters.Add("id", DB2DbType.Integer);
cmd.Parameters.Add("name", DB2DbType.VarChar);
cmd.Parameters.Add("name", DB2DbType.Integer);

// Prepare an INSERT statement for multiple executions
sql = "INSERT INTO employees VALUES(?, ?, ?)";
cmd.CommandText = sql;
cmd.Prepare();

// Set parameter values before execution
cmd.Parameters[0].Value=20;
cmd.Parameters[1].Value="Employee20";
cmd.Parameters[2].Value=100000;

cmd.ExecuteNonQuery();

// A commit occurs because auto-commit is on

// Change parameter values for the next execution
cmd.Parameters[0].Value = 21;
cmd.Parameters[1].Value = "Employee21";
cmd.Parameters[2].Value = 150000;

cmd.ExecuteNonQuery();

// A commit occurs because auto-commit is on

// Execute a SELECT statement. A prepare is unnecessary
// because it's executed only once.
sql = "SELECT id, name, salary FROM employees";
cmd.CommandText = sql;
```

```
// Fetch the data
dataReader = cmd.ExecuteReader();
while (dataReader.Read()) {
  System.Console.WriteLine("Id: "+dataReader.GetInt32(0) +
                           " Name: "+dataReader.GetString(1) +
                           " Salary: "+dataReader.GetInt32(2));
}

// Close the DataReader
System.Console.WriteLine();
dataReader.Close();

// Whether a commit occurs after a SELECT statement
// because auto-commit is on depends on the provider.
// It's safest to assume a commit occurs here.

// Prepare the UPDATE statement for multiple executions
sql="UPDATE employees SET salary = salary * 1.05 WHERE id=?";
cmd.CommandText = sql;
cmd.Prepare();

// Execute the UPDATE statement for each
// value of index between 0 and 9
for (int index = 0; index < 10; index++) {
  cmd.Parameters[0].Value = index;
  cmd.ExecuteNonQuery();

// Because auto-commit is on, a commit occurs each time
// through loop for total of 10 commits.

}

// Execute a SELECT statement. A prepare is unnecessary
// because it's only executed once.
sql = "SELECT id, name, salary FROM employees";
cmd.CommandText = sql;

// Fetch the data
dataReader = cmd.ExecuteReader();
while (dataReader.Read()) {
  System.Console.WriteLine("Id: "+dataReader.GetInt32(0) +
                           " Name: "+dataReader.GetString(1) +
                           " Salary: "+dataReader.GetInt32(2));
```

```
}

System.Console.WriteLine();

// Whether a commit occurs after a SELECT statement
// because auto-commit is on depends on the provider.
// It's safest to assume a commit occurs here.

// Close the DataReader
dataReader.Close();
}

finally {
  dataReader.Close();

  cmd.Dispose();
}
```

性能提示

为了提交每个操作，在数据库服务器上需要大量的磁盘 I/O，并且需要在驱动程序和数据库服务器之间进行额外的网络往返，所以在应用程序中关闭自动提交模式并转而使用手动提交模式是一个好主意。使用手动提交模式，应用程序可以控制何时提交数据库工作，这样可以显著提升系统的性能。当明确请求一个事务时，会自动关闭自动提交模式。

例如，让我们分析下面的 Java 代码。除了通过开始一个事务关闭了自动提交模式，并使用手动提交之外，这些代码和前面的代码完全相同：

```
// For conciseness, this code omits error checking

// Start the transaction. This turns auto-commit off.
transaction = conn.BeginTransaction();

// Allocate a Command object
cmd = conn.CreateCommand();
cmd.Transaction = transaction;

// Bind parameters
cmd.Parameters.Add("id", DB2DbType.Integer);
cmd.Parameters.Add("name", DB2DbType.VarChar);
cmd.Parameters.Add("name", DB2DbType.Integer);

// Prepare an INSERT statement for multiple executions
```

```
sql = "INSERT INTO employees VALUES(?, ?, ?)";
cmd.CommandText = sql;
cmd.Prepare();

// Set parameter values before execution
cmd.Parameters[0].Value = 20;
cmd.Parameters[1].Value = "Employee20";
cmd.Parameters[2].Value = 100000;

cmd.ExecuteNonQuery();

// Change parameter values for the next execution
cmd.Parameters[0].Value = 21;
cmd.Parameters[1].Value = "Employee21";
cmd.Parameters[2].Value = 150000;

cmd.ExecuteNonQuery();

// Manual commit
transaction.Commit();

// Execute a SELECT statement. A prepare is unnecessary
// because it's only executed once.
sql = "SELECT id, name, salary FROM employees";
cmd.CommandText = sql;

// Fetch the data
dataReader = cmd.ExecuteReader();
while (dataReader.Read()) {
  System.Console.WriteLine("Id: "+dataReader.GetInt32(0) +
                         " Name: "+dataReader.GetString(1) +
                         " Salary: "+dataReader.GetInt32(2));
}

System.Console.WriteLine();

// Close the DataReader
dataReader.Close();

// Prepare the UPDATE statement for multiple executions
transaction = conn.BeginTransaction();
sql = "UPDATE employees SET salary = salary * 1.05" +
  "WHERE id=?";
```

```
    cmd.CommandText = sql;
    cmd.Prepare();

    // Execute the UPDATE statement for each
    // value of index between 0 and 9
    for (int index = 0; index < 10; index++) {
      cmd.Parameters[0].Value = index;
      cmd.ExecuteNonQuery();
    }

    // Manual commit
    transaction.Commit();

    // Execute a SELECT statement. A prepare is unnecessary
    // because it's only executed once.
    sql = "SELECT id, name, salary FROM employees";
    cmd.CommandText = sql;

    // Fetch the data
    dataReader = cmd.ExecuteReader();
    while (dataReader.Read()) {
      System.Console.WriteLine("Id: "+dataReader.GetInt32(0) +
                         " Name: "+dataReader.GetString(1) +
                         " Salary: "+dataReader.GetInt32(2));
    }

    System.Console.WriteLine();

    // Close the DataReader
    dataReader.Close();
    }
    finally {
      dataReader.Close();
      cmd.Dispose();
    }
```

如果关闭了自动提交模式，有关何时提交工作的信息，请查看 2.1.2 节中的“管理事务提交”小节。

7.2.2 选择正确的事务模型

应当使用哪种类型的事务：本地事务还是分布式事务？本地事务访问和更新位于单个

数据库中的数据。分布式事务访问和更新位于多个数据库中的数据；因此，它必须协调这些数据库。

性 能 提 示

分布式事务比本地事务明显要慢，因为在分布式事务中涉及的所有组件之间进行通信，需要写入日志并且需要网络往返。除非必须使用分布式事务，否则应当使用本地事务。

在.NET Framework 2.0 中，System.Transactions 命名空间管理事务。确定应用程序是否正在使用分布式事务的最好方法是，查找如下代码，并检查其后面的代码：

```
Using System.Transactions;
```

有关性能和事务的更多信息，请查看 2.1.2 节。

7.3　执行 SQL 语句

当执行 SQL 语句时，使用本节提供的指导原则帮助选择使用哪个 ADO.NET 对象和方法，可以得到最佳的性能。

7.3.1　执行检索小数据或不检索数据的 SQL 语句

在.NET 应用程序中，可以使用 Command 对象的以下方法执行 SQL 语句：

- ExecuteNonQuery 方法返回影响的记录数量，但是不返回实际的记录。
- ExecuteReader 方法返回 DataReader 对象，该对象包含一条记录或多条记录数据。
- ExecuteScalar 方法返回结果集中第一条记录的第一列。

性 能 提 示

执行不检索数据的 SQL 语句，例如 Update、Insert 以及 Delete 语句，使用 Command 对象的 ExecuteNonQuery 方法。尽管也可以使用 ExecutcReader 方法执行这些语句，但是使用 ExecuteNonQuery 方法可以提升性能，因为它允许数据提供程序使用以下方法优化语句：因为它不请求对结果集的描述，并且消除了为保存结果集描述而在客户端或应用程序服务器上分配和释放缓冲区的需要，从而减少了和数据库服务器之间的网络往返次数。

下面的例子显示了如何使用 ExecuteNonQuery 向 employees 表中插入一条记录：

```
DBConn.Open();
DBTxn = DBConn.BeginTransaction();
```

```
// Set the Connection property of the Command object
DBCmd.Connection = DBConn;

// Set the text of the Command to the INSERT statement
DBCmd.CommandText = "INSERT into employees" +
  "VALUES (15, 'HAYES', 'ADMIN', 6, " +
  "'17-APR-2002', 18000, NULL, 4)";

// Set the transaction property of the Command object
DBCmd.Transaction = DBTxn;

// Execute using ExecuteNonQuery because we do not
// retrieve a result set
DBCmd.ExecuteNonQuery();

// Commit the transaction
DBTxn.Commit();

// Close the connection
DBConn.Close();
```

性 能 提 示

如果SQL语句检索单个数值，例如总数或个数，使用Command对象的ExecuteScalar方法执行语句。同样，也可以使用ExecuteReader方法执行检索单个值的语句，但是使用ExecuteScalar方法允许数据提供程序为包含一条记录和一列的结果集进行优化。数据提供程序通过避免许多之前对比ExecuteReader与ExecuteNonQuery时描述过的相同开销，优化了性能。

下面的例子显示如何使用ExecuteScalar检索employees表中所有年薪超过50 000美元的雇员数量：

```
// Open a connection to the database
SybaseConnection Conn;
Conn = new SybaseConnection(
  "host=server1;port=4100;User ID=test;Password=test;
  Database Name=Accounting");
Conn.Open();

// Open a command object
SybaseCommand salCmd = new SybaseCommand(
```

```
  "SELECT count(sal) FROM employees" +
  "WHERE sal>'50000'", Conn);

try
{
   int count = (int)salCmd.ExecuteScalar();
}
catch (Exception ex)
{

   // Display exceptions in a message box
   MessageBox.Show (ex.Message);
}

// Close the connection
Conn.Close();
```

7.3.2　使用 Command.Prepare 方法

大多数应用程序有一个特定的被多次执行的 SQL 语句集合，并且有少数几条 SQL 语句在应用程序的生命期内只被执行一次或两次。根据计划执行 SQL 语句的频率，可能希望使用预先编译的 Command 对象。

有些数据提供程序当调用 Command.Prepare( )方法时，不对数据库执行操作。然而，这些数据提供程序会在数据库客户端优化和 Command 对象相关联的对象。

没有预先编译的 Command 对象针对只执行一次的 SQL 语句进行了优化。相反，预先编译的 Command 对象针对多次执行的 SQL 语句进行了优化。尽管首次执行预先编译的语句的开销比较大，但是在预先编译的 Command 对象的后续执行过程中就会看到优点了。

使用预先编译的 Command 对象通常至少需要和数据库服务器进行两次网络往返：

- 一次网络往返用于解析和优化语句
- 一次或多次网络往返用于执行语句并检索结果

性 能 提 示

如果应用程序在其生命期中只生成一次请求，使用没有预先编译的 Command 对象，相对于使用预先编译的 Command 对象是更好的选择，因为没有预先编译的 Command 对象只需要一次网络往返。请记住，减少网络通信通常可以得到最佳的性能。

有关使用语句与预先编译的语句的更多信息，请参考 2.1.3 节。有关性能和联合使用连接池与语句池的相关信息，请查看 8.5.1 节。

7.3.3 使用参数数组/批处理与预先编译的语句

更新大量数据，通常是通过预先准备一条 Insert 语句，并多次执行该语句完成的，这种方法会造成大量的网络往返。

性 能 提 示

当更新大量数据时，为了减少网络往返次数，可以使用参数数组或 SQL 语句的批处理。

让我们比较下面的例子：

示例 A：多次执行预先编译的 Command 对象

使用预先编译的 Command 对象执行一条 Insert 语句多次。在这种情况下，为了执行 100 次插入操作，需要 101 次网络往返：1 次网络往返用于准备语句，另外 100 次网络往返用于执行迭代操作：

```
sql = "INSERT INTO employees VALUES (?, ?, ?)";
cmd.CommandText = sql;
cmd.Prepare();
for (n = 0; n < 100; n++) {
   cmd.Parameters[0].Value = id[n];
   cmd.Parameters[1].Value = name[n];
   cmd.Parameters[2].Value = salary[n];
   cmd.ExecuteNonQuery();
}
```

示例 B：使用参数数组与批处理

将 Command.CommandText 属性设置为一个包含一条 Insert 语句和一个参数数组的字符串。这种方法只需要两次网络往返：一次用于准备语句，另外一次用于执行数组。尽管参数数组使用更多的 CPU 循环，但是通过减少网络往返次数提升了性能。

```
sql = "INSERT INTO employees VALUES (?, ?, ?)";
cmd.CommandText = sql;

cmd.ArrayBindCount = 10;
cmd.Prepare();
cmd.Parameters[0].Value = idArray;
cmd.Parameters[1].Value = nameArray;
cmd.Parameters[2].Value = salaryArray;
```

```
cmd.ExecuteNonQuery();
```

有些数据提供程序不支持参数数组，但是支持 SQL 批处理。在这种情况下，可以将 Command.CommandText 属性设置为一个包含 100 条 Insert 语句的字符串，并作为批处理执行这些语句。

```
sql = "INSERT INTO employees VALUES (?, ?, ?)" +
  ";INSERT INTO employees VALUES (?, ?, ?)" +
  ...
  ";INSERT INTO employees VALUES (?, ?, ?)";
cmd.CommandText = sql;
cmd.Prepare();
cmd.Parameters[0].Value = id[0];
cmd.Parameters[1].Value = name[0];
cmd.Parameters[2].Value = salary[0];
...
cmd.Parameters[27].Value = id[9];
cmd.Parameters[28].Value = name[9];
cmd.Parameters[29].Value = salary[9];
cmd.ExecuteNonQuery();
```

如果应用程序更新断开连接的 DataSets，并且数据提供程序支持批处理，可以通过设置 DataAdapter 对象的 UpdateBatchSize 属性优化性能。通过指定为数据库服务器生成的网络往返次数设置这个属性优化性能。例如，下面代码告诉数据提供程序打包 5 条命令，并在一次网络往返中将它们发送到数据库。

```
SqlDataAdapter adpt = new SqlDataAdapter();
adpt.InsertCommand = command;

// Specify the number of rows
adpt.UpdateBatchSize = 5;
```

7.3.4　使用批量加载

如果有大量数据需要插入到数据库表中，并且数据提供程序支持批量加载，也称之为批量复制，使用批量加载甚至可能比使用参数数组更快。通过 *xxx*BulkCopy 类(例如，SqlBulkCopy 或 OracleBulkCopy)使用批量加载功能，许多数据提供程序都支持这一功能。

使用批量加载，记录在一个连续的流中从数据库客户端发送到数据库，从而不会生成额外的网络往返。此外，当执行批量加载操作时，数据库能够优化插入记录的方式。

然而，应当知道使用批量加载也可能有负面影响。例如，使用批量加载插入的数据可能会忽略引用完整性，造成数据库中数据的一致性问题。

7.3.5 使用纯托管提供程序

使用 100%托管代码，可以允许.NET 程序集运行于 CLR 内部。当数据提供程序连接到非托管代码或在.NET CLR 外部运行的代码时，会对性能造成负面影响。每个与在 CLR 外部生成的调用相关的开销是需要认真考虑的问题，根据各种原始声明，与在托管代码内部调用相比，性能可能下降 5%~100%。通常，如果运行应用程序的机器比较繁忙，性能冲击会更大。

当选择宣称是 100%或纯托管代码的数据提供程序时要谨慎。许多 ADO.NET 数据提供程序宣称是 100%或纯托管代码的提供程序，然而却使用了连接到本地 Windows 代码的架构，如图 7-1 所示。例如，这些数据提供程序可能调用 DB2 调用层接口(Call Level Interface，CLI)或 Oracle SQL*Net。

性 能 提 示

根据运行应用程序机器的繁忙程度，使用非托管代码会显著影响性能。底线是：如果“托管的”数据提供程序需要非托管的数据库客户端或其他非托管部分，它就不是纯托管的数据提供程序。只有少数几个厂商提供了真正的作为 100%托管组件工作的托管数据提供程序。

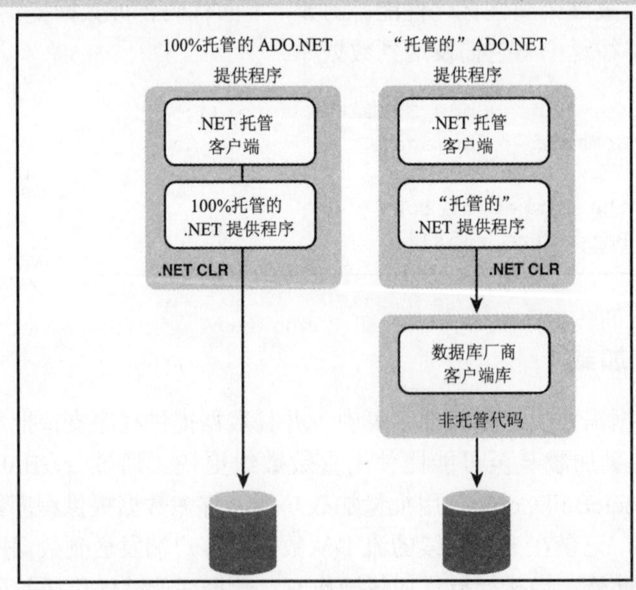

图 7-1　100%托管的数据提供程序与“托管的”数据提供程序

7.4　选择.NET 对象与方法

当选择和使用 ADO.NET 对象和方法时，在本节中提供的指导原则将会帮助您优化系统性能。

7.4.1　避免使用 CommandBuilder 对象

因为并发操作的限制，CommandBuilder 经常生成效率低下的 SQL 语句。在大多数情况下，可以自己编写比由 CommandBuilder 生成的代码效率更高的语句代码。此外，CommandBuilder 对象在运行时生成语句。每次调用 DataAdapter.Update 方法时，CommandBuilder 对象都会分析结果集的内容，并为 DataAdapter 生成 Insert/Update/Delete 语句。当显式指定 Insert/Update/Delete 语句时，就不需要这一额外的处理步骤。

性能提示

尽管使用 CommandBuilder 对象生成 SQL 语句是很诱人的，因为当编写使用 DataSets 的应用程序时，它可以节省编码时间，但是这一快捷方式会影响性能。

假定有一个包含 8 列的数据库表，表名为 employees，表中包含雇员记录。CommandBuilder 对象将会生成以下 Update 语句：

```
"UPDATE employees SET empno = ?, ename = ?,
  job = ?, mgr = ?, hiredate = ?, sal = ?, comm = ?,
  dept = ?
  WHERE (
    (empno = ?) AND (ename = ?) AND
    (job = ?) AND ((mgr IS NULL and ? IS NULL) OR (mgr = ?))
    AND (hiredate = ?) AND (sal = ?) AND (
      (comm IS NULL AND
      ? IS NULL) OR (comm = ?)) AND (dept = ?))
```

如果您知道基本的数据库模式，并且知道 employees 表的 empno 列是表的主键，那么可以编写下面的 Update 语句，该语句比前面通过 CommandBuilder 对象生成的 Update 语句效率更高：

```
UPDATE employees SET empno = ?, ename = ?, job = ?,
  mgr = ?, hiredate = ?, sal = ?, comm = ?, dept = ?
  WHERE empno = ?
```

在这个示例中，尽管损失了一些并发控制，但是提升了性能。注意在第一个示例中，

Where 子句比较每列的值，从而确保自从数据被检索之后，值不会发生变化。在第二个例子中，Update 语句只比较 empno 列的值。因此，在使用这一性能提示之前，必须决定能够在多低的级别上容忍数据库的并发性。

7.4.2 在 DataReader 和 DataSet 对象之间做出选择

应当使用哪个 ADO.NET 对象检索 SQL 语句的结果集？

- DataReader 对象针对快速检索大量数据进行了优化。数据是只读的，并且只能以只向前的顺序读取数据。内存使用量最小。
- DataSet 对象是代表整个数据结果集的数据缓存，包括相关的表、约束、以及表之间的关系。实际上，它是一个本地缓存的数据库。可以修改 DataSet 中的数据，并且可以使用任意顺序获取数据。因为 DataSet 是和数据库断开连接的，在 DataSet 中对数据进行的任何修改必须显式地和数据库中的数据进行同步。还可以从 XML 流或文档创建 DataSet，或者可以将 DataSet 串行化到 XML。内存使用量很高。

性 能 提 示

如果需要检索大量的只读数据，DataReader 对象总是可以提供最好的性能。只有当需要插入、更新或删除数据，以任何顺序返回数据，或使用 XML 时，才使用 DataSet 对象。尽管 DataSet 的灵活性可以为应用程序带来好处，但是随之而来的是它需要消耗大量的内存。

7.4.3 使用 GetXXX 方法从 DataReader 对象获取数据

.NET API 提供了以下方法，用于从 DataReader 对象获取数据：

- 通用数据类型方法，例如 GetValue()和 GetValues()
- 特定数据类型方法，例如 GetDateTime()、GetDecimal()以及 GetInt32()

当使用通用方法，例如 GetValue()，从 DataReader 对象获取数据时，需要额外的处理，将值数据类型转换为引用数据类型，本质上是使用一个对象包装值数据类型。这个过程称为装箱(boxing)。当发生装箱时，为引用数据类型创建对象，需要从数据库客户端的托管堆中分配内存，这会强制进行垃圾收集。有关垃圾收集对性能影响的更多信息，请查看 4.1.2 节。

性 能 提 示

为了避免装箱，使用特定方法而不是使用通用方法从数据类型获取数据。例如，为了获取 32 位有符号整数值，使用 GetInt32()方法，而不是使用 GetValue()方法。

7.5 检索数据

只有当需要时才检索数据，并且选择最高效的方法检索数据。当检索数据时，使用本节提供的指导原则优化性能。

7.5.1 检索长数据

通过网络检索长数据——例如大 XML 数据、长文本、长二进制数据、Clob 以及 Blob——速度比较慢，并且需要消耗大量的资源。大多数用户实际上不希望查看长数据。例如，设想一个雇员字典应用程序的用户界面，该应用程序界面允许用户查看一个雇员的电话分机号码和所属部门，并且可以通过点击雇员名称选择查看雇员的照片。

Employee	Phone	Dept
Harding	X4568	Manager
Hoover	X4324	Sales
Tart	X4569	Sales
Lincoln	X4329	Tech

在这种情况下，检索每个雇员的照片会降低性能，这是没有必要的。如果用户确实希望查看照片，他可以点击雇员名称，应用程序可以再次查询数据库，在 Select 列表中指定只检索这个长数据列。这种方法允许用户检索结果集，不会因为网络通信而使性能降低很多。

尽管从 Select 列表中排除长数据是最好的方法，但是有些应用程序在向数据提供程序发送查询之前没有规划 Select 列表(即，有些应用程序使用 SELECT * FROM table...)。如果 Select 列表包含长数据，则数据提供程序就会被迫检索长数据，即使应用程序永远不从结果集中请求长数据。例如，考虑下面的代码：

```
sql = "SELECT * FROM employees
      WHERE SSID = '999-99-2222'";
cmd.CommandText = sql;
dataReader = cmd.ExecuteReader();
dataReader.Read();
string name = dataReader.GetString(0);
```

当执行一个查询后，数据提供程序无法确定应用程序使用结果中的哪一列；应用程序可以获取检索的任意结果列。当数据提供程序处理检索请求时，它至少通过网络从数据库检索一条，并且通常是多条结果记录。在这种情况下，结果记录为每条记录包含所有列值。如果其中一列包含长数据，例如一张雇员照片，性能就会明显下降。

性 能 提 示

因为通过网络检索长数据会对性能造成负面影响，设计应用程序从 Select 列表中排除长数据。

限制 Select 列表只包含姓名列，会使得在运行时执行查询的速度更快。例如：

```
sql = "SELECT name FROM employees" +
      "WHERE SSID = '999-99-2222'";
cmd.CommandText = sql;
dataReader = cmd.ExecuteReader();
dataReader.Read();
string name = dataReader.GetString(0);
```

7.5.2 限制检索的数据量

如果应用程序只需要两条记录，却执行检索返回 5 条记录的查询，就会影响应用程序的性能，特别是如果不必要的记录包含长数据。

性 能 提 示

提升性能最简单的方法之一是限制在数据提供程序和数据库服务器之间的网络通信量——为了优化性能，编写指示数据提供程序只从数据库检索应用程序所必需的数据的 SQL 查询。

特别是当使用 DataSet 对象时，确保 Select 语句通过使用 Where 子句限制检索的数据。即使使用 Where 子句，如果没有恰当地限制 Select 语句的请求，也可能会检索数百条记录的数据。例如，如果希望从雇员表中返回近年来雇佣的每个经理的数据，应用程序可能像下面那样执行查询，并且随后过滤出不是经理的雇员记录：

```
SELECT * FROM employees
WHERE hiredate > 2000
```

然而，假定雇员表中有一列用于存储每个雇员的照片。在这种情况下，检索额外的记录会对应用程序的性能造成明显的影响。让数据库为您过滤请求，并避免通过网络发送不需要的额外数据。下面的查询使用的方法更好，这种方法限制了检索的数据量并提升了性能：

```
SELECT * FROM employees
WHERE hiredate > 2003 AND job_title='Manager'
```

有时应用程序需要使用会产生大量网络通信的 SQL 查询。例如，考虑一个应用程序显示来自支持案例历史的信息，每个案例包含了一个 10MB 的记录文件。用户确实需要查看记录文件的全部内容吗？如果不需要查看文件的全部内容，让应用程序只显示记录文件开头部分的 1MB 内容，则可以提升性能。

性 能 提 示

如果必须检索会生成大量网络通信量的数据，应用程序仍然可以通过限制通过网络发送的记录数量，并减小通过网络发送的每条记录的大小，控制从数据库向数据提供程序发送的数据量。

假定有一个基于图形用户界面(GUI)的应用程序，并且每屏只能显示 20 条记录数据。构造一个检索 100 万条记录的查询是很容易的，例如 SELECT * FROM employees，但是很少会遇到需要检索 100 万条记录的情况。有些数据提供程序允许在 Command 对象上使用 MaxRows 属性。例如，如果应用程序调用下面的命令，所有针对 Oracle 数据库的查询向应用程序返回的记录都不会超过 10 000 条。

```
OracleCommand.MaxRows=10000;
```

有些数据提供程序允许限制一个连接用于检索多条记录的数据的字节数量。类似地，有些数据提供程序限制从 TEXT 或 IMAGE 列返回的数据字节。例如，对于 Microsoft SQL Server 和 Sybase ASE，为任意连接执行 Set TEXTSIZE n，其中 n 是从任意 TEXT 或 IMAGE 列检索的最大字节数量。

7.5.3　选择正确的数据类型

处理器技术的发展为操作方式，例如浮点数数学处理，带来了重大改进。然而，当应用程序的活动部分没有被安排进芯片的高速缓存中时，发送和检索特定数据类型仍然是很昂贵的。当使用大量数据时，选择处理效率最高的数据类型是很重要的。通过网络检索和发送特定数据类型可能会增加也会可能会降低网络通信量。

性 能 提 示

对于多用户、多卷的应用程序，每天可能会在数据提供程序和数据库服务器之间传递数十亿、甚至数万亿网络包。选择处理效率比较高的数据类型可以显著提升性能。

有关哪些数据类型比其他数据类型的处理速度更快的内容，请查看 2.1.4 节中的“选择正确的数据类型”小节。

7.6 更新数据

因为 DataSet 对象中的数据和数据库是断开连接的，对 DataSet 对象中的数据所进行的所有修改，必须显式地和存储在数据库中的数据进行同步。

性 能 提 示

当正在从 DataSet 对象向数据库更新数据时，确保使用 Where 子句唯一地表示已经修改过记录，从而可以使更新操作处理的更快。例如，可以使用唯一索引或主键列，或 pseudo-column。pseudo-column 是一个隐藏列，代表和表中每条记录相关联的唯一键。通常，在 SQL 语句中使用 pseudo-column 是访问记录的最快方法，因为它们通常指向物理记录的确切位置。

下面的例子显示了一个使用 DataSet 对象更新数据库的应用程序流程，其中 DataSet 对象使用 Oracle 中的 ROWID pseudo-column 作为查找条件：

```
// Create the DataAdapter and DataSets
OracleCommand DbCmd = new OracleCommand (
  "SELECT rowid, deptid, deptname FROM department", DBConn);

myDataAdapter = new OracleDataAdapter();
myDataAdapter.SelectCommand = DBCmd;
myDataAdapter.Fill(myDataSet, "Departments");

// Build the Update rules
// Specify how to update data in the data set
myDataAdapter.UpdateCommand = new
OracleCommand(
  "UPDATE department SET deptname = ? ", deptid = ? " +
  "WHERE rowid =?", DBConn);

// Bind parameters
myDataAdapter.UpdateCommand.Parameters.Add(
  "param1", OracleDbType.VarChar, 100, "deptname");
myDataAdapter.UpdateCommand.Parameters.Add(
  "param2", OracleDbType.Number, 4, "deptid";
myDataAdapter.UpdateCommand.Parameters.Add(
  "param3", OracleDbType.Number, 4, "rowid");
```

7.7　小结

如果不能降低网络通信量、限制磁盘 I/O、简化查询以及优化应用程序和数据提供程序之间的查询，.NET 应用程序的性能就会受到影响。对于提升性能，减少网络通信可能是最重要的技巧。例如，当需要更新大量数据时，使用参数数组，而不是执行 Insert 语句多次，可以减少完成更新操作所需要的网络往返次数。此外，使用 100%托管数据提供程序，它消除了在 CLR 外部对客户端库或在.NET Framework 开发之前编写的代码的调用，从而可以提升性能，特别是当应用程序运行于比较繁忙的机器上时。

通常，创建连接是应用程序执行的对性能影响最大的任务。连接池可以帮助您高效地管理连接，特别是如果应用程序具有大量的用户时。不管应用程序是否使用连接池，确保在用户使用完连接后立即关闭连接。

为如何处理事务做出明智的选择，也可以提升性能。例如，使用手动提交模式而不是自动提交模式，可以更好地控制何时提交工作。类似地，如果不需要分布式事务提供的保护，使用本地事务可以提升性能。

效率低下的 SQL 查询会降低.NET 应用程序的性能。有些 SQL 查询不过滤数据，导致数据提供程序检索不必要的数据。当不必要的数据是长数据时，例如存储为 Blob 或 Clob 的数据，应用程序的性能会受到巨大的影响。其他查询，例如那些由 CommandBuilder 对象生成的查询，可能过于复杂，从而会导致在运行时需要进行额外的处理。即使设计良好的查询，根据它们的执行方式其效率也可能不同。例如，为不检索数据的查询使用 Command 对象的 ExecuteNonQuery()方法，可以减少和数据库服务器之间的网络往返次数，从而可以提升性能。

第 8 章

连接池和语句池

在第 2 章中，我们已经定义了连接池和语句池，并且讨论了使用这些特征对性能的影响。但是我们没有进行具体分析，例如不同的连接池模型、如何使用连接池进行重新认证，以及如何联合使用语句池和连接池。联合使用语句池和连接池在数据库服务器上消耗的内存，可能比您所想象的要多。如果对这些细节以及更多内容感兴趣的话，请阅读本章。如果还没有阅读第 2 章中有关这些特征的部分内容，可以先阅读那些内容。

8.1 JDBC 连接池模型

JDBC 应用程序可以通过由应用程序服务器厂商或数据库驱动程序厂商提供的连接池管理器使用连接池。连接池管理器(Connection Pool Manager)是一款实用工具，当应用程序服务器启动时，该工具用于管理池中的连接并定义连接池属性，例如放入池中的连接的初始数量。在本节中，稍后我们会探讨在 JDBC 环境中使用的连接池的属性。

连接池不影响应用程序编码。如果打开连接池，并使用 DataSource 对象(一个实现了 DataSource 接口的对象)获取连接，而不是使用 DriverManager 类获取连接，当连接被关闭之后，连接被放入到连接池中以备重用，而不是物理性地关闭连接。

应用程序可以使用的连接池数量取决于在应用程序中使用的数据源数量。通常，只使用一个连接池。连接池和数据源之间是一一对应的。因此，在应用程序服务器中连接池的数量取决于被配置为使用连接池的数据源的数量。如果多个应用程序被配置为使用相同的数据源，这些应用程序共享同一个连接池，如图 8-1 所示。

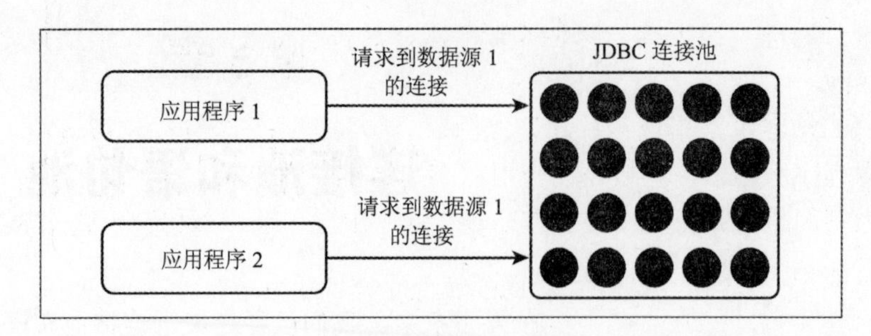

图 8-1 JDBC 连接池

但是还不能停留在此。一个应用程序可能有一个数据源，并且允许多个用户使用，每个用户有自己的登录证书，从相同的池中获取一个连接。这和有些 ADO.NET 和 ODBC 应用程序不同，对于 ADO.NET 和 ODBC 应用程序，连接池和特定的连接字符串相关联，这意味着在池中的连接只能用于一组用户登录证书。对于 JDBC 应用程序，连接池为所有使用相同数据源的唯一用户保存连接，如图 8-2 所示。

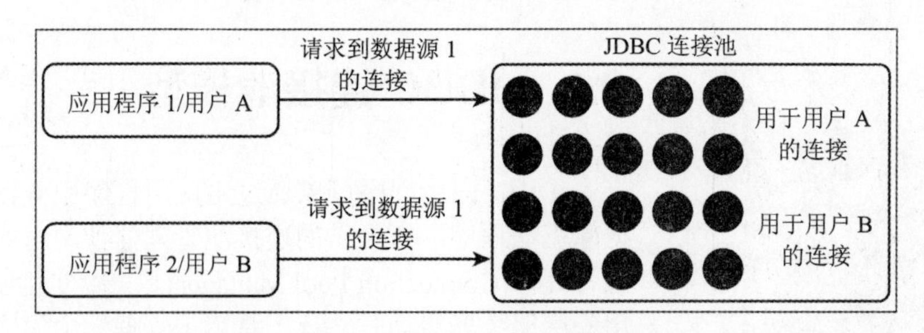

图 8-2 JDBC 连接池：一个池用于多个用户

这一信息是很重要的，因为它影响配置连接池属性的方法，在后面我们将讨论这些内容。

8.1.1 配置连接池

通常，可以定义连接池的以下属性，为了优化性能，可以通过这些属性配置连接池：

- 池的最小容量是为用户在池中保存的连接的最少数量。根据连接池的实现，池的最小容量可能是指活动的和空闲的连接的总数量，也可能只是指空闲连接的总数量。因为存在这种区别，所以需要检查连接池的实现，从而可以正确地调校连接池。活动的连接(active connections)是正在由应用程序使用的连接，而空闲的连接(idle connections)是指池中可供使用的连接。
- 池的最大容量是为用户在池中保存的连接的最大数量。根据连接池的实现，池的最大容量可能是指活动的和空闲的连接的总数量，也可能只是指空闲的连接的总数量。同样，因为存在这种区别，需要检查连接池的实现，从而可以正确地调校连接池。

- 池的初始容量是指当初始化连接池时，为每个用户创建的连接数量。对于大多数应用程序服务器，连接是当应用程序初始化时创建的。
- 最大空闲时间是指池中连接在从连接池中删除之前，保持空闲状态的时间。

性 能 提 示

目标是在确保需要连接的用户在可接受的响应时间内能够获取连接的前提下，维持合理的连接池容量。为了达到这一目标，需要配置在任意给定的时间内，池中连接的最小和最大数量，并配置连接在池中的空闲时间是多长，在后面我们将会讨论相关内容。

8.1.2 指导原则

下面是一些针对设置连接池属性的指导原则：

- 为了确定池中连接的最大数量的最优设置，计划一个或多个应用程序通常使用的并行连接的数量，而不是每天中最繁忙时的数量，或者每天中运行最缓慢时的数量。例如，假定有两个应用程序使用同一个数据源和相同用户登录证书，这些应用程序通常有大约 16 个用户。在这种情况下，可能希望将连接池的最大连接数量设置为 16，从而连接池不需要保存比应用程序典型情况下所需连接数量更多的连接。请记住，更多的连接意味着需要更多的数据库内存和 CPU 使用量。

  让我们分析一下，如果两个应用程序使用同一个数据源，但是使用不同的用户登录证书，如何设置这两个应用程序的最大连接数量。同样，应用程序通常具有 16 个用户。如果每个应用程序的用户大致相同——都具有大约 8 个用户——可以将连接池中最大连接数量设置为 8。使用这一配置，每个应用程序的连接池将具有 8 个连接，或者任意时刻在池中最多有 16 个连接。

注　　意

如果为连接池使用重新认证，最大连接数量的计算是不同的。请查看 8.4 节。

  此外，可以使用连接池最大容量限制由应用程序使用的数据库服务器授权数量。

- 为了确定池中连接的最小数量的最优设置，计算应用程序在每天中运行最缓慢时使用的并行连接的数量。将连接池的最小连接数量设置为这一数量。就像配置最大数量一样，设置最小连接数量的方法取决于是否配置应用程序允许为单个数据源使用多个用户登录证书集。

注　意

如果为连接池使用重新认证，最小连接数量的计算是不同的。请查看 8.4 节。

- 为了确定连接池初始容量的最优设置，分析一下应用程序服务器或应用程序的使用，应用程序是否不运行于应用程序服务器中。如果包含应用程序的应用程序服务器在每个工作日开始时启动，这通常是每天中应用程序运行最慢的时间，可以考虑使用连接池所允许的最小连接数量初始化连接池。在另一方面，如果应用程序服务器每天运行 24 小时，并且只有当绝对需要时才重新启动，可以考虑使用通常情况下应用程序使用的连接数量初始化连接池。

注　意

如果为连接池使用重新认证，连接池的初始容量的计算是不同的。请查看 8.4 节。

- 为了确定最大空闲时间的最优设置，考虑每天应用程序运行最慢的时间，并相应地设置该选项。例如，如果在晚上，您知道每小时大约只有一个或两个用户登录到应用程序中，可以将这一设置配置为 60 分钟。这样的话，在池中有一个连接将会等待用户；连接将不必被重新建立，我们知道建立连接对性能的影响非常大。

8.2　ODBC 连接池模型

ODBC 中的连接池由 Windows 平台上的 Microsoft ODBC 驱动程序管理器、应用程序提供程序、有些数据库驱动程序厂商提供，或者根本不提供。在本书出版时，ODBC 连接池只有一个 UNIX 实现，它的实现和 ADO.NET 连接池模型很类似(请查看 8.3 节)。另外，Windows 平台上的连接池实现是不同的。有些和 ADO.NET 连接池模型类似。

在本节，我们只讨论根据 ODBC 规范定义的模型。

8.2.1　根据 ODBC 规范定义的连接池

ODBC 中的连接池模型在广泛采用应用程序服务器之前就定义了。应用程序服务器允许多个应用程序运行在同一个进程中，这使得在应用程序之间共享连接成为可能。然而，对于 ODBC 应用程序(C/C++应用程序)，应用程序服务器的这种情况是不可能的。

正如在 ODBC 规范中所描述的，“连接池架构使得一个环境以及与其相关联的连接可以被同一个进程中的多个组件使用。”[1]环境(environment)是用于从应用程序访问数据的全

1　Microsoft ODBC 3.0 程序员参考与 SDK 指导，卷 I。Redmond：Microsoft Press，1997。

局上下文。与连接池相关联，环境“拥有”应用程序内部的连接。通常，在一个应用程序中只有一个环境，这意味着一个应用程序通常只有一个连接池。

下面是一些与使用 ODBC 规范定义的连接池模型相关的事实：

- 驱动程序管理器维护连接池。
- 通过调用 SQLSetEnvAttr 函数，设置 SQL_ATTR_CONNECTION_POOLING 环境属性启用连接池。可以将这个环境属性设置为：为应用程序使用的每个驱动程序关联一个连接池，或为针对应用程序配置的每个环境(通常只有一个)关联一个连接池。
- 当应用程序调用 SQLConnect 函数或 SQLDriverConnect 函数时，如果连接使用的通过 ODBC 调用传递的参数能够和连接池中的一个连接相匹配，就使用来自池中的连接。否则，建立一个新的连接，并且当物理性地断开连接时将其放入到连接池中。
- 当应用程序调用 SQLDisconnect 函数时，连接被返回到池中。
- 当应用程序使用连接池时，连接池增长的很快，它只受内存和服务器授权的限制。
- 如果连接处于不活动状态持续一段指定的时间，它就会被从连接池中删除。

8.2.2　配置连接池

可以定义连接池的以下属性，通过定义这些属性可以帮助您配置连接池，以优化性能。

- 连接池超时时间(timeout)，在 ODBC 管理器(ODBC Administrator)中设置该属性，该属性用于指定连接在被删除之前，在池中保留的时间。
- 每个驱动程序一个连接池，在应用程序中设置该属性。如果应用程序使用许多驱动程序以及少数几个环境，使用这一配置可能是最优的，因为为了找到正确的连接需要的比较可能更少。例如，应用程序创建一个环境句柄(henv)。在 henv 上，应用程序连接到 Sybase 驱动程序和 Oracle 驱动程序。使用这种配置，将会存在一个连接池用于连接到 Sybase 驱动程序，并存在第二个连接池用于连接到 Oracle 驱动程序。
- 每个环境一个连接池，在应用程序中设置该属性。如果应用程序使用多个环境以及少数几个驱动程序，使用这种配置可能是最优的，因为需要的比较可能更少。例如，应用程序创建了两个环境句柄(henv1 和 henv2)。在 henv1 上，应用程序连接到 Sybase 驱动程序和 Microsoft SQL Server 驱动程序。在 henv2 上，应用程序连接到 Oracle 驱动程序和 DB2 驱动程序。使用这一配置，为连接到 Sybase 和 Microsoft SQL Server 的 henv1 存在一个连接池，并且为连接到 Oracle 和 DB2 的 henv2 存在一个连接池。

为了完整起见，在此我们介绍了这个配置选项；然而，通常不会配置应用程序使用多个环境。

8.2.3 指导原则

在 ODBC 规范定义的 ODBC 模型中，不能定义最小和最大连接池容量，这可能会造成资源问题，因为连接即使没有使用也需要资源。占用这些资源可能会影响性能，因为限制了其他线程或进程访问这些资源。连接池的容量只受服务器中内存和许可约束的限制。

尽管在 ODBC 连接池模型中存在这一限制，但是在以下情况下，仍然可能希望使用连接池：

- 通过网络进行连接的中间层应用程序。
- 反复创建连接并断开连接的应用程序，例如 Internet 应用程序。

8.3 ADO.NET 连接池模型

ADO.NET 中的连接池模型不是由.NET Framework 的核心组件提供的。如果存在 ADO.NET 连接池模型，它肯定是在 ADO.NET 数据提供程序中实现的。在本节中将讨论最流行并且使用最广泛的实现。

在 ADO.NET 中，连接池和特定的连接字符串相关联。为每个使用唯一连接字符串的连接请求创建一个连接池。例如，如果一个应用程序在其生命期中，使用下面的两个连接字符串请求两个连接，那么将会创建两个连接池，为每个连接字符串分别创建一个连接池：

```
Host=Accounting;Port=1521;User ID=scott;Password=tiger;
  Service Name=ORCL;
Host=Accounting;Port=1521;User ID=sam;Password=lion21;
  Service Name=ORCL;
```

应用程序使用的连接池数量取决于应用程序使用的唯一连接字符串的数量。应用程序维持的连接池越多，无论是在客户端机器还是在数据库服务器上使用的内存越多。

8.3.1 配置连接池

可以定义连接池的以下属性，通过定义以下属性帮助您配置连接池，以优化性能。

- 池的最大容量是在池中允许的连接数量，既包括活动的也包括空闲的连接。活动的连接是当前正被应用程序使用的连接，空闲连接是池中可供使用的连接。
- 池的最小容量是当连接池被初始化之后创建的连接数量，也是在池中保持的活动的和空闲的连接的最小数量。当创建第一个具有唯一连接到数据库的连接字符串的连接时，创建连接池。连接池保持最少数量的连接，即使有些连接超出了它们的动态负载均衡超时时间值。

- 动态负载均衡超时时间(load balance timeout)是空闲连接在被销毁之前在池中保存的持续时间。

性 能 提 示

目标是在确保需要连接的用户在可接受的响应时间内能够获取连接的前提下，维持合理的连接池容量。为了达到这一目标，可以配置在任意给定的时间内，池中连接的最小和最大数量，并配置连接在池中的空闲时间是多长，在后面我们将会讨论相关内容。

8.3.2　指导原则

下面是一些用于设置连接池属性的指导原则：

- 为了确定池中连接最大数量的最优设置，计划在通常情况下应用程序使用的并行连接的数量，而不是每天中最繁忙时使用的连接数量，或者每天中运行最缓慢时使用的连接数量。例如，假定有一个应用程序通常有 15 个用户。可以将连接池的最大连接数量设置为 15，从而连接池不需要保存比应用程序通常情况下所需连接数量更多的连接。请记住，更多连接意味着需要更多的数据库内存和 CPU 使用量。此外，可以使用连接池最大容量限制由应用程序使用的数据库服务器授权数量。
- 为了确定池中连接的最小数量的最优设置，计算应用程序在每天中运行最缓慢时使用的并行连接的数量。将连接池的最小连接数量设置为这一数量。在 ADO.NET 中，最小连接池容量也是连接池的初始容量，所以当决定如何设置该属性时，应当考虑下面的信息。
- 为了确定连接池初始容量的最优设置，分析一下应用程序的使用。如果应用程序在工作日开始时启动，这通常是每天中应用程序运行最慢的时间，可以考虑使用连接池所允许的最小连接数量初始化连接池。在另一方面，如果应用程序服务器每天运行 24 小时，并且只有当绝对需要时才重新启动，可以考虑使用通常情况下应用程序使用的连接数量初始化连接池。
- 为了确定最大空闲时间(动态负载均衡超时时间)的最优设置，针对每天中应用程序运行最慢的时间段进行分析，并相应地设置该选项。例如，如果在晚上，您知道每小时大约只有一个或两个用户登录到应用程序中，可以将这一设置配置为至少 60 分钟。这样的话，在池中有一个连接将会等待用户；连接将不必被重新建立，我们知道建立连接对性能的影响非常大。

8.4 为连接池使用重新认证

为了最小化连接池中所需连接的数量，可以将与一个连接相关联的用户切换到另外一个用户，该过程称为重新认证[2]。例如，由于安全方面的原因，假定为所有的用户使用相同的登录证书组不是一个好的选择；因此，使用用户的操作系统用户名和密码，通过 Kerberos 认证验证用户。为了减少必须创建并管理的连接数量，可以使用重新认证将和一个连接相关联的用户切换到多个用户。例如，假定连接池包含一个连接 Conn，该连接是使用用户 ALLUSERS 创建的。可以通过将与连接 Conn 相关联的用户切换到用户 A、B、C 等，使这个连接为多个用户提供服务——用户 A、B、C 等。最小化连接数量可以节省内存，从而会提升性能。

并不是所有的数据库驱动程序都支持重新认证。对于这些驱动程序，执行切换的用户必须重新授权特定的数据库权限。

在 JDBC 中，无论是驱动程序还是连接池管理器都实现了重新认证。在 ODBC 和 ADO.NET 中(如果实现了重新认证的话)，是在驱动程序/提供程序中实现的。

如果没有实现重新认证，连接池管理器或驱动程序/提供程序为使用不同的证书登录到数据库的用户，维护不同的连接集合，因为结果连接字符串是不同的。例如，根据实现情况，为用户 A 维护一个连接集合，并为用户 B 维护另外一个连接集合。为了讨论分析该问题，让我们假定一个 ADO.NET 实现，其中提供程序为不同池中的每个用户维护连接。如果每个连接池的最小池容量被设置为数值 10，提供程序需要为用户 A 维护 10 个连接，为用户 B 维护另外 10 个连接，为用户 C 维护另外 10 个连接，如图 8-3 所示。

如果用户 B 和用户 C 在正常情况下不需要和用户 A 一样多的连接，情况会如何呢？可以将用户 B 和用户 C 的连接池的最小容量减小为 5 个连接，但是提供程序仍然必须维护不同的连接集合。如果可以最小化所需要的连接数量并且简化整个连接池环境，情况会如何呢？

通过使用重新认证，如果用户具有合适的数据库权限，在池中的任何可用连接都可以被指定给用户——和连接相关联的用户被切换到新用户。例如，如果连接池的最小容量被设置为 15，池管理器或驱动程序/提供程序可以维持 15 个连接，用户 A、用户 B 或用户 C 可以使用这 15 个连接，如图 8-4 所示。池管理器或驱动程序/提供程序只需要为所有的用户维护一个连接池，从而减少了连接的总数量。

---

2 不同的数据库使用不同的术语引用这一功能。例如，Oracle 使用代理认证(proxy authentication)，Microsoft SQL Server 使用模拟(impersonation)。

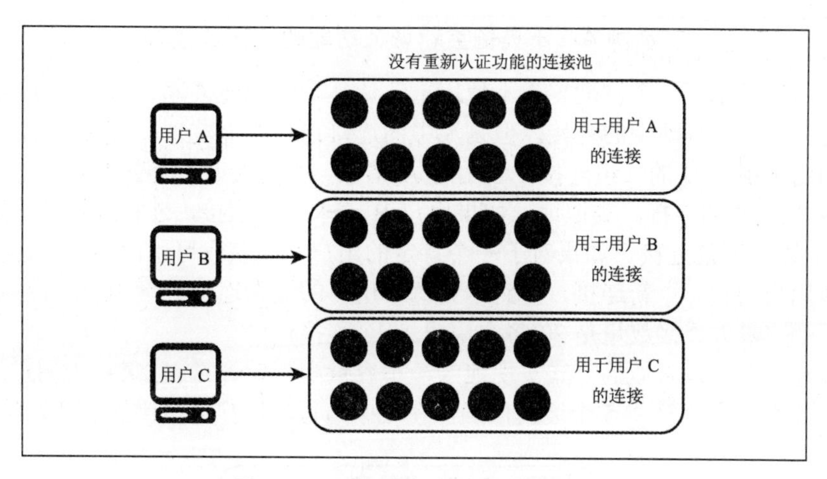

图 8-3 没有重新认证功能的连接池

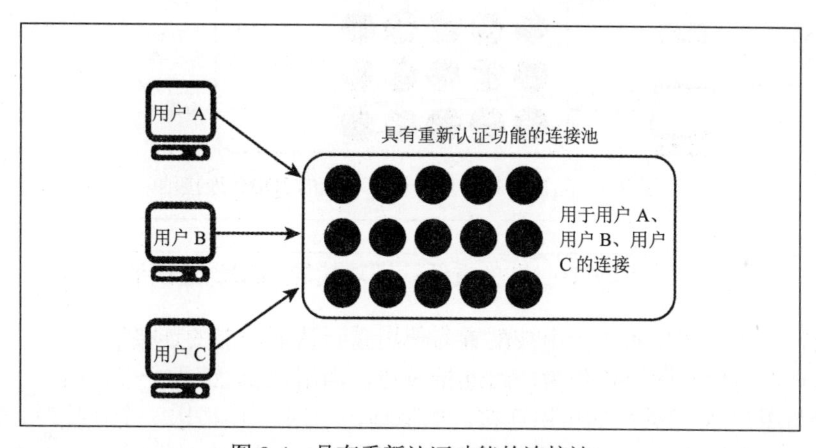

图 8-4 具有重新认证功能的连接池

根据驱动程序，将和一个连接相关联的用户切换到一个新用户，需要和服务器之间进行一次或两次网络往返，并且在服务器上需要少量的处理时间。为重新认证使用的资源相对于创建和维护额外的连接所使用的资源是很少的，如果不使用重新认证功能的话，就需要在连接池中创建和维护额外的连接。请记住，建立连接可能需要 7~10 次网络往返，并且池中的连接需要使用服务器上的内存和许可。

在 JDBC 环境中配置具有重新认证功能的连接池

如在 8.1 节中所描述的那样，当使用重新认证时，配置连接池中最大、最小连接数量以及连接池初始容量的方式是不同的。下面是造成这种差别的原因。

示例 A：不具备重新认证功能的 JDBC 连接池

这个示例显示了一个被配置为不使用重新认证功能的连接池。正如在图 8-5 中所看到的，两个用户共享池中的连接，但是池中的连接在功能上被划分为用于用户 A 的一组连接和用于用户 B 的一组连接。当用户 A 请求一个连接时，连接池管理器分配一个和用户 A 相关联的连接。类似地，如果用户 B 请求一个连接，连接池管理器分配一个和用户 B 相关联的连接。如果对于一个特定的用户不能获取可用的连接，连接池管理器会为该用户创建一个新连接，直到达到每个用户的最大连接数量 10 个连接。在这种情况下，池中最大连接数量是 20(每个用户 10 个连接)。

连接池管理器以类似的方式实现池的最小容量和初始容量。它最初为用户 A 产生 5 个连接，并为用户 B 产生 5 个连接，确保在池中为每个用户至少维护 5 个连接。

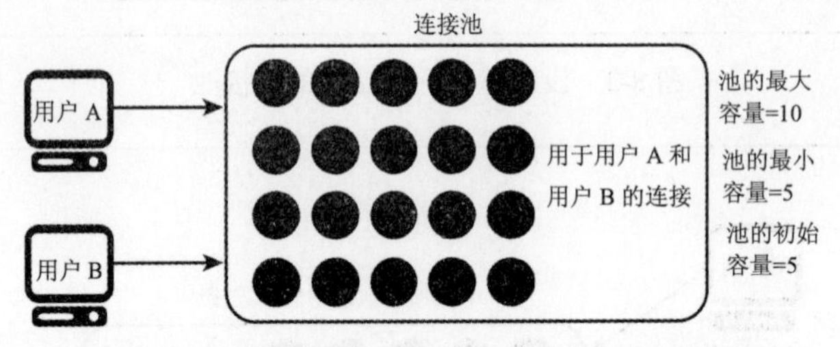

图 8-5　配置不具备重新认证功能的 JDBC 连接池

示例 B：具备重新认证功能的 JDBC 连接池

相反，这个示例显示了一个被配置为使用重新认证功能的连接池。如图 8-6 所示，连接池管理器将所有的连接作为一组连接对待。当用户 A 请求一个连接时，池管理器分配一个与用户 A 相关联的可用连接。类似地，当用户 B 请求一个连接时，连接池管理器分配一个与用户 B 相关联的可用连接。如果对于某个特定用户不能获取连接时，它会为那个用户分配任意一个可用连接，将与用户相关联的连接切换到另外一个新用户。在这种情况下，不管多少用户使用连接池，池中最大连接数量是 10。

连接池管理器最初产生具有 5 个连接的池，并确保为所有用户在池中维护最少 5 个连接。

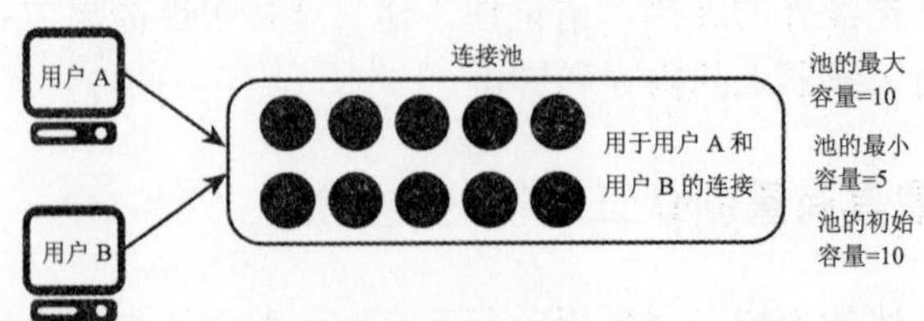

图 8-6　配置具备重新认证功能的 JDBC 连接池

8.5　使用语句池

语句池(statement pool)是一组预先编译的语句，应用程序可以重用这些预先编译的语句。语句池不是数据库系统的特征；它是数据库驱动程序和应用程序服务器的特征。预先编译的语句(prepared statement)是已经编译过的 SQL 语句；SQL 处理器解析并分析语句，为 SQL 语句创建执行计划。在.NET 环境中，这一功能被称为语句缓存(statement caching)。

如果应用程序重复执行同一条 SQL 语句，使用语句池可以提升性能，因为使用语句池可以避免重复解析同一条语句并为其重复创建游标所需要的开销，以及与之相关的网络往返。

语句池由物理连接所拥有，并且预先编译的语句在它们第一次执行之后被放入语句池中。语句保留在池中，直到物理连接被关闭或达到最大容量。

语句池通常不影响应用程序代码的编写。如果使用预先编译的语句并打开语句池，当预先编译的语句被关闭时，它会被放入到语句池中以备重用，而不会被实际关闭。

我们曾经看到的所有语句池的实现都至少有一个可以配置的属性：池的最大容量，该属性定义了可以与一个连接相关联的预先编译的语句的最大数量。在本节中提供了设置这一属性的指导原则。

一些语句池的实现具有其他特征，使用这些特征可以完成以下工作：

- 为预加载池将语句导入到池中，这意味着当应用程序或应用程序服务器启动时，需要为语句池提供启动时间，而不是当应用程序运行时启动语句池。
- 清除池。这个特征主要是为了便于维护。例如，如果改变了数据库服务器上的索引，并且该索引是池中语句执行计划的一部分，那么执行语句时就会失败。在这种情况下，需要一种方法清除池，从而可以为语句创建一个新的执行计划。

注　　意

JDBC 4.0 提供了更细粒度级别的语句池，这种语句池允许应用程序向池管理器提出建议，建议一条预先编译的语句是否应当放入池中。

性 能 提 示

在 SQL 语句中使用参数，可以充分利用语句池的优点。使用参数的语句的解析过的信息可以重复使用，即使在后续执行中参数值是不同的。相反，如果使用字面值，并且字面值发生了变化，那么应用程序就不能重用解析过的信息。

8.5.1　联合使用语句池和连接池

语句池经常和连接池联合使用。实际上，有些语句池的实现需要使用连接池。联合使用语句池和连接池，可能会在数据库服务器上消耗更多的内存。让我们分析一下其中的原因。

池中的所有连接都保留在数据库内存中。如果实现使用连接池的语句池，每个池中的连接都有与其相关联的语句池。在数据库客户端，和每个池中语句相关联的客户端资源都位于内存中。在数据库服务器上，每个池中的连接都有一条与其相关联的语句，该语句也保留在内存中。例如，如果有 5 个保存在池中的连接，并且有 20 条预先编译的语句，和一个连接相关联的每个语句池中可能具有全部 20 条预先编译的语句，这意味着在数据库内存中可能总共有 100 条预先编译的语句。所有这些连接和语句都位于内存中，即使在系统上没有活动的用户。下面是为何会发生这种情况的原因。

应用程序建立连接，准备语句 statement1，关闭 statement1 语句，并关闭连接。然后，应用程序重复这一操作。

第一次操作执行之后，应用程序用户接收 connection1，并且在这时语句 statement1(S1)和连接 connection1 关联在一起，如图 8-7 所示。

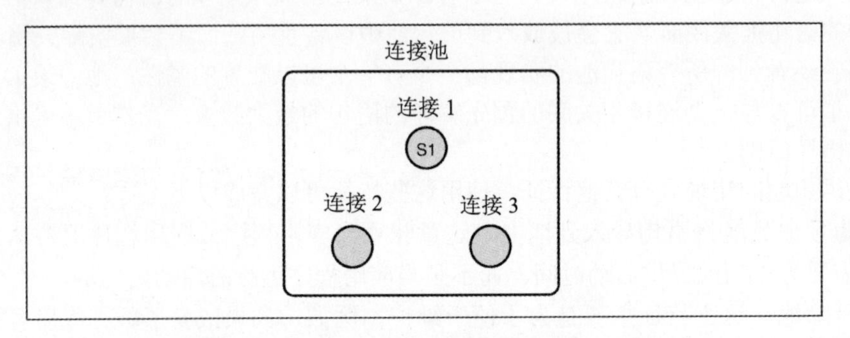

图 8-7　部分 1：池中的语句和连接池中的连接关联在一起

第二次执行这个操作后，不能获取 connection1。应用程序用户接收到 connection3，statement1(S1)和 connection3 关联到一起，如图 8-8 所示。

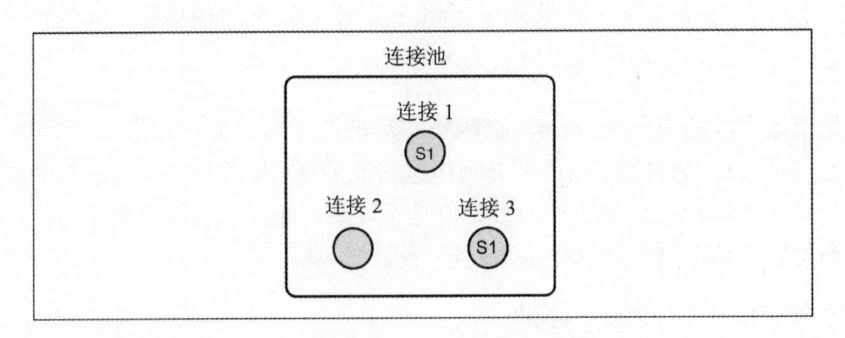

图 8-8　部分 2：池中的语句和连接池中的连接关联在一起

语句 statement1(S1)现在位于两个语句池中：和连接 connection1 相关联的语句池，以及和连接 connection3 相关联的语句池。

尽管语句是相同的，但是语句不能在连接之间共享。在连接池的整个生命周期，每条预先编译的语句可能都与每个池中的连接关联到一起。这可能会在数据库服务器上造成内存问题。

8.5.2 指导原则

下面是一些用于语句池的通用指导原则：

- 因为所有预先编译的语句都会进入语句池，所以不要使用语句池，除非至少有 90% 的语句需要执行多次。

注 意

JDBC 4.0 提供了更细粒度级别的语句池，这种语句池允许应用程序向池管理器提出建议，建议一条预先编译的语句是否应当放入池中。

- 大多数数据库服务器限制在一个连接上能够处于活动状态的语句数量。因此，不要将语句池的最大语句数量配置得比服务器的最大限制数量还大。例如，如果数据库服务器的每个连接的活动语句的最大数量为 100，将语句池的最大语句数量配置为 100 或更少。在这个例子中，当执行第 101 条语句时，数据库服务器会生成一个错误。
- 为语句池配置最大语句数量，使其等于或大于在应用程序中不同 SQL 语句的数量。例如，假定将池的最大语句数量配置为 50，在应用程序中静态 SQL 语句的数量是 55。当应用程序执行第 51 条语句时，因为池中不能超出 50 条语句，所以为了增加第 51 条语句，连接池必须关闭一条位于池中的语句。在这种情况下，池管理器可能必须将语句在池内和池外进行切换。这不是配置语句池的高效方法，因为打开和关闭语句的开销会导致不必要的网络往返。

性 能 提 示

并不是市场上的所有驱动程序/提供程序都支持语句池。为了使用这一特征，确保为应用程序部署一个支持语句池的驱动程序/提供程序。

8.6 小结：整体考虑

本章讨论了使用连接池和语句池的性能优点，并且讨论了多个应用程序如何使用同一个连接池。正如我们在前面解释的，池中的所有连接都保留在数据库内存中。如果实现使用连接池的语句池，每个池中的连接都有其自己的与其相关联的语句池。这些语句池中的每一个都可能包含应用程序使用的预先编译的语句。所有这些池中的预先编译的语句也都保留在数据库的内存中。

这还不是问题的全部。典型的应用程序服务器环境具有大量的连接池和语句池，它们使用数据库服务器上的内存。此外，其他应用程序服务器可能访问相同的数据库服务器，如图 8-9 所示。这意味着数据库服务器可能存在一个潜在的大瓶颈。当设计应用程序使用连接池和语句池时，需要从整体上进行考虑。

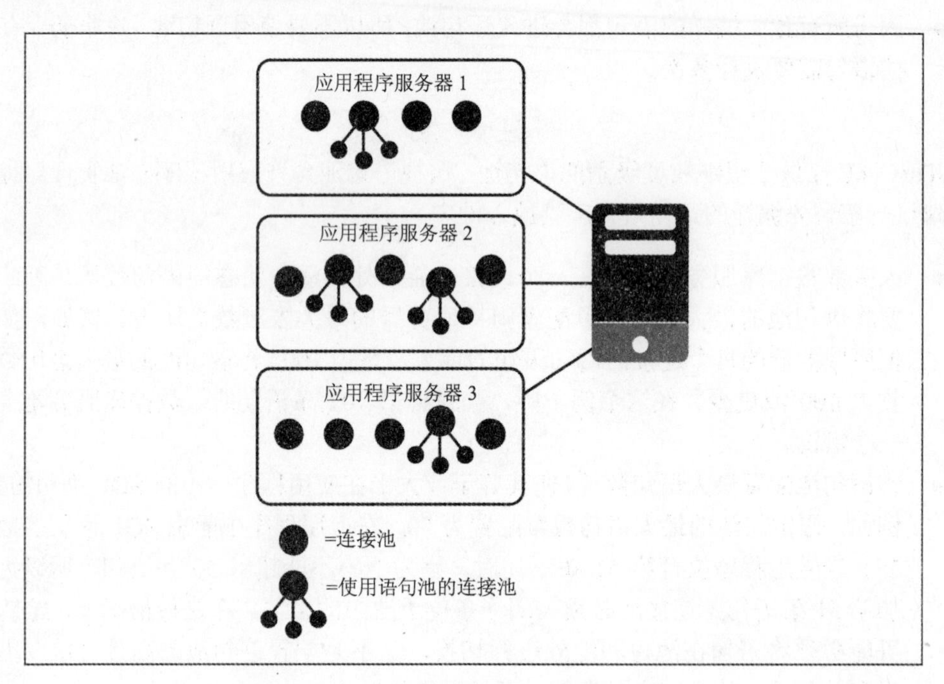

图 8-9　连接池与语句池：整体考虑

第 9 章

开发良好的基准

基准在定义明确的任务或任务集合上测量应用程序或系统的性能，通常是针对以下目标中的一个或多个进行设计的：

- 预测新应用程序或系统组件的性能
- 诊断并指出性能瓶颈
- 确定应用程序变化的影响，例如应用程序代码的变化、硬件变化或软件组件变化
- 确保最低性能
- 比较组件，例如不同的数据库驱动程序

性能通常通过吞吐量、可伸缩性、响应时间以及可组装性测量。

在我们的工作过程中，看到了大量的基准。因为我们遇到的基准中的大部分，其工作情况达不到期望的要求，我们感到必须提供一章有关开发良好基准的内容。

基准可以是一个非常强大的测量和预测性能的工具，但是许多开发人员没有遵循编写基准的一些基本指导原则。正如在本书前面所描述过的，有些影响性能的因素可能超出了我们所能控制的范围。因此，我们将主要分析那些在我们所能控制范围之内的因素，例如如何编写高效访问数据的代码，以及如何高效地操作数据库中间件。

9.1 开发基准

目前有用于测量数据库性能的标准化基准(如 TPC)和用于测量应用程序服务器性能的标准化基准(如 SPECjAppServer)，但是还没有用于测量数据访问代码和数据库中间件的标准工业基准。为了帮助开发测量这些重要因素的基准，请遵循以下这些指导原则：

- 定义基准目标
- 再现产品环境
- 隔离测试环境
- 再现工作负荷
- 测量正确的任务
- 在足够长的时间中进行测量
- 准备数据库
- 一次进行一个改变
- 访问其他因素

9.1.1 定义基准目标

在设计基准之前，先考虑一下开发基准是希望用来测量哪些内容，以及思考您所认为的好的性能指的是什么。基准目标通常是由商业需求推动的。例如，下面是一些常用的基准目标：

- 应用程序每秒至少必须完成 10 个事务。
- 当不执行事务时，应用程序的响应时间不能超过 500 毫秒。
- 应用程序必须在不超过 10 秒的时间内至少检索 100 000 条记录。
- 应用程序必须在不超过 2 小时的时间内至少插入 100 万条记录。

除了测量吞吐量之外，例如在一段时间内检索、更新或删除多少条记录，测量在运行应用程序的机器上 CPU 和内存的使用情况，可以提供与应用程序或系统相关的可伸缩性信息。然而，测量 CPU 和内存的使用情况时要谨慎选择测量方法，以保证得到有用的测量结果。

例如，假定应用程序基准在 100 秒的时间内，在一个循环中执行同一个 SQL 语句集。让我们看一看两种测量 CPU 使用情况的高级方法。我们通过使用标准的操作系统调用获取 CPU 时间快照，确定使用的 CPU 总时间。通过这些快照之间的差别，就可以计算出处理操作所使用的 CPU 时间。

示例 A：测量单个操作

在这个例子中，我们在循环内获取 CPU 时间快照，本质上是测量每个操作的 CPU 时间流逝。为了得到使用的 CPU 总时间，累加每个测量的 CPU 时间。这种方法的问题是针对每个操作测量的持续时间很短。在很短的持续时间上，基准提供的结果通常不能刻画现实世界中的性能，或者测量的结果不精确。有关的详细解释请查看 9.1.6 节。

(1) 启动循环。

(2) 保存 CPU 时间。

(3) 执行 SQL 语句。

(4) 保存 CPU 时间。

(5) 结束循环。

(6) 确定两次 CPU 时间快照之间的差别，并累加这些时间，得到使用的 CPU 时间总和。

示例 B：测量整个操作

相反，本示例采用了一个更好的方法，因为本示例采样循环开始和结束时的 CPU 时间，从而在整个 100 秒的期间测量基准的持续时间——这个持续时间是足够的。

(1) 保存 CPU 时间。

(2) 开始循环。

(3) 执行 SQL 语句。

(4) 结束循环。

(5) 保存 CPU 时间。

(6) 确定 CPU 时间快照之间的差别，以得到使用的 CPU 时间。

9.1.2 再现产品环境

再现应用程序的产品环境可能很困难且很昂贵，但是为了提供有用及可靠的基准结果，测试环境应当和产品环境尽可能相似。

1. 设计测试环境

在设计测试环境之前，需要收集产品环境本质特征的相关信息，从而可以在测试环境中再现这些特征。在定义测试环境之前，应当询问的重要问题请查看表 9-1。

表 9-1 定义测试环境之前应当询问的问题

问　题	解　释
数据库的版本是多少	数据库厂商在两次发布数据库版本期间可能会进行一些修改，从而会造成对 SQL 语句的评估出现差异。类似地，当访问不同版本的数据库时，数据库驱动程序的行为可能不同
数据库和应用程序安装在同一台机器上，还是被安装到不同的机器上	当应用程序和数据库运行在同一台机器上时，数据库驱动程序以回送模式使用网络，或者根本不使用网络，而是直接使用共享内存和数据库进行通信。如果应用程序在产品环境中生成通过网络的数据请求，需要估计在测试环境中网络具有的性能效果。更多信息请查看 4.3 节
在数据库服务器和应用程序服务器上 CPU 的模型、速度、高速缓存以及 CPU 的数量是多少，处理器核的数量是多少	数据库服务器或应用程序服务器上的 CPU 的处理速度和能力会影响性能。更多信息请查看 4.4.3 节
数据库服务器和客户端上可用物理内存(RAM)的数量是多少	客户端、应用程序服务器以及数据库服务器上的内存数量会影响性能。例如，如果内存不充足，大结果集会导致和磁盘之间进行页面调度，明显降低性能。更多信息请查看 4.4.1 节
数据库服务器和应用程序服务器上硬盘的容量是多少、总线接口是什么类型	数据库服务器和应用程序服务器上硬盘的能力和总线接口类型会影响性能。例如，SCSI 通常比 Serial ATA(SATA)要快。更多信息请查看 4.4.2
数据库服务器和客户端上网络适配器的速度是多少	网络适配器的速度控制着网络链路提供的带宽数量，从而会影响性能。如果测试环境网络带宽约束和产品环境的网络带宽约束明显不同，那么基准结果可能不能可靠地预测性能。更多信息请查看 4.4.4 节
在客户端和数据库服务器上操作系统的版本	看起来很小的操作系统改变都可能会影响性能。更多细节请查看 4.2 节
应用程序是否使用 JVM，使用的是哪个厂商的 JVM，以及 JVM 是如何配置的	选择使用的 JVM 以及如何配置 JVM 都会影响性能。更多信息请查看 4.1.1 节
应用程序的可执行程序是使用哪些编译器/加载器选项生成的	有些创建应用程序可执行程序的编译器选项会影响性能。在测试环境中使用的选项应和在产品环境中使用的选项相同
应用程序是否运行在应用程序服务器上	所有的应用程序服务器都不是相同的。例如，如果在 JBoss 应用程序服务器上运行基准，并将应用程序部署到 WebSphere 应用程序服务器上，性能可能会不同

(续表)

问　　题	解　　释
在高峰期，有多少用户在运行应用程序	对于 100 个用户和 10 用户，性能可能会相差很大。如果应用程序适合多个用户，在测试环境中再现相同的环境。更多细节请查看本章中的 9.1.4 节
网络请求是在 LAN 上传输还是在 WAN 上传输？网络请求在 VPN 上传输吗	因为通过 WAN 进行通信比在 LAN 上进行通信通常需要更多的网络转发，应用程序更有可能遇到容量不同的 MTU，从而造成包分片。如果在测试环境中的网络特征和产品环境中的特征明显不同的话，基准结果可能不能可靠地预测性能。更多信息请查看 4.3.6 节中的“局域网与广域网”小节，以及“VPN 放大了包分片的可能”小节
数据库驱动程序的调校选项包括哪些	许多数据库驱动程序允许调校特定的选项，这些选项会影响性能。就像为最佳性能调校数据库一样，应当对数据库驱动程序进行调校。如果产品环境针对性能进行了调校，而测试环境没有进行调校，基准结果可能不能可靠地预测性能

2．使测试数据更加真实

使用产品数据的副本是一个好主意，但是在许多情况这是不现实的。至少，使构建的测试数据和真实数据类似，如下面的例子所显示的那样。

示例 A：设计测试数据使其和产品数据相匹配

如果应用程序从一个数据库的表中检索数据，该数据表包含 40 列 1000 条记录，设计测试用的数据表，使其具有 40 列 1000 条记录。

示例 B：如果应用程序在产品环境中检索长数据，在测试环境中检索相同类型的数据

如果应用程序检索长数据，例如 Blobs 和 Clobs，除了数字和字符数据外，确保基准检索长数据。许多数据库驱动程序模拟检索 LOB。需要估计数据库驱动程序检索长数据的效率如何。

示例 C：如果应用程序在产品环境中检索 Unicode 编码的数据，在测试环境中检索相同类型的数据

如果应用程序检索 Unicode 编码的数据，确保基准也检索 Unicode 编码的数据。Unicode 是用于支持多语言字符集的标准编码。如果应用程序、数据库驱动程序以及数据库不完全支持 Unicode，就会需要更多的数据转换操作，从而会影响性能。需要估计检索 Unicode 编码数据的效率是多高。

示例 D：在测试数据中避免使用复制的数值

作为创建测试数据的快捷方法，有些基准开发人员使用复制的数值制作测试表。例如，下面的数据表中很大一部分数据都是复制的数据。

first_name	last_name	SSN
Grover	Cleveland	246-82-9856
Grover	Cleveland	246-82-9856
Abraham	Lincoln	684-12-0325
Grover	Cleveland	246-82-9856
Grover	Cleveland	246-82-9856
Grover	Cleveland	246-82-9856
Grover	Cleveland	246-82-9856
Abraham	Lincoln	684-12-0325
Abraham	Lincoln	684-12-0325
Ulysses	Grant	772-13-1127
...	...	...

有些数据库厂商已经指出，基准开发人员经常采用的这种简单方法是存在问题的。在基准测试中作为获取相对于其他数据库和数据库驱动程序的优点的一种方法，当在记录中遇到复制的数值时，他们有意地设计他们的数据库客户端和数据库采用最优化的方式执行。不是返回每条记录中的全部数值，数据库只返回不是从前一条记录中复制的数值。对于每个被认为是复制的数值，只返回几个字节的标志器代表记录中的该数值，而不是返回实际的数值。

例如，如果我们查询上面的数据表，并请求表中的所有记录，结果集看起来如下所示。(符号@代表 4 个字节的标志器。)

first_name	last_name	SSN
Grover	Cleveland	246-82-9856
@	@	@
@	@	@
Abraham	Lincoln	684-12-0325
Grover	Cleveland	246-82-9856
@	@	@
@	@	@
@	@	@
Abraham	Lincoln	684-12-0325
@	@	@
Ulysses	Grant	772-13-1127
...	...	...

这种类型的优化会得到更好的性能，因为需要传输的字节更少。然而，真实数据很少和在这儿显示的测试数据一样，并且不能信任在这种情况下产生的基准用于预测性能。

9.1.3　隔离测试环境

为了了解某个修改对性能是造成正面影响还是负面影响，必须能够再现一致的结果，将测试环境和可能会扭曲基准结果的影响因素隔离开来是很重要的。例如，如果基准受到网络整体通信高峰和低峰的影响，如何相信基准结果呢？通过单独的路由器连接测试环境，然后连接到公共网络，将由基准运行生成的网络通信和公共网络通信隔离开来。通过这种方法，测试环境的所有网络通信都通过这个路由器，并且不再受公共网络上其他部分的影响。

由于相同的原因，确保测试机器是“干净的”。只运行应用程序所需要的软件。其他同时运行的应用程序或在后台运行的应用程序，都可能深深地影响测试结果。例如，如果在基准运行期间，启动一个病毒检查程序，它会明显降低性能。

9.1.4　再现工作负荷

为了设计一个良好的基准，必须对应用程序在产品环境中将要处理的工作负荷有深入的理解。问自己以下问题：

- 应用程序通常执行什么任务？哪个任务足够重要需要进行测量？
- 在通信高峰期，应用程序需要适应多少用户？

再现真实世界中的工作负荷超出了实际操作的限度，是不现实的，但是模拟工作负荷的本质特征并准确地再现这些特征是很重要的。例如，如果有一个顾客服务应用程序，该程序通常执行以下操作，应当使用相同的数据特征执行相同类型的任务，对应用程序进行测试：

- 从表中检索客户记录(一条数据量较大的记录)。
- 从另外一个表中检索货物清单(数据量较小的多条记录)。
- 作为事务的一部分，更新一个货物清单(数据量较小的一条记录)。

模拟应用程序在产品环境中遇到的峰值通信。例如，假定有一个企业网应用程序，该应用程序有500个用户，许多用户在美国西海岸的办公室内工作。在标准工作日的太平洋标准时间(PST)上午8:00，只有20个用户是活动的，而在太平洋标准时间下午3:00，大约有400个用户是活动的。在这种情况下，设计基准模拟400个用户(或更多)。使用商业加载测试工具，例如HP的LoadRunner，可以很容易地模拟大量用户。

9.1.5 测量正确的任务

并不是数据库的所有任务都是同等重要的。例如，一个通过电话接收订单的邮购公司，当涉及商品目录的可用性时，可能需要快速的响应时间，以尽可能缩短客户在电话上的等待时间。相同的公司可能不怎么关心处理实际订单所需要的响应时间。咨询您的用户，对他们来说哪些任务是最重要的，优先测试这些任务。

确保基准应用程序生成的API调用和数据库应用程序生成的API调用是相同的。例如，我们经常看到执行一个查询并返回结果，但是不处理数据的基准。当然，在真实的应用程序中这种情况永远不会发生。例如，假定设计一个基准，测量一个JDBC应用程序处理50 000条记录所使用的时间。让我们看一看下面的简单基准：

```
Statement stmt = con.createStatement();
\\ Get start time
resultSet = stmt.executeQuery(
  "SELECT acct.bal FROM table");
while (resultSet.next())
{}
\\ Get finish time
```

请注意，语句被打开并执行该语句，但是一直没有关闭，所以语句占用的资源没有被释放。此外，应用程序在结果集中将游标定位到一条记录，但是接下来它忽略了记录中的数据。不同的数据库驱动程序对从网络缓冲区检索数据进行了优化，并且在不同的时间转换数据。例如，当执行一个查询时，有些驱动程序检索所有请求的数据；而有些驱动程序则不是这样。其他驱动程序将一些数据留在数据库服务器的网络缓冲区中，直到应用程序实际请求那些数据。如果没有认识到这种优化的存在，可能就不会知道使用不同的驱动程序会极大地影响由上面的基准代码生成的结果。

尽管这些失误在现实世界模型中看起来可能不是一个大问题，但是它们累积起来就会对性能造成很大的区别。对于大部分应用程序，用于处理数据的时间中的 75%~95%花费在数据库驱动程序和网络传输上。在 75%和 95%之间的差别可能表示应用程序的性能有很大不同。

因此，让我们编写一个基准，反映应用程序在现实世界中可能的工作情况：

```
Statement stmt = con.createStatement();
\\ Get start time
resultSet = stmt.executeQuery(
  "SELECT acct.bal FROM table");
while (resultSet.next()) {

  int id = resultSet.getInt(1);
}
resultSet.close();
\\Get finish time
```

再一次，在基准时间中没有包含输出代码。例如，假定基准将数据写入到控制台，从而可以核实每条 Select 语句的结果。例如，如果基准包含下面的几行代码，情况会如何呢：

```
System.Console.WriteLine("Value of Column 2: " +
  dataReader.GetInt32(2));
```

如果执行上面的代码一次，它可能只为基准结果增加一秒或两秒，但是如果反复执行，时间就会累积，从而改变了真正的基准结果。确保在测量时间的循环之外进行控制台输出。

9.1.6　在足够长的时间中进行测量

设计基准使它们在足够长的时间中测量任务。在比较短的持续时间中运行的基准由于以下原因难以再现有意义的和可靠的结果：

- 它们产生的结果经常不能缩放。在大多数情况下，不能从通过较短的持续时间测量的结果进行推测，并将它们应用到更大的应用程序上下文。
- 因为设计上的限制、温度变化、以及随着时间减少的电池电压等元素，用于测量基准运行时间的计算机系统时钟是非常不精确的。实际上，由计算机系统时钟保持的时间和真实时间之间，每天产生的波动可能多达几分钟。如果基准运行的持续时间比较短，由系统时钟造成的波动，可能是 10 秒或更少，可能产生不一致的结果。

- 有些因素，像 Java 类加载器以及.NET 即时(JIT)编译器，可能会影响应用程序的启动性能，从而扭曲在较短持续时间中的性能。

例如，假定希望测量一个应用程序的吞吐量，该应用程序从包含 100 万条记录的数据表中检索 1000 字节的记录。第一次，基准运行了 5 秒，得到的吞吐量结果是 5 条记录每秒。如果在这 5 秒的持续时间中，正在后台运行另外一个短期的进程，并在这 5 秒的时间内对系统造成了“冲击”，那么情况会如何呢？再次运行相同的基准持续 5 秒的时间，结果可能完全不同——例如 10 条记录每秒，对于这种情况这是一个巨大的变化。

然而，如果再次运行相同的基准持续 1000 秒的时间，吞吐量结果就更有用并且更可靠——例如 30 000 条记录每秒——因为由其他运行的服务造成的所有冲击被平均到一个很长的时间中了。

类似地，用于测量基准的系统时钟在其计时的过程也可能会遇到冲击，从而造成时钟突然出现浮动。例如，假定运行一个基准持续 5 秒的时间，并且发生了一次冲击导致系统时钟浮动 500 毫秒。这是一个非常大的差别，您可能没有意识到出现了这一差别。运行基准持续足够长的时间——例如，100 秒——确保任何系统时钟冲击被平均到一个很长的时间中。

其他因素，例如 Java 类加载器和.NET 即时(JIT)编译器，也可能扭曲短时间运行的基准。在 Java 中，当通过名称引用类时，它们由类加载器加载到 Java 环境中，经常是在应用程序启动时进行加载。类似地，在 ADO.NET 环境中，在应用程序执行期间，当第一次调用某个方法时，就会激活 JIT 编译器。这些因素会对性能造成一定的影响。例如，假定允许一个基准只持续 10 秒，如图 9-1 所示。

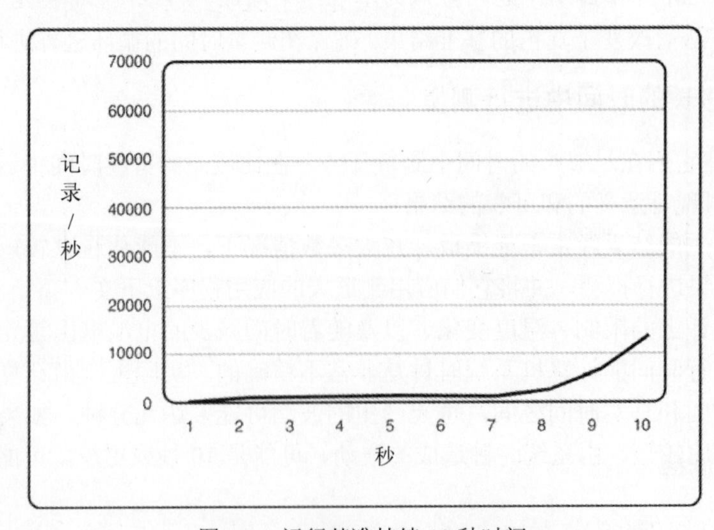

图 9-1　运行基准持续 10 秒时间

现在，让我们看一看相同的基准持续运行更长的时间得到的不同结果——100 秒——如图 9-2 所示。注意随着时间的延续，性能影响不再那么明显。

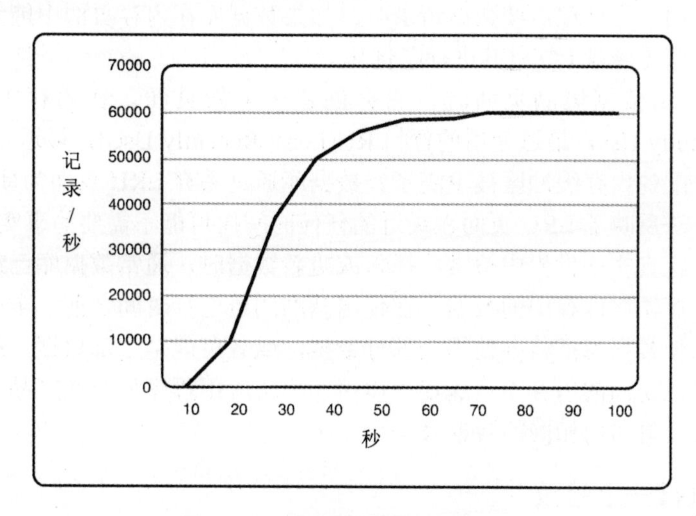

图 9-2　运行基准持续 100 秒时间

我们甚至可以进一步改进这一步骤，如图 9-3 所示，运行基准两次并不卸载应用程序，丢弃第一次运行结果，即丢弃受启动性能影响的结果。

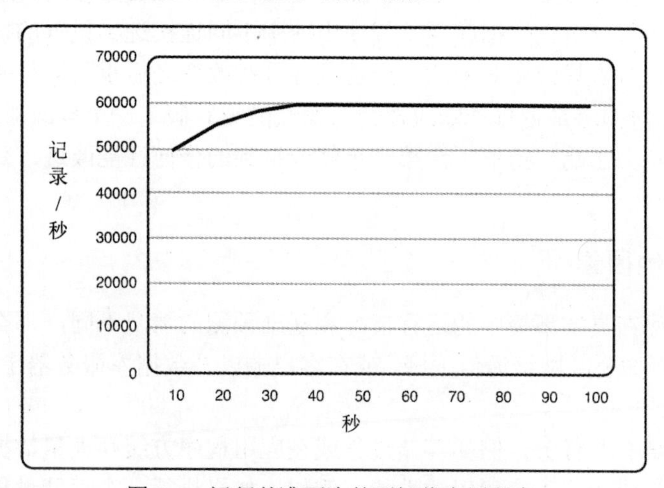

图 9-3　运行基准两次并不卸载应用程序

9.1.7　准备数据库

因为磁盘 I/O 比内存 I/O 要慢很多，无论何时数据库从数据库服务器上的磁盘中检索数据或向数据库服务器上的磁盘保存数据，性能都会明显下降。应用程序第一次访问数据库中的数据表记录时，数据库将磁盘中的记录的一个副本放入到一个长度固定的内存块中，该内存块称为页面。当处理后续数据请求时，如果数据库在内存页面中能够找到请求的数据，数据库通过避免磁盘 I/O 对其进行了优化。

当数据库使用数据填满页面时，它会创建一个新页面。在内存中的页面使用从 MRU(Most Recently Use，最近使用的)到 LRU(Least Recently Used，最近不使用)的顺序进行排列。如果分配的内存缓冲区被填满了，数据库通过丢弃 LRU 页面为新页面准备空间。这种内存管理方法反映了 LRU 页面在最近的任何时间内可能不需要的事实。

当应用程序在真实的世界中检索、插入或更新数据时，通常数据库已经运行了一段时间，允许应用程序访问内存中的数据。在使用基准测量运行时间之前，至少先运行一次基准并不计时，以使数据库把将要使用的部分数据，或者可能是全部数据，放入到在基准后续运行过程中可以访问的内存中。这还可以帮助模仿应用程序如何在产品环境中运行，因为应用程序通常反复访问相同的数据表。

9.1.8　一次进行一个修改

当运行一个基准时，需要记住的最重要的指导原则是，一个看起来不重要的改变可能会对性能造成很大的影响。演示每个修改对性能会产生正面的还是负面的影响是很关键的；否则，基准结果是没有用处的。牢记这一点，当运行基准时确保每次只改变一个变量。

例如，假定希望分析在数据库驱动程序中两个不同连接选项设置的影响。不要一次同时改变两个选项，每次只改变其中的一个选项并且在改变之后重新运行基准。如果一次就改变两个选项，如何知道是否每个修改都会改变性能呢？假定一个修改对性能有正面影响，第二个修改具有负面影响，抵消了由第一个修改得到的任何性能改进。那么如何知道每个修改是好还是坏？

9.1.9　访问其他因素

如果应用程序在真实环境中的运行情况和基准预测的情况不同，那么该怎么办呢？查看外部的影响，例如公共网络通信下降，或在客户端以及数据库服务器上过度使用 CPU 和内存。

此外，要知道有些任务，例如存储过程或在应用程序方缓存大量数据，可能会屏蔽网络、数据库中间件或应用程序代码的性能。例如，如果执行一个存储过程使用的时间比检索数据的时间长 50 倍，改变应用程序代码或数据库驱动程序，从而使数据检索速度快了 100%，这在基准结果中没有明显的区别，因为大部分数据请求时间花费在了数据库服务器上。使用工具，例如代码配置器以及网络嗅探器，创建每次操作的时间记录，可以知道处理时间用在了什么地方，并且可以帮助培养猜测在何处进行改进可以提升性能。

9.2　基准实例

下面的例子显示了一个基准，该基准测量一个典型的报表应用程序检索数据的响应时间。尽管这里没有显示该基准涉及到的全部代码，例如连接到数据库，但是显示了该基准的核心部分，具体化了在本章中讨论的许多指导原则，包括：

- 测试环境应该和真实环境尽可能相似。测试数据应当是真实的，基准执行的任务类型应当和在真实世界中执行的任务类型相同。注意，下面的基准检索不同类型的数据，包括长数据。
- 基准应当测量正确的任务。注意，下面的基准在一个计时循环开始和结束位置记录 CPU 时间。此外，下面的基准还从结果集中检索数据，并且在语句执行之后关闭语句以释放资源。
- 基准测量应该持续足够长的时间。注意，下面的基准的测量时间持续 100 秒。

1. 创建测试数据

首先，让我们创建测试数据。注意可变数据类型，包括 BLOB 和 CLOB 数据类型。

```
CREATE TABLE RetailTable (
  Name VARCHAR(128) Not null,
  ProductCategory VARCHAR(128) Not null,
  Manufacturer VARCHAR(64) Not null,
  MSRP Decimal(10,2) Not null,
  OurPrice Decimal(10,2) Not null,
  SalePrice Decimal(10,2),
  SaleStart Timestamp,
  SaleEnd Timestamp,
  SKU BigInt Not null,
  UPC Decimal(12) Not null,
  Quantity Integer Not null,
  Description VARCHAR(512) Not null,
  LongDescription Clob,
  ThumbnailPicture Blob Not null,
  Picture Blob,
  OtherOffers VARCHAR(4000),
  RebateInfo VARCHAR(1024),
  UserRating Decimal(4,1) Not null
)
```

```
CREATE INDEX Retail_Idx ON RetailTable (SKU)
```

2. 基准

现在让我们创建基准。初始化所有变量和我们将要使用的 SQL 之后，开始计时线程，采样开始时间和当前 CPU 时间。接下来，反复执行查询直到经过了指定的时间。结束计时程序并再次采样流逝时间和当前 CPU 时间。最后，关闭所有打开的资源，并报告基准测量的结果。

```
public void run () {

// Initialize variables
ThreadInfo.numExecutes = 0;
ThreadInfo.numRows = 0;
ThreadInfo.actualTime = 0.;
Connection conn = ThreadInfo.conn;
int threadNumber = ThreadInfo.threadNumber;
int totalExecutes = 0;
int totalRows = 0;
long start=0;
long end=0;
long cpuStart=0;
long cpuEnd=0;
PreparedStatement stmt = null;
ResultSet rs = null;

// Initialize fetch string
String sqlStr = "SELECT Name, ProductCategory, " +
                "Manufacturer, MSRP, OurPrice, " +
                "SalePrice, SaleStart, SaleEnd, " +
                "SKU, UPC, Quantity, Description, " +
                "LongDescription, ThumbnailPicture, " +
                "Picture, OtherOffers, RebateInfo, " +
                "UserRating FROM RetailTable";


// Start the timer
start = System.currentTimeMillis();
ThreadInfo.ready = true;

while (Wait) {
   // Make an OS call.
```

```
    // This is to avoid a "tight" loop that may prevent
    // the timer thread from running.
    try {
      Thread.sleep(100);
    }
    catch (InterruptedException e) {
    System.out.println (e);
}

// Record the start time
start = System.currentTimeMillis ();
}

// Record the current CPU time
ThreadMXBean tb = ManagementFactory.getThreadMXBean();
cpuStart = tb.getCurrentThreadCpuTime();

// All work below is timed:
// 1. Prepare the statement
// 2. Execute the query
// 3. Fetch data from all rows
// 4. Repeat until time is up
try {

  stmt = conn.prepareStatement (sqlStr);

  while (! Stop)
  {
      rs = stmt.executeQuery();
      totalExecutes++;

      while ((! Stop) && rs.next ())
      {
          totalRows++;

          String name = rs.getString(1);
          String productCategory = rs.getString(2);
          String manufacturer = rs.getString(3);
          BigDecimal msrp = rs.getBigDecimal(4);
          BigDecimal ourPrice = rs.getBigDecimal(5);
          BigDecimal salePrice = rs.getBigDecimal(6);
```

```
            Timestamp saleStart = rs.getTimestamp(7);
            Timestamp saleEnd = rs.getTimestamp(8);
            Long sku = rs.getLong(9);
            BigDecimal upc = rs.getBigDecimal(10);
            int quantity = rs.getInt(11);
            String description = rs.getString(12);
            Clob longDescription = rs.getClob(13);
            Blob thumbnailPicture = rs.getBlob(14);
            Blob picture = rs.getBlob(15);
            String otherOffers = rs.getString(16);
            String rebateInfo = rs.getString(17);
            BigDecimal userRating = rs.getBigDecimal(18);
        }
        rs.close ();
        rs = null;

      }
      try
      {
        stmt.close ();
      }
      finally
      {
      stmt = null;
      }

      // Stop the timer and calculate/record the
      // actual time elapsed and current CPU time
      end = System.currentTimeMillis();
      cpuEnd = tb.getCurrentThreadCpuTime();
      ThreadInfo.actualTime = (end - start) / 1000.;

    }
    catch (SQLException e)
    {

      e.printStackTrace();
      System.out.println ("Thread " + threadNumber +
        " failed with " + e);
    }
```

```
    finally
    {

      // Clean everything up
      if (rs != null) {
          try
          {
              rs.close ();
          }
          catch (SQLException e)
          {
              System.out.println (e);
          }
        }
        if (stmt != null) {
        try
        {
            stmt.close ();
        }
        catch (SQLException e)
        {
            System.out.println (e);
        }
       }
    }

    // Finish calculating and storing values for this thread
    ThreadInfo.cpuTime = (cpuEnd - cpuStart);
    ThreadInfo.numExecutes = totalExecutes;
    ThreadInfo.numRows = totalRows;
    ThreadInfo.done = true;
  }
```

9.3 小结

基准是用于测量和预测性能的重要工具。有些影响性能的因素在我们的控制范围之外。在本章主要讨论我们可以改变的因素，例如如何编写高效访问数据的代码，以及如何高效地操作数据库中间件。当开发基准时，考虑以下指导原则：

- 定义和商业需求一致的基准目标。
- 测量 CPU 和内存的使用情况可以很好地指示可伸缩性，但是确保恰当地进行测量，从而使结果是可用的。
- 再现产品环境以及产品工作负荷的本质特征。
- 将测试环境和影响环境的外部因素相隔离。
- 测量正确的任务，并使测量的持续时间足够长。
- 在通过运行基准进行测量之前至少准备数据库一次，并且每次只对基准进行一个修改。

第 10 章

性能问题调试

您可能没有机会设计开发中的数据库应用程序，只具有维护它们的“机会”，并保证性能是可以接受的。但是您可能发现性能无法让人接受。

或者您可能设计应用程序，但是通过基准测量后，对性能不满意。无论是哪种情况，本章将介绍如何调试性能问题，并提供了一些案例研究，这些案例和多年来我们帮助别人调试他们的性能问题时遇到的实际情况很类似。

建议您永远不要在还没有运行基准以测试性能是否能够接受的情况下，就部署关键的应用程序。

在本章中，假定您的数据库没有问题，已经对数据库进行了正确的调校。

10.1 从何处开始

在开始进行调试之前，必须定义性能问题。性能问题是那些与不能接受的响应时间、吞吐量、可伸缩性、以及它们的组合相关的问题吗？

定义了性能问题之后，分析您所看到的哪些因素可能造成性能问题。表 10-1 列出了一些可能的原因。

表 10-1 性能问题及其可能的原因

问　　题	可能的原因
响应时间	数据库应用程序方面的原因： • 代码编写技术不是最优的，例如为应用程序检索不必要的数据 • 从流协议数据库返回大结果集 • 使用可滚动游标 • 过多的数据转换 • 内存泄露 数据库驱动程序方面的原因： • 数据库驱动程序的配置比较差 • 内存泄露 • 环境方面的原因： • 网络包分片 • 网络转发次数过多 • 带宽不足 • 物理内存不足 • CPU 能力不足 • 虚拟化 • 连接池的配置较差 • 语句池的配置较差

(续表)

问　　题	可能的原因
吞吐量	数据库应用程序方面的原因： • 使用数据加密 • 活动的事务太多 • 为应用程序检索不必要的数据 • 内存泄露 数据库驱动程序方面的原因： • 数据库驱动程序的架构不是最优的 • 内存泄露 • 环境方面的原因： • 包开销比较高 • 运行时环境 • 带宽不足 • 物理内存不足 • CPU 能力不足 • 虚拟化
可伸缩性	数据库应用程序方面的原因： • 使用数据加密 • 内存泄露 • 数据库驱动程序方面的原因： • 数据库驱动程序的架构不是最优的 • 内存泄露 环境方面的原因： • 运行时环境 • 带宽不足 • 物理内存不足 • CPU 能力不足 • 连接池的配置较差 • 语句池的配置较差

为了进一步明确可能的原因，您可能会发现根据下面的顺序进行调试是有帮助的：

(1) 查看整体情况，并分析以下重要问题：在数据库应用程序部署的任何组件中发生了任何改变吗？如果确实发生了变化，查找发生了什么变化。请阅读 10.2 节。

(2) 如果没有发生任何变化，查看数据库应用程序。请阅读 10.3 节。

(3) 如果数据库应用程序看起来似乎没有问题，查看数据库驱动程序。运行时性能调校选项的配置是否和应用程序与环境相匹配？需要测试使用其他驱动程序吗？请阅读10.4节。

(4) 如果在查看了应用程序和数据库驱动程序之后，对性能仍然不满意，查看部署应用程序的环境。请阅读10.5节。

需要注意的一个重要细节是，如果数据库服务器机器的资源有限制，无限制地调校应用程序或数据库中间件会造成不能接受的性能。

10.2 数据库应用程序部署中的改变

如果在应用程序或环境的某些方面发生了变化之后，出现了性能问题，从查找发生的变化开始。下面是一些能够造成性能问题的变化示例：

- 数据库应用程序发生了变化，例如，它现在从结果集中检索更多的列。
- 对网络进行了重新配置，从而在客户端和数据库服务器之间需要更多的网络转发。
- 客户端或数据库服务器被转移到不同的操作系统上。
- 访问应用程序的用户数量增加了。
- 为环境中的一个或更多组件，例如数据库系统、应用程序服务器、操作系统、或者数据库驱动程序，应用了补丁。
- 数据库系统的版本发生了变化。
- 在应用程序服务器上安装了新的应用程序。
- 数据库调校参数发生了变化。

如果应用程序的环境必须进行修改，最好的建议是确保每次进行一个修改。通过这种方法，可以更容易地确定这些修改对性能造成的影响。

10.3 数据库应用程序

在本书的前面，我们已经展示了良好的可以提升应用程序性能的编码实践。下面概括一下良好编码实践的通用指导原则：

- 减少网络往返次数，网络往返会增加响应时间——减少网络往返次数的编码实践包括：使用连接池和语句池，避免使用自动提交模式而使用手动提交模式，如果本地事务能够满足需要的话使用本地事务而不要使用分布式事务，以及为批量插入操作使用批处理或参数数组。

- 只打开必需的网络连接和预先编译的语句，打开不需要的网路连接和预先编译的语句会增加响应时间并降低可伸缩性——确保应用程序在完成对网络连接和预先编译的语句使用后立即关闭它们。确保正确地配置连接池和语句池。
- 不要使事务处于活动状态太长时间，使事务处于活动状态太长时间会影响吞吐量——如果应用程序使用事务更新大量数据，而没有在正常的时间间隔内提交修改，就会在数据库服务器上消耗大量的内存。
- 避免为事务使用自动提交模式，自动提交模式会影响吞吐量——通过使用手动提交模式可以使磁盘 I/O 降至最低。
- 避免从数据库服务器返回大量数据，从数据库服务器返回大量数据会增加响应时间——总是编写只返回所需数据的 SQL 查询。如果应用程序执行返回数百万条记录的查询，内存会很快被用光。返回长数据也会消耗大量的内存。
- 除非数据库完全支持可滚动游标，否则避免使用可滚动游标，如果数据库不完全支持可滚动游标而又使用了可滚动游标，则会增加响应时间——大的可滚动结果集会很快地消耗内存。
- 尽可能重用查询计划，不重用查询计划会增加响应时间——每次数据库创建一个新的查询计划，都需要使用 CPU 循环。为了尽可能重用查询计划，考虑使用语句池。
- 尽可能减少数据转换，数据转换会增加响应时间——选择处理效率高的数据类型。

这些编码实践能够影响一个或更多硬件资源。表 10-2 列出了良好的编码实践以及它们会影响的资源。不遵循这些编码实践会造成硬件瓶颈。

通常，当出现瓶颈时会注意到对应用程序可伸缩性的负面影响。如果只有一个或两个用户访问应用程序，可能不会注意到对吞吐量和响应时间的负面影响。

表 10-2　好的编码实践及它们对硬件资源的影响

好的编码实践	内存/磁盘	CPU	网络适配器
减少网络往返次数	√	√	√
只打开必需的网络连接和预先编译的语句	√		
不要使事务处于活动状态太长时间	√		
避免为事务使用自动提交模式	√		
避免从数据库服务器上返回大量数据	√		√
除非数据库完全支持可滚动游标，否则避免使用可滚动游标	√		√
尽可能重用查询计划		√	
尽可能减少数据转换		√	

10.4 数据库驱动程序

在本书的前面，我们已经提供了有关数据库驱动程序以及它们是如何影响性能的细节信息。概括地说，数据库驱动程序由于以下两个原因会降低数据库应用程序的性能：

- 驱动程序是不可以调校的。不具有可以用于配置驱动程序以优化性能的运行时性能调校选项。
- 驱动程序的架构不是最优的。

通常，即使当两个数据库驱动程序实现了所有相同的功能，当在数据库应用程序中使用它们时，它们的性能也可能相差很大。如果使用的数据库驱动程序的性能不是最优的，考虑使用其他数据库驱动程序。

10.4.1 运行时性能调校选项

为了使驱动程序与应用程序和环境以最佳状态进行工作，确保已经正确配置了驱动程序。下面是一些可以帮助提升性能的运行时性能调校选项的例子：

- 如果在数据库服务器、应用程序服务器或客户端上，内存是一个限制因素，使用允许选择如何以及在何处执行内存密集型操作的数据库驱动程序。例如，如果在客户端由于大结果集造成和磁盘过多地进行页面交换，可能希望减小返回结果缓冲区的大小(驱动程序为了存储从数据库服务器返回的结果集所使用的内存数量)。减小返回结果缓冲区的大小可以减少内存消耗，但是需要更多的网络往返次数。您需要理解它们之间的平衡。
- 如果在数据库服务器、应用程序服务器或客户端上，CPU 是一个限制因素，使用允许选择如何以及在何处执行 CPU 密集型操作的驱动程序。例如，Sybase 数据库为预先编译的语句创建存储过程(创建存储过程是 CPU 密集型的操作，但是执行存储过程不是 CPU 密集型的操作)。选择允许调校 Sybase 数据库是否为预先编译的语句创建存储过程的驱动程序，可以通过节省 CPU 显著地提升性能。
- 为了减少网络往返次数，使用允许改变数据库协议包容量的驱动程序。网络往返会增加响应时间。

10.4.2 驱动程序架构

通常，应当确保驱动程序的架构适应应用程序的需求。下面是一些好的驱动程序架构的例子：

- 为了尽可能减少数据转换，使用数据转换效率高的驱动程序。例如，有些数据库驱动程序不支持 Unicode 编码。如果数据库驱动程序不支持 Unicode 编码，为了使用 Unicode 数据就需要更多的数据转换，从而造成更高的 CPU 使用量。
- 为了通过消除在客户端软件需要的处理以及消除由客户端软件造成的额外网络通信以减少执行时间，使用通过数据库有线通信协议架构实现的数据库驱动程序。
- 为了通过减少额外通信所需要的网络带宽以优化网络传输，使用通过数据库有线通信协议架构实现的驱动程序。数据库有线通信协议可以通过控制和 TCP 的交互，优化网络传输。

10.5 环境

在本书的前面，我们已经提供了与环境相关的详细信息，以及环境是如何影响性能的相关信息。在本节将概括一些最常见的导致数据库应用程序性能不良的环境原因。更多信息请参见第 4 章。

表 10-3 列出了一些能够帮助您调试不良系统性能的工具。因为这些工具使用系统资源，所以只有当需要进行调试或测量系统性能时才使用这些工具。

表 10-3 性 能 工 具

操作系统与目录	工 具	描 述
CPU 和内存使用		
所有 UNIX/Linux 只有 AIX 只有 HP-UX 只有 Solaris	vmstat、time、pstopas 和 tprof 监视器以及 glance prstat	提供与 CPU 和内存使用相关的数据
Windows	Microsoft 性能监视器(PerfMon)	提供与 CPU 和内存使用相关的数据。PerfMon 还具有其他计数器，可以设置这些计数器监视其他性能，例如连接池的性能
网络活动		
UNIX/Linux/Windows	netstat	处理 TCP/IP 通信量
只有 AIX	netpmon	报告低级的网络统计数据，包括 TCP/IP 和 SNA 统计数据，例如网络包数量，或每秒接收的帧数

使用如表 10-3 中列出的工具，可以知道处理时间都用在了哪里，并且可以帮助猜测应当在哪方面进行努力以提升性能。

10.5.1 运行时环境(Java 和.NET)

运行时环境可能会显著地影响数据库应用程序的性能。对于 Java 应用程序，运行时环境是 Java 虚拟机(JVM)。对于 ADO.NET 应用程序，运行时环境是.NET 公共语言运行库(CLR)。

1. Java 虚拟机

对于 Java 应用程序，可以选择 JVM。IBM、Sun Microsystems 以及 BEA(Oracle)都开发了自己的 JVM。不同 JVM 的实现方式是不同的，这些区别会影响性能。JVM 的配置也会影响性能。有关 JVM 如何影响性能的例子，请查看 4.1 节。

如果正在运行一个 Java 应用程序，并且为了提升性能已经用尽了其他选项，这时可以考虑为应用程序使用不同的 JVM。

2. .NET 公共语言运行库

和 JVM 不同，不可能选择使用不同厂商的.NET CLR。Microsoft 是唯一提供.NET CLR 的厂商。有关运行 ADO.NET 应用程序时的重要提示，请查看 4.1 节。

10.5.2 操作系统

如果改变了客户端或服务器的操作系统之后发现性能下降了，可能必须保留这些改变。我们不是说一个操作系统比另外一个好，而是说您需要知道对操作系统的任何修改都可能会提升或降低应用程序的性能。有关其中原因的更多讨论，请查看 4.2 节。

10.5.3 网络

我们已经说过很多次，对数据库驱动程序和数据库之间的通信进行优化，可以提升数据库应用程序的性能。下面是一些确保最佳网络通信性能的关键技术：

- 减少网络往返次数，网络往返会增加响应时间。
- 调校数据库协议包的容量，数据库协议包会增加响应时间和吞吐量。
- 减少网络目的地之间网络转发的次数，网络转发会增加响应时间。
- 避免网络包分片，网络包分片会增加响应时间。

有关网络的更多详细信息，请查看 4.3 节。

下面是一些造成网络瓶颈的原因及其相关的解决方案。

- 带宽不足——查看以下这些可能的解决方案：
  - 增加更多的网络适配器或升级网络适配器。
  - 通过多个网络适配器分散客户端连接。
- 应用程序代码没有很好地进行优化——开发或调校应用程序，减少网络往返次数。请查看 10.3 节。
- 数据库驱动程序的配置较差——理解正在使用的数据库驱动程序的运行时性能调校选项，配置驱动程序使用恰当的选项优化网络通信(减少网络往返次数)。请查看 10.4 节。

为了检测网络瓶颈，收集与系统相关的信息，以回答下面的问题：

- 发送和接收网络包使用网络适配器的比率是多少？将这一比率和网络适配器的带宽进行比较，可以知道网络通信负担是否过重。为了给通信高峰期预留空间，网络通信的使用不能超过网络适配器能力的 50%。

10.5.4　硬件

硬件约束会造成性能下降。在本节中将讨论由内存、磁盘、CPU 以及网络适配器造成的瓶颈及其原因。

1. 内存

内存瓶颈的主要症状是连续的、高比率的页面失效。当应用程序请求一个页面，但是系统在 RAM 中请求的位置不能找到页面时，会发生页面失效。有关内存方面的详细信息，请查看 4.4.1 节。

下面是造成内存瓶颈的一些原因及其解决方案：

- 内存泄露——应用程序使用资源，但是当它们不再需要时却没有释放资源，这时经常会造成内存泄露。数据库驱动程序也可能存在内存泄漏。
- 物理内存(RAM)不足——为系统安装更多的物理内存。
- 应用程序代码没有很好地进行优化——开发或调校应用程序尽可能降低对内存的使用。请查看 10.3 节。
- 数据库驱动程序没有进行很好地配置——理解正在使用的数据库驱动程序的运行时性能调校选项，配置驱动程序使用恰当的选项尽可能降低对内存的使用。请查看 10.4 节。

为了检测内存瓶颈，收集与系统相关的信息，以回答以下问题：

- 请求的页面造成页面失效的频率有多高？通过这一信息可以知道在一段时间内发生的页面失效的总数量，包括软页面失效和硬页面失效。

- 为了解决页面失效需要从磁盘检索多少页面？将这一信息和前面的信息进行比较，可以确定在发生的页面失效总数量中，硬页面失效有多少。
- 所有个人应用程序或进程对内存的用量持续攀升并且从没有稳定过？如果是，应用程序或进程可能存在内存泄露。在池环境中，检测内存泄露更加复杂，因为池连接和预先编译的语句一直位于内存中，即使它们没有造成泄漏，也使应用程序看起来正在泄露内存。如果当使用连接池时，发生内存问题，试着调校连接池，减少池中连接的数量。类似地，试着调校语句池，减少池中预先编译的语句数量。

2. 磁盘

当一个操作读取或写入磁盘时，需要承受性能问题，因为磁盘访问是非常慢的。如果怀疑发生的磁盘访问比应当进行的磁盘访问更频繁，首先应当检查是否存在内存瓶颈。有关磁盘方面的详细信息，请查看 4.4.2 节。

下面是造成磁盘瓶颈的一些原因及其解决方法：

- 内存使用量超出了其限制——当内存数量比较低时，向磁盘进行页面调度会更加频繁。解决内存问题。
- 应用程序代码没有很好地进行优化——开发或调校应用程序，避免不必要的磁盘读取和写入。请查看 10.3 节。

为了检测磁盘瓶颈，收集与系统相关的信息，以回答以下问题：

- 页面调度是否过于频繁？内存瓶颈可能伪装成磁盘瓶颈，所以在改进磁盘之前，首先检查是否存在内存问题是很重要的。请查看 4.4.1 节。
- 磁盘繁忙有多么频繁？如果在一段连续的时间内，磁盘持续活动的比率达到了85%或更高，并且存在磁盘队列，那么可能存在磁盘瓶颈。

3. CPU

CPU 瓶颈的主要症状是，当多个用户使用应用程序时，应用程序的运行速度缓慢。CPU 瓶颈会对可伸缩性造成负面影响。有关 CPU 方面的详细信息，请查看 4.4.3 节。

下面是造成 CPU 瓶颈的一些原因及其解决方法：

- CPU 能力不足——安装附加的处理器或升级为更强大的处理器。
- 应用程序代码没有很好地进行优化——开发或调校应用程序，尽可能降低对 CPU 的使用。请查看 10.3 节。
- 数据库驱动程序没有很好地进行配置——理解正在使用的数据库驱动程序的运行时性能调校选项，配置驱动程序使用恰当的选项，尽可能降低对 CPU 的使用。请查看 10.4 节。

为了检测 CPU 瓶颈，收集与系统相关的信息，并回答以下问题：

- 为执行工作 CPU 使用了多长时间？如果在一段连续时间内，处理器的繁忙程度为 80%或更高，可能会造成麻烦。如果检测到 CPU 使用率很高，深入分析单个线程确定是否某个应用程序使用的 CPU 循环比平均共享的 CPU 循环多。如果是，进一步分析应用程序的设计和编码情况怎样，如在 10.3 一节中所描述的。
- 在 CPU 运行队列中有多少进程或线程在等待执行？单个队列用于 CPU 请求，即使在具有多个处理器的计算机上也是如此。如果所有的处理器都处于繁忙状态，线程必须等待，直到 CPU 循环从其他工作执行中解放出来。进程在队列中等待一段持续时间，表明存在 CPU 瓶颈。
- 操作系统为其他等待的线程执行工作，切换进程或线程的比率有多高？上下文切换(context switch)是保存和恢复 CPU 状态(上下文)的进程，从而多个进程能够共享单个 CPU 资源。每当 CPU 停止运行一个进程，并开始运行另外一个进程时，就会发生上下文切换。例如，如果应用程序为了能够更新数据，正在等待释放对一条记录的加锁，操作系统可能切换上下文，从而当应用程序等待释放加锁期间，CPU 能够执行代表另外一个应用程序的工作。上下文切换需要相当可观的处理时间，所以过多的 CPU 切换和 CPU 使用量的增加，二者的趋势是相同的。

4．网络适配器

连接到网络的计算机至少有一块网络适配器，用于通过网络发送和接收网络包。更多信息请查看 4.3 节。

10.6　案例研究

本节提供了几个调试案例研究，帮助您分析一些变化的性能问题，以及如何解决这些问题。解决这些问题所需要的所有信息在本书中都已经介绍过了。

10.6.1　案例研究 1

在这个案例研究中的数据库应用程序为 FBI 提供支持。应用程序是基于图形用户界面(GUI)的，并且每次显示一条记录。应用程序允许来自整个国家的 FBI 代理根据所在州检索未被捕罪犯的信息。每条记录包含姓、名、所犯的罪、以前的定罪、最后知道的地址以及个人照片等。每次查询可能返回多达 50 000 条记录。JDBC 应用程序在下面的代码中执行 SQL Select 语句：

```
PreparedStatement pstmt = con.prepareStatement(
"SELECT fname, lname, crimes, convictions, laddress, photo " +
   "FROM FBI_most_wanted WHERE state=?");
   pstmt.setString(1, "NC");
ResultSet rs = pstmt.executeQuery ();

// Display all rows
while (rs.next()) {
// Retrieve information and display the contents
}
rs.close();
```

1. 环境细节

环境细节如下所示：

- 应用程序是 JDBC 程序，运行在应用程序服务器上。
- 数据库是 Microsoft SQL Server，运行于 Windows XP 系统上。
- 客户端机器运行不同的 Windows 操作系统，例如 Windows XP 和 Windows Vista。
- 应用程序部署到分布式 WAN 环境中。
- 应用程序服务器运行的是 J2SE 5。
- 应用程序为连接管理使用连接池。

2. 问题

偶尔当一个用户退出应用程序时，应用程序的关闭非常慢(看起来几乎像是死机)。什么原因可能造成这种现象呢？

下面是需要询问的一些问题：

- 为什么只有当关闭应用程序时才发生这种现象，并且为什么只是偶尔发生？
- 在环境中哪个组件会影响应用程序的关闭过程？
- 当关闭应用程序时必须执行哪些任务？
- 返回的是什么数据类型？
- 驱动程序是否具有通过对其进行修改能够改善性能的选项？

3. 问题分析

让我们分析一下我们所了解的情况：

- 图像是长数据，长数据会降低性能。然而，在该案例中的问题不是与记录显示性能相关的问题。

- 使用了连接池。连接池可能会影响应用程序的打开过程，而不会影响关闭过程。
- CPU 和内存充足，所以不是 CPU 和内存的问题。
- Microsoft SQL Server 是流协议数据库。

哪些因素可能会造成这种问题？

- 驱动程序没有针对优化性能进行配置。例如，配置驱动程序的包容量比服务器的包容量小，这会导致更多的网络往返次数。
- 应用程序访问流协议数据库。当在流协议数据库上执行查询时，返回所有的记录。这意味着当关闭应用程序时，即使用户不查看所有记录，在应用程序实际关闭之前必须离线(off the network)处理所有记录。
- 应用程序的设计不是最优的，特别是当访问流协议数据库时。应用程序为每条记录返回长数据。

4. 解决方法

围绕应用程序访问流协议数据库，以及为每条记录检索长数据这些事实，解决性能问题。您知道为什么问题只是偶尔发生吗？假如用户针对北卡罗来纳州进行查询，并返回了 15 000 条记录。在显示了 21 条记录之后，用户找到了他所需要的记录，并关闭应用程序。在应用程序可以关闭之前，所有其他 14 979 条记录必须被离线处理。在这种情况下，为了关闭应用程序可能需要几秒钟的时间。另一方面，如果用户在关闭应用程序之前显示了 10 000 条记录，在关闭应用程序之前需要处理的记录更少，这会使应用程序关闭的更快。

让我们假定不能使用不同的数据库系统。我们知道 SQL Select 语句为每条罪犯记录返回照片。能够改变这一操作吗？可以改变，可以修改应用程序执行的查询，使查询检索除了照片之外的所有数据，然后为了检索照片执行另外一个查询。在本例中，只有当用户实际显示相关罪犯的记录时才会检索照片。下面是重新编写之后的应用程序：

```
PreparedStatement getPhotoStmt = con.prepareStatement(
    "SELECT photo FROM FBI_most_wanted " +
    "WHERE state=? AND fname=? AND lname=? AND crimes=? " +
    "AND convictions=? AND laddress=?");

PreparedStatement pstmt = con.prepareStatement(
    "SELECT fname, lname, crimes, convictions, laddress " +
    "FROM FBI_most_wanted WHERE state=?");

pstmt.setString(1, "NC");
ResultSet rs = pstmt.executeQuery ();

// Display all rows
```

```
while (rs.next()) {
  String fname = rs.getString(1);
  String lname = rs.getString(2);
  String crimes = rs.getString(3);
  String convictions = rs.getString(4);
  String laddress = rs.getString(5);

if (isPersonOfInterest(fname, lname, crimes, convictions,
  laddress)) {
    getPhotoStmt.setString(1, "NC");
    getPhotoStmt.setString(2, fname);
    getPhotoStmt.setString(3, lname);
    getPhotoStmt.setString(4, crimes);
    getPhotoStmt.setString(5, convictions);
    getPhotoStmt.setString(6, laddress);
    ResultSet rs2 = getPhotoStmt.executeQuery();
    if (rs2.next()) {
      Object photo = rs2.getObject(1);
      displayPhoto(photo);
    }
    rs2.close();
  }
}
rs.close();
```

重新编写了应用程序之后，当用户关闭应用程序时，需要离线处理的数据更少了，从而使应用程序关闭的速度更快了。

10.6.2 案例研究 2

在本案例研究中的应用程序允许用户在 Web 上重新填写他们的药品处方，并检查它们的状态。这是一个和 Web 服务器进行交互的应用程序。

1. 环境细节

环境细节如下所示：

- 使用动态服务器页面(Active Server Page，ASP)创建应用程序。
- 应用程序生成 ADO 调用。
- 数据库是 Oracle，运行在 Windows 系统上。
- 数据库驱动程序是桥接到 ODBC 的 OLE/DB。
- 客户端机器运行不同的 Windows 操作系统，例如 Windows XP 和 Windows Vista。

- 应用程序使用 Microsoft 的驱动程序管理器的连接池管理连接。

2. 问题

服务器耗尽了内存，这使整体性能很差。什么操作会消耗服务器上的内存呢？最可能的原因是数据库驱动程序中的缺陷、LOB 数据、可滚动游标、语句池以及连接池。

3. 问题分析

让我们分析一下我们所知道的情况：

- 应用程序没有检索或更新 LOB 数据。
- 没有使用语句池。
- 假定问题不是由数据库驱动程序引起的。
- 应用程序没有检索大量的数据，从而没有使用可滚动游标。
- 我们知道应用程序使用了连接池。让我们进一步分析这个情况。

正如在本书前面所讨论过的，作为 Microsoft 驱动程序管理器实现的 ODBC 连接池没有提供定义最大池容量的方法。因此，当应用程序使用池获取连接时，池的容量会很快地增加。这可能会因为连接造成内存问题，即使没有使用连接，它们也会占用资源。那么如何确定问题是否是由于使用连接池造成的呢？

在 Windows 系统中，可以用于监视连接池的一个工具是性能监视器(PerfMon)。下面的 URL 包含了一个解释如何使用 PerfMon 监视连接池的 Microsoft 文档[1]：

http://msdn.microsoft.com/en-us/library/ms810829.aspx

假设监视 ODBC 连接池之后，没有发现问题。下一步该怎么办呢？我们还知道我们使用的是 ADO。对于 ADO，默认情况下资源池是打开的。应用程序同时使用了 ODBC 连接池和资源池？是的。

使用池的两个实现肯定会在数据库服务器上使用更多的内存。

4. 解决方法

为了限制在数据库服务器上和连接相关联的内存使用，关闭 ODBC 连接池。Microsoft 的文档推荐不要同时使用两种类型的池——选择希望使用的池，并在特定的应用程序中只使用所选择的池。[1]

1　Ahlbeck, Leland, Don Willits 以及 Acey J. Bunch。“Microsoft 数据访问组件中的池”。1999 年 5 月 (2004 年 8 月更新过)。Microsoft Corporation。2009.2.2http://msdn.microsoft.com/en-us/library/ms810829.aspx。

10.6.3 案例研究 3

在本案例研究中的数据库应用程序为一个具有许多用户的大保险公司提供服务。该公司有许多应用程序。这个特定的应用程序允许客户服务代表更新客户的个人信息，如果客户使用自动转账支付他们每月的账单，在客户信息中还包括银行账户信息。公司中的所有应用程序必须遵守严格的隐私和安全需求。

1. 环境细节

环境细节如下：

- 应用程序是 ODBC 应用程序。
- 数据库服务器是 Sybase Adaptive Server Enterprise 11.5，运行在 Windows 系统上。
- 客户端机器运行在 HP-UX PA-RISC 系统上。
- 应用程序部署到 WAN 环境中。
- 应用程序使用分布式事务确保不同的数据库相互之间保持一致。
- 数据库服务器上的 CPU 和内存是充足的。

下面是在产品环境中用于 DataDirect Technologies ODBC 驱动程序的连接字符串：

```
DataSourceName=MySybaseTables;NetworkAddress=123.456.78.90,
  5000;DataBase=SYBACCT;LogonID=JOHN;Password=XYZ3Y;
ApplicationUsingThreads=1;EncryptionMethod=1;
HostNameInCertificate=#SERVERNAME#;TrustStorePassword=xxx2Z;
TrustStore=C:\trustfile.pfx;ValidateServerCertificate=1;
SelectMethod=0
```

在部署应用程序之前，IT 部门为应用程序运行性能基准。性能满足需求，然后部署了应用程序。

2. 问题

部署了应用程序之后，性能下降了两倍。为什么呢？下面是一些需要分析的问题：

- 在测试环境和产品环境之间有什么不同的地方吗？例如，测试环境中的数据和产品环境中的数据相似吗？在基准测试中用户数量和产品环境中的用户数量相同吗？在两个环境中使用的数据库版本相同吗？在两个环境中的驱动程序配置相同吗？测试环境为所有客户端和数据库服务器使用的操作系统和产品环境使用的操作系统相同吗？
- 在驱动程序中存在可以通过对其进行修改提升性能的选项设置吗？

3．问题分析

让我们分析一下我们所了解的情况：

- 应用程序在部署之前，在测试环境中通过基准进行了测试，并且性能是可以接受的。
- 应用程序使用分布式事务，分布式事务会降低性能，因为在分布式事务所涉及到的所有组件之间进行通信需要写入日志并且需要网络往返。
- 在基准中使用的连接池没有显示应用程序使用了数据加密，这个公司的所有应用程序都需要使用数据加密。

为了解决问题，我们需要查看测试环境和产品环境，并查看它们之间是否存在差别。在这个案例研究中的主要问题是，为什么在测试环境中显示了更好的性能。在第 2 章中，我们讨论过数据加密对性能的影响。总之，对发送的数据的每个字节都需要执行加密操作，这意味着更慢的网络吞吐量。

在本案例研究中需要指出的另外一个问题是，基准没有再现产品环境。请查看 9.1.2 节，阅读有关当进行基准测试时再现产品环境有多么重要。

4．解决方法

如在 2.1.5 节中的“网络传输中的数据加密”小节中所讨论的，使用数据加密需要付出性能代价，并且对此可以采取的措施很少。如果数据库系统允许一个连接使用数据加密，同时允许另外一个连接不使用数据加密，也许可以降低性能代价。例如，可以为访问敏感的数据，例如个人税务登记号，建立使用加密的连接，并为访问不敏感的数据，例如个人所属部门和头衔，建立不使用加密的连接。Oracle 和 Microsoft SQL Server 是支持这一功能的数据库系统示例。对于 Sybase 数据库系统，要么所有的连接都使用数据加密，要么都不使用数据加密。

10.6.4　案例研究 4

在该案例研究中的小公司担心“机器爬行(machine creep)”；太多的机器位于实验室中，并且有些机器是过时的。公司决定将这些机器中的 5 台，合并为一台具有 8 个 CPU 的虚拟机器。这些机器中的每一台都至少宿主了一个数据库应用程序。公司的 IT 部门开始在一台虚拟机器上部署机器的映像。在虚拟机器上部署了两个映像之后，IT 人员运行性能检查。性能非常好。IT 部门继续部署机器映像，每次部署一个映像并在部署之后测试性能。

1．环境细节

环境细节如下：

- 在虚拟机器上的数据库应用程序区别很大。有些应用程序只有一个用户，并且一星期只运行几次。其他应用程序则有许多用户，并且每天运行几次。
- 机器 1 中有两个由财务部门使用的应用程序。只有两个雇员使用这些应用程序，并且每星期只使用少数几次。
- 机器 2 中有一个时间表应用程序，这个应用程序由许多用户使用，并且一个月只使用一次。
- 机器 3 中有一个 HR 应用程序，这个应用程序由一个或两个雇员使用，并且整天都在使用。
- 机器 4 中有一个由销售部门使用的应用程序。4 个或 5 个用户每天使用这个应用程序许多次。
- 机器 5 中有一个为技术支持部门提供支持的应用程序。这个应用程序由 7 个或 8 个用户使用，这些用户每天创建或更新支持案例。
- 虚拟机器运行 Linux 操作系统，Red Hat Linux 企业版 5.0。
- 虚拟机器具有 4 个网络端口/网络适配器，8 个 CPU，以及大量的内存。
- 在虚拟机器上运行的操作系统是 Windows XP、Windows Server 2003 以及 Solaris x86。
- 所有应用程序使用的数据库驱动程序都支持虚拟环境。
- 为虚拟机器使用在 Red Hat Linux 操作系统中内置的虚拟软件。

2. 问题

在最后一个机器映像被部署到虚拟机器上之后，在机器 4 上的应用程序的性能下降到其响应时间让人不能接受的程度。为什么呢？

下面是一些需要分析的问题：

- 在机器 5 上的应用程序运行的情况怎样(最后部署的机器映像)？机器 4 上的应用程序的性能下降，是由机器 5 上的应用程序造成的吗？
- 针对这 5 个机器映像，对虚拟机器进行了正确配置吗？
- 虚拟机器仍然具有充足的 CPU 和内存吗？

3. 问题分析

让我们分析一下我们所了解的情况：

- 在虚拟机器上的机器使用不同的操作系统。问题不可能是由这个因素引起的。
- 虚拟机器具有 8 个 CPU，相对于在虚拟机器上加载相关联的 5 个机器映像是足够的。所以，这也不可能是问题的原因。

- 有 5 个机器映像，并且只有 4 个网络端口/网络适配器。哪些机器映像共享一个网络端口，在这些机器上有哪些应用程序？机器 4 和机器 5 共享一个端口。这意味着这两台机器，运行使用频率最高的应用程序的两台机器，共享一个端口。

4. 解决方法

针对机器 4 和机器 5 共享一个网络端口的事实解决性能问题。当机器 5 被添加到虚拟机器时，因为更多的网络活动导致性能降低了。在本案例研究中，机器 4 和机器 5 需要共享一个网络端口。需要重新配置虚拟机器。例如，更好的配置是机器 1 和机器 2 共享一个网络端口，因为在这两台机器上的应用程序的使用频率比较低。或者，可以为虚拟机器添加额外的网络适配器，从而每台机器都有其自己的网络适配器。对于这种情况下，这个解决方法可能有些过分。

10.6.5　案例研究 5

在本案例研究中的数据库应用程序是一个批量加载应用程序。使用这个应用程序的公司在每天结束时，将对 AS/400 DB2 数据库的修改同步到 Oracle 数据库。这个 ODBC 应用程序使用参数数组执行批量加载操作，每次加载 1000 条记录。数据是有关地质图的 120 个数字列。执行该操作的代码如下：

```
// Assume at this point that a SELECT * FROM tabletoinsert
// WHERE 0 = 1 has been prepared to get information to do
// bindings

for (counter = 1; counter <= NumColumns; counter++) {
  rc = SQLColAttributes (hstmt, counter, SQL_COLUMN_TYPE,
           NULL, 0, &rgblen, &ptype);
  rc = SQLColAttributes (hstmt, counter, SQL_COLUMN_PRECISION,
           NULL, 0, &rgblen2, &prec);
  rc = SQLColAttributes (hstmt, counter, SQL_COLUMN_SCALE,
           NULL, 0, &rgblen3, &scale);
switch(counter){
case 1: rc = SQLBindParameter (hstmt, counter,
           SQL_PARAM_INPUT, SQL_C_CHAR, (SWORD) ptype,
           (UDWORD) prec, (SWORD) scale,
           pa_col1, sizeof(pa_col1[0]), cbValue);
           // pa_col1 is an array of character strings
           break;
case 2: rc = SQLBindParameter (hstmt, counter,
          SQL_PARAM_INPUT, SQL_C_CHAR, (SWORD) ptype,
```

```
            (UDWORD) prec, (SWORD) scale,
            pa_col2, sizeof(pa_col2[0]), cbValue2);
    // pa_col2 is an array of character strings
    break;
case 3: rc = SQLBindParameter (hstmt, counter,
            SQL_PARAM_INPUT, SQL_C_CHAR, (SWORD) ptype,
            (UDWORD) prec, (SWORD) scale,
            pa_col3, sizeof(pa_col3[0]), cbValue3);
    // pa_col3 is an array of character strings
    break;
...
default: break;
}
```

1. 环境细节

环境细节如下：

- 使用遗留的 AS/400 应用程序完成订单管理。每天晚上，执行一个批处理工作，将 AS/400 数据导出到一个 XML 文档中，然后使用 FTP 将该 XML 文档传输到一台 Linux 机器中。作为夜间合并处理的一部分，ODBC 应用程序读取 XML 文档中的内容，并将数据批量加载到 Oracle 数据库。
- 在应用程序中关闭了自动提交模式。
- 应用程序将数据作为字符串读入，并将数据作为恰当的数字类型，例如整型或浮点型，绑定到服务器上。
- 批量加载应用程序运行于 Linux 机器上。
- Oracle 数据库在 Windows 机器上。

2. 问题

批量加载操作的性能(响应时间)非常慢。有没有提高批量加载操作速度的方法？
下面是一些需要询问的问题：

- 驱动程序是否使用最优的数据库协议包容量进行配置？当传输大量数据时这是关键因素。
- 应用程序是否针对批量加载进行了优化？应用程序有没有使用参数数组？应用程序有没有使用存储过程？

3. 问题分析

让我们分析一下我们所了解的情况：

- 在应用程序中关闭了自动提交模式，对于这个案例这是正确的配置。因为在数据库服务器上提交每个操作需要相当数量的磁盘 I/O，并且在驱动程序和数据库之前需要额外的网络往返，在大多数情况下将会希望在应用程序中关闭自动提交模式。通过关闭自动提交模式，应用程序可以控制何时提交数据库工作，这可以显著改善响应时间。
- 应用程序使用参数数组，这是最优的。当使用参数数组时，使用能够提供最佳性能的数组容量的最大值进行测试，是一个好主意。在这个案例中，当每次执行的参数数组值是 1000 条记录时，可以得到最佳的性能。
- 应用程序高效地使用预先编译的语句。
- 加载的数据是数字，并且应用程序将所有的数据作为字符串读入内存中。
- 没有对数据库驱动程序进行很好地配置会造成性能问题。例如，包的容量可以配置为比较小的数值，如 16KB。对于这个案例，假定已经对数据库驱动程序进行了正确的配置。

4．解决方法

围绕作为字符串读入数据这个事实解决性能问题。根据数据库驱动程序的实现，为了将数据插入到数据库，要么驱动程序必须将字符数据转换为恰当的格式，要么驱动程序向数据库发送字符数据，并且由数据库系统负责执行转换工作。这两种方法都涉及到非常耗时的处理操作，确定恰当的类型，将数据转换为正确的格式，然后向数据库发送正确的信息。

当检查应用程序代码时，应当考虑，“为了生成这个批量加载工作，数据库驱动程序必须进行哪些工作呢？”在这个特定的案例中，驱动程序/数据库必须执行数据转换，数据转换需要使用 CPU 循环。对于每个操作，需要转换 120 000 片数据(120 列×1000 行)。尽管在插入数据操作中，数据转换不是最耗费时间的操作，但是对于大量执行它确实很重要。

在这个案例中，可以很容易地重新编写应用程序，优化 XML 文件的读取操作，将数据作为整数、浮点数等进行处理。对应用程序的这一修改最终会节省 CPU 循环，从而提高性能。下面是重新编写后的代码：

```
// We know the columns being loaded are numeric in nature—
// bind them using the correct native types

// Assume at this point a SELECT * FROM tabletoinsert
// WHERE 0 = 1 has been prepared to get information
// to do bindings

for (counter = 1; counter <= NumColumns; counter++) {
```

```
rc = SQLColAttributes (hstmt, counter, SQL_COLUMN_TYPE,
          NULL, 0, &rgblen, &ptype);
rc = SQLColAttributes (hstmt, counter, SQL_COLUMN_PRECISION,
          NULL, 0, &rgblen2, &prec);
rc = SQLColAttributes (hstmt, counter, SQL_COLUMN_SCALE,
          NULL, 0, &rgblen3, &scale);
switch(counter){
case 1: rc = SQLBindParameter (hstmt, counter,
          SQL_PARAM_INPUT, SQL_C_LONG, (SWORD) ptype,
          (UDWORD) prec, (SWORD) scale,
          pa_col1, sizeof(pa_col1[0]), cbValue);
  // pa_col1 is an array of integers
  break;
  case 2: rc = SQLBindParameter (hstmt, counter,
         SQL_PARAM_INPUT, SQL_C_LONG, (SWORD) ptype,
         (UDWORD) prec, (SWORD) scale,
         pa_col2, sizeof(pa_col2[0]), cbValue2);
  // pa_col2 is an array of integers
  break;
  case 3: rc = SQLBindParameter (hstmt, counter,
         SQL_PARAM_INPUT, SQL_C_BIGINT, (SWORD) ptype,
         (UDWORD) prec, (SWORD) scale,
         pa_col3, sizeof(pa_col3[0]), cbValue3);
  // pa_col3 is an array of 64 bit integers
  break;
  ...
  default: break;
  }
```

10.6.6 案例研究 6

在本案例研究中的应用程序是一个可执行的仪表板，通过这个应用程序，公司可以为团队提供一个查看销售系统的视图。负责部署应用程序的 IT 团队开发了大量的性能测试，这些测试是针对测量当在后面加载了系统时的响应时间而设计的。

1. 环境细节

环境细节如下：

- 仪表板是基于浏览器的应用程序，该应用程序使用 JDBC 连接到公司防火墙内部和外部的数据库系统。
- 应用程序访问在 Microsoft SQL Server 和三个 DB2 数据库中的数据。

- 在防火墙外部，应用程序还访问来自 www.salesforce.com 站点的数据。
- 在测试应用程序性能期间，IT 部门使用一个第三方工具在系统上模拟 5~10 个并发用户。
- 应用程序被部署到一个 IBM WebSphere 环境中。

2. 问题

IT 团队没有得到和基准一致的性能结果。运行基准的过程是，在每次运行之前重新启动应用程序服务器、数据库服务器、以及加载测试服务器。测试环境在一个独立的网络上，从而可以排除是因为和其他应用程序之间的接口，造成了不一致的结果。

IT 团队第一次运行基准时，基准测试情况中的许多测试，其响应时间是不能让人接受的。当他们手动重新运行有性能问题的测试时，响应时间看起来是可以接受的。是什么原因造成了这些不一致的结果呢？

3. 问题分析

让我们分析一下我们所了解的情况：

- 因为手动测试表明性能是可以接受的，那么是否是测试环境存在问题呢？用于模拟并发用户的第三方工具配置准确吗？在这个案例中，使用的工具没有问题。
- 可能是基准没有运行足够长的时间，或者测量的响应时间比较短。运行持续时间比较短的基准很难再现有意义的并且可靠的结果。有关细节请查看 9.1.6 节。在这个案例中，这不是问题。
- 应用程序编码正确吗？数据库驱动程序正确地进行调校了吗？IT 团队通过检测，这两者都没有问题。
- 使用连接池或语句池了吗？是的，两者都使用了；然而，问题不是由这两者造成的。
- 数据库还没有准备好。应用程序第一次访问数据库中的数据表记录时，数据库会将记录副本放置到内存上的一个页面中。当处理后续的数据请求时，如果数据库能够在内存中的页面上找到请求的数据，数据库通过避免磁盘 I/O 对该操作进行了优化。请查看 9.1.7 节。

4. 解决方法

经过仔细检查基准结果，IT 团队发现当每个数据库系统访问以前没有访问过的数据时，性能最差。在数据库系统中，最近访问过的数据总是被保留在内存中，从而后续访问的速度很快(为了返回数据不需要访问磁盘)。在这个性能测试情况中，为测量“新”系统，需要重新启动所有系统。

应当通过运行一次基准并且不进行性能测量，从而使基准包含一些时间用于准备数据库系统。一旦经常访问的数据被加载到内存中，为了在运行时最高效地访问这些数据，这些数据会保留在内存中。

10.6.7 案例研究 7

在这个案例研究中的数据库应用程序为一个分布的销售团队提供支持。应用程序是基于图形用户界面的，并且具有许多可以查询的有关销售信息类型的选项：根据区域划分的销售、根据产品划分的销售、购买过产品的客户、以及根据区域划分的收入。应用程序最多由 10 个并发用户使用。

1. 环境细节

环境细节如下：

- 应用程序是 ADO.NET 程序，并且运行在应用程序服务器上。
- 数据库服务器是 Oracle 11g 共享服务器，运行在 AIX 5.3 系统上。
- 客户端机器运行.NET Framework 2.x 以及不同的 Windows 操作系统，例如 Windows XP 和 Windows Vista。
- 应用程序被部署到 WAN 环境中。
- 应用程序使用连接池和语句池。
- 在中间件层和数据库服务器上，CPU 和内存都很充足。
- 数据库提供程序是基于 DataDirect Technologies 的针对 Oracle 的 ADO.NET 数据提供程序。下面是连接字符串：

```
"Host=Accounting;Port=1433;User ID=Scott;Password=Tiger;
Server Type=Shared;Load Balance Timeout=0;Wire Protocol Mode=2;
Enlist=False;Batch Update Behavior=ArrayBindOnlyInserts;
Pooling=True;Cursor Description Cache=True;Max Pool Size=10;
Connection Reset=False;Fetch Array Size=128000;
Session Data Unit=8192"
```

在部署应用程序之前，IT 部门在 LAN 环境中使用 10 个并发用户对应用程序进行了基准测试。性能非常好，应用程序被部署到位于芝加哥、旧金山以及亚特兰大的办公室中。

2. 问题

应用程序部署之后，性能下降了 50%。为什么呢？

下面是一些需要询问的问题：

- 确认是最多有 10 个用户正在使用应用程序？

- 在基准运行环境和实际部署环境之间有什么不同吗？
- 在驱动程序中是否具有可以通过对其进行修改以提升性能的连接选项设置？

3．问题分析

让我们分析一下我们所了解的情况：

- 假定确实最多有 10 个用户使用应用程序。
- 基准在 LAN 环境中运行，而应用程序被部署到 WAN 环境中。
- 在基准环境和测试环境中使用的连接字符串相同。是否具有能够在 WAN 环境中提供更好性能的连接选项？

4．解决方法

围绕设置会话数据单元连接选项解决性能问题。Oracle 的会话数据单元(Session Data Unit，SDU)是一个缓冲区，ADO.NET Oracle 提供程序的 DataDirect Connect 在通过网络传输数据之前，使用该缓冲区放置数据。

下面是一些与 SDU 相关的信息，这些信息来自 Oracle 的文档[2]。

> SDU 的容量是 512~32767 字节；对于专用服务器默认容量是 8192 字节，对于共享服务器默认容量是 32767 字节。实际使用的 SDU 容量是建立连接时在客户端(提供程序)和服务器之间通过协商确定的。配置一个 SDU 容量，使其和在客户端和服务器计算机上配置 SDU 的默认需求不同，除非使用共享服务器，在这种情况下只需要改变客户端，因为共享服务器的 SDU 容量默认为最大值。
>
> 例如，如果通过应用程序发送和接收的大多数消息的容量小于 8K，考虑到 70 字节的开销，将 SDU 设置为 8K 可能会得到比较好的效果。如果内存非常充足，使用 SDU 的最大值，可以使系统调用次数和开销降至最低。

阅读完有关 SDU 的这一描述后，我们知道对于共享服务器，SDU 的默认容量是 32767 字节，并且应用程序访问共享服务口。然而，在提供程序中 SDU 容量被设置为 8192 字节。因此，为了提升性能，会话数据单元(SDU)连接池选项的值应当被增加到 32767 字节。

10.6.8　案例研究 8

在本案例研究中的数据库应用程序执行 OLTP 类型的事务(返回小结果集)。应用程序是基于 Web 的程序，并且允许用户查询金融股票的当前交易额。对于这个应用程序快速的响应时间是很关键的。

2　“Oracle 数据库网络服务管理员指南”，10g 发布版 1(10.1)，Part Number B10775-01。2004 年 1 月。

1．环境细节

环境细节如下：

- 应用程序是 JDBC 程序，运行在应用程序服务器上。
- 数据库服务器是 Sybase ASE 15，运行在 HP-UX PA-RISC 11i 2.0 版本上。
- 应用程序被部署到 WAN 环境中。
- 客户端机器运行 Linux 操作系统。

2．问题

响应时间变得不能让人接受。为什么呢？

下面是一些需要询问的问题：

- 用户数量增加了？
- 网络配置改变了？
- 是否对数据库服务器进行了修改，例如在服务器上安装了其他数据库系统？
- 针对这种类型的应用程序，对驱动程序进行正确配置了吗？
- 应用程序使用连接池和语句池了吗？
- 应用程序是否只返回它需要的数据，并且是否是以最高效的方法返回数据？

3．问题分析

让我们分析一下我们所了解的情况：

- 许多环境问题会导致缓慢的响应时间，例如带宽不足、物理内存不足、或 CPU 能力不足。对于这个案例，假定不能增加更多的内存和 CPU。
- 有非常多的用户访问应用程序，但是没有配置应用程序使用连接池。
- 在这种类型的应用程序中，使用大的数据库协议包不是一个好主意。检查在驱动程序中配置的数据库协议包容量。通常默认容量不是应当为 OLTP 类型的应用程序使用的容量。
- 提升性能最简单的方法是限制在数据库驱动程序和数据库服务器之间的网络往返次数——一种方法是编写 SQL 查询，指示驱动程序只从数据库检索应用程序需要的数据，并只为应用程序返回所需要的数据。假定这个应用程序的编码使用的是最优的查询。

4．解决方法

因为不能为数据库服务器增加更多的内存，这个问题必须在应用程序和数据库驱动程序中解决。解决方法包括两个方面：

- 可以通过使用连接池优化应用程序。如在本书中多次提过的，连接池可以显著提升性能，因为重用连接减少了建立物理连接所需要的开销。在 JDBC 程序中，为了使用连接池，应用程序必须使用 DataSource 对象(一个实现了 DataSource 接口的对象)获取连接。因此，为了使用 DataSource 对象需要修改应用程序。有关细节请查看 8.1 节。
- 驱动程序使用的数据库协议包容量为 32KB。在这个案例中，使用更小的容量可以提供更好的响应时间，因为只需要为应用程序返回小结果集。在这个案例中，32KB 的包容量比返回数据的数量大很多，这会导致所需要的内存比使用更小的包容量时需要的内存要多。

10.7　小结

当数据库应用程序的性能不能让人接受时，第一步是明确问题：是吞吐量问题、响应时间问题、可伸缩性问题，还是它们之间的组合？第二步是分析可能的原因。例如，如果是响应时间问题，分析应用程序是否存在内存泄露，或者是否执行过多的数据转换？第三步是缩小造成性能问题原因的可能范围。您会发现按照下面的顺序进行调试是有帮助的：

(1) 查看整体情况，并分析以下重要问题：在数据库应用程序部署中的任何组件发生了任何改变吗？如果确实发生了变化，查找发生了什么变化。

(2) 如果没有发生任何变化，查看数据库应用程序。

(3) 如果数据库应用程序看起来似乎没有问题，查看数据库驱动程序。

(4) 如果在查看了应用程序和数据库驱动程序之后，对性能仍然不满意，查看应用程序的部署环境。

需要注意的一个重要细节是，如果数据库服务器资源有限制，无限制地调校应用程序或数据库中间件会造成不能接受的性能。

- [illegible]
  [illegible]
  [illegible] DataSource [illegible] DataSource [illegible]
  [illegible] DataSource [illegible]
  [illegible]
- [illegible]
  [illegible]
  [illegible]
  [illegible]

10.7 小结

[illegible]

(1) [illegible]

(2) [illegible]

(3) [illegible]

(4) [illegible]

[illegible]

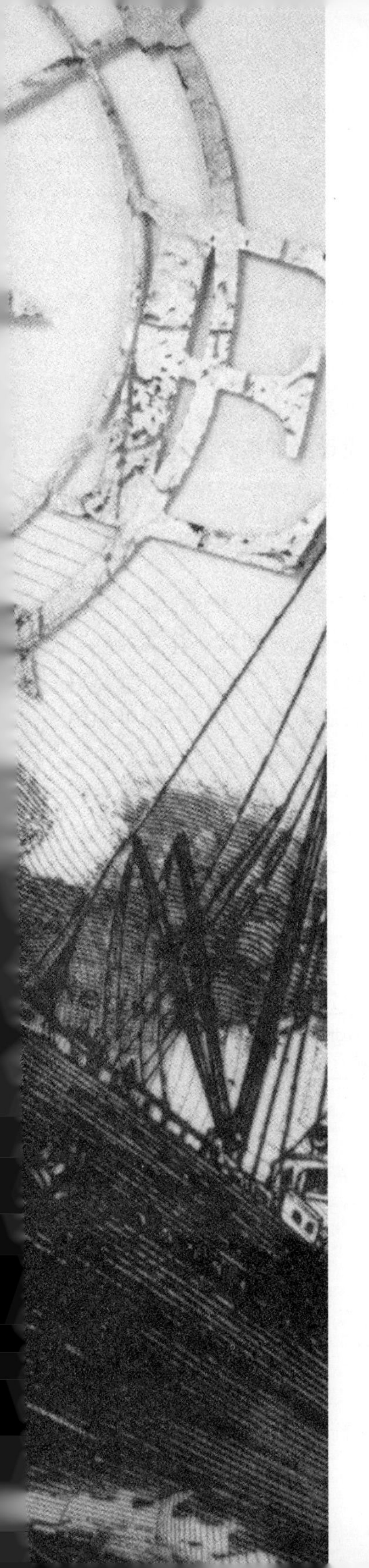

第 11 章

面向服务架构(SOA)环境中的数据访问

在当今的商业环境中，应用程序架构必须跟上商业需求的变化，并且要能够吸收新的商业伙伴和产品。在过去的几年里，公司采用了不同的计算架构和编程语言，这些架构是针对分布式处理设计的，编程语言是针对跨平台运行设计的，并且设计了大量的产品，以提供更好和更快的应用程序集成。在许多情况下，这些步骤不再足以为商业提供它们所需要的敏捷性。

为了适应变化，公司正开始采用面向服务架构(Service-Oriented Architecture，SOA)，面向服务架构是一种软件设计方法论，这种方法通过重用服务快速改变应用程序以适应不断变化的商业需求，确保提供所需要的敏捷性。SOA 已经出现很长一段时间了，但是它被应用到产品中是最近两三年的事。现今，几乎每个有一定规模的组织都实现了某些形式的 SOA 或在不远的将来计划实现 SOA。

尽管 SOA 和传统的架构不同，但是在 SOA 环境中的应用程序仍然需要访问和使用数据。根据我们的经验，通常是 SOA 专家而不是数据专家设计这些应用程序。因此，当应用程序部署之后，经常会出现性能问题。因此，当部署应用程序时常常出现性能问题。尽管在本书前面讨论的指导原则也可以通过某种方式应用到 SOA，但是在 SOA 环境中的数据访问有一些不同的特征值得单独进行讨论。在本章中，我们将分享可以保证数据应用程序在 SOA 环境中很好地执行的主要方法。

11.1 面向服务的架构(SOA)是什么

在讨论 SOA 环境中数据访问的指导原则之前，先定义使用 SOA 意味着什么。首先，让我们理清一些与 SOA 相关的误解：

- SOA 不是一款可以购买的产品。它是一种定义如何构建应用程序的设计方法。
- SOA 不是 Web 服务(尽管 90%的时间，公司使用 Web 服务实现 SOA)。

SOA 是一个构建软件应用程序的方法，使用这种方法可以设计松散耦合的称之为服务(services)的软件组件。松散耦合(loosely coupled)的含义取决于我们谈论的对象，但是通常具有以下含义：

- 服务是根据商务逻辑模块化设计的。
- 其他服务的内置知识被降至了最低，从而改变一个服务不会影响其他服务。

服务使用消息进行通信。当创建一个服务时，定义该服务可以接收和发送什么消息。服务可以被任意客户(应用程序或其他服务)使用，只要客户为服务提供了它所期望的信息，并且如果生成了一个响应，该响应对客户是有用的。例如，假定您需要设计一个简单的执行两个常见任务的银行应用程序：取款和存款。如图 11-1 所示，根据在业务流中服务执行的任务设计服务。Deposit 存款服务既可以被 Teller 应用程序也可以被 Wire Transfer 应用程序使用，因为和服务交互的应用程序使用标准的消息。

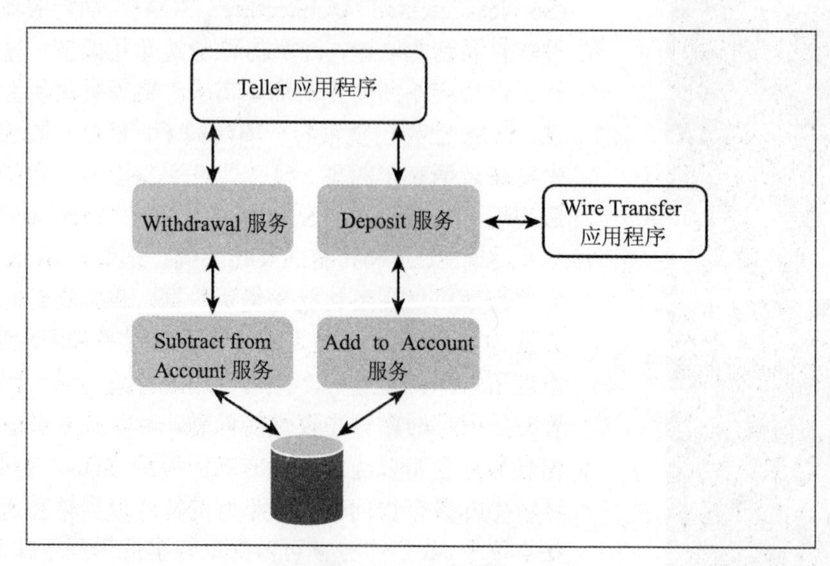

图 11-1　SOA 环境

服务可以很简单也可以很复杂。它们可以调用其他服务，其行为就像是构件合成服务。

例如，在图 11-1 中显示的 Deposit 服务调用 Add to Account 服务。

开发人员如何知道可以重复使用哪些服务？通常，服务在 SOA 登记处/储存库发布和它们自己相关的详细信息。例如，一个服务可能发布以下特征：

- 服务执行的操作
- 服务使用的其他服务
- 当使用服务时必须遵循的策略，例如安全方法
- 服务支持的通信协议

服务是使用哪种语言编写的，以及服务在哪种操作系统上运行是不重要的。只要客户和服务都支持相同的通信协议，它们就可以进行交互，而不管它们是如何实现的。

SOA 通常使用 Web 服务(Web Services)实现，Web 服务定义了服务如何使用以下标准进行交互：可扩展标记语言(Extensible Markup Language，XML)、简单对象访问协议(Simple Object Access Protocol，SOAP)、Web 服务描述语言(Web Services Description Language，WSDL)、以及统一描述、发现和集成(Universal Description，Discovery and Integration，UDDI)。例如，如果使用 Web 服务实现在图 11-1 中显示的方案，Teller 应用程序应当使用 SOAP 消息请求 Withdrawal 服务或 Deposit 服务，并且服务之间的数据传递应当使用 XML 进行交换。在这个方案中的每个服务应当在 SOA 登记处使用 WSDL/UDDI 发布其详细信息。

11.2　SOA 环境中数据访问的指导原则

为了确保在 SOA 环境中数据库应用程序良好地执行，遵循以下原则进行操作：

- 除了 SOA 专家之外，还需要数据专家
- 使数据访问和业务逻辑相分离
- 针对性能进行设计和调校
- 考虑数据集成

11.2.1　除了 SOA 专家之外还需要数据专家

SOA 指导原则由 SOA 体系结构设计人员定义，他们对于创建和管理代表业务逻辑的可重用服务了如指掌。但是，SOA 体系结构设计人员不是数据库或数据访问方面的专家。正如在前面所解释过，SOA 是有关业务敏捷性的。SOA 通过构建应用程序可以重复使用多次的服务，获得敏捷性。

例如，假定设计一个在应用程序中使用的服务，其用户通常不超过 50 个。当部署了应用程序之后，服务的性能保持的很好，直到部署了其他开始使用相同服务的应用程序。

很快，服务的用户比最初设计的用户数量多出了500%，并且性能迅速下降。

这是我们在 SOA 服务设计的现实世界中经常看到的问题——第一次部署服务时其性能执行的很好，当其他应用程序开始使用服务后性能下降了。设计一个对于500个用户能够执行良好的服务，与设计一个对于50个用户能够良好执行的服务是不同的。在本书前面几章中讨论的指导原则可以帮助您达到可伸缩性目标。

性 能 提 示

为了实现SOA的承诺，在设计访问数据的服务时，不仅需要SOA专家，还需要数据访问专家。

11.2.2 使数据访问和业务逻辑相分离

无论是在传统的架构(例如面向对象的架构)还是在SOA架构中，应用程序依赖于各种技术，例如ODBC、JDBC以及ADO.NET，访问存储在数据库中的数据。在传统的架构中，数据访问代码包含在应用程序中。即使使用对象-关系映射工具，例如 Hibernate，抽象数据层，数据访问代码仍然保存在应用程序中。因为没有将应用程序设计成和其他应用程序共享组件(尽管代码经常被复制并移值到其他应用程序中)，所以可以使用这种紧密耦合(tightly coupled)的方法。当发生了影响数据访问的修改时，必须更新代码。

在 SOA 环境中，服务被设计为可重用的，但是我们经常发现服务中的数据访问一直使用相同的方法实现，使用熟悉的、紧密耦合的方法实现，如图11-2所示。数据访问代码被构建到需要访问数据库的服务内部。

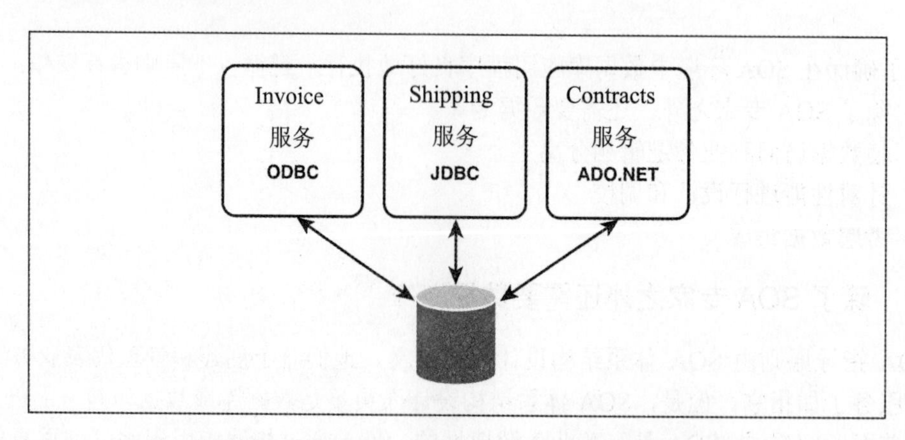

图 11-2 紧密耦合：在SOA服务内部构建数据访问

将数据访问附属部分构建到服务内部，会造成以下不好的影响：

- 强制业务逻辑专家变成数据访问专家。

- 导致复杂的部署方案，并且难以维护。
- 降低了可伸缩性和性能。

假定，当您阅读本书时，发现了一个性能提示，可以提升以前开发的服务的性能。接下来，进行工作并在服务中完成这一修改。经过仔细的测试，发现这一修改将服务的响应时间提高了 100%，并且可以允许更多的用户。对于您的服务这是一个非常好的优点，但是您能够在已经部署到公司中的数以千计的服务中实现这一提示吗？当为了实现相同的目标必须修改大量服务时，实现业务敏捷性——SOA 的这一现实价值——变得更加困难了。

性 能 提 示

在 SOA 环境中，提供数据访问的最好方法是，遵循 SOA 提倡的相同原则：提供一个松散耦合的数据服务层(Data Services Layer，DSL)，将数据访问代码集中作为一个服务。

图 11-3 显示了一个 DSL，所有需要数据访问的服务都可以使用这个 DSL。只需要在 DSL 所在的机器上安装数据库驱动程序。要求您的数据专家设计这个数据服务层；他的经验将会帮助您为所有服务中的数据访问提供最好的实践。除了需要在 DSL 中集中修改影响数据访问的代码外，其他服务都不需要修改。

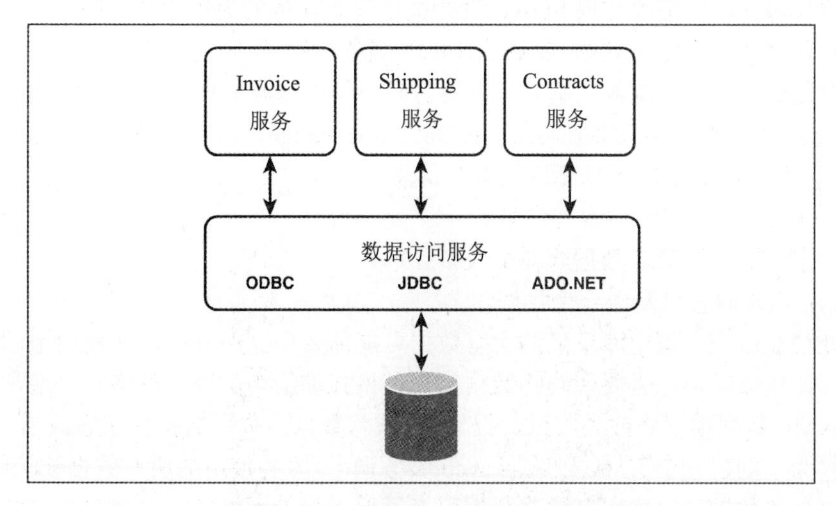

图 11-3　松散耦合：数据服务层(DSL)

SOA 的一个用处是捕获最好的实践。如果有人规划出了实现运送(shipping)服务的最好方法，所有应用程序都可以使用这个“同类中最好的”运送服务。如果不使用 SOA，相同的代码必须被移植到所有需要执行运送功能的应用程序中。通过构建一个 DSL，可以在数据访问服务中为数据访问捕获最好的实践，从而公司中的任何人都可以从中受益。

11.2.3 针对性能进行设计和调校

尽管在本书中提供的许多性能提示也可以应用到 SOA 环境中的数据访问，下面是一些针对 SOA 架构特别重要的提示：

- 重用服务意味着多个用户会构建许多连接——最好的方案是使用连接池。任何具有许多用户的服务，如果不使用连接池，对这些服务的调用经常会失败。更多信息请查看 2.1.1 节中的“使用连接池”小节。
- 重用服务意味着相同的语句被执行多次——最好的方案是使用语句池。更多信息请查看 2.1.3 节中的“语句池”小节。
- 理解每个访问 DSL 的服务可能具有不同的需求。例如，一个服务可能检索大对象，并且需要针对这一用法进行调校，然而其他服务可能将批量数据加载到数据表中，并且需要不同的调校方法。因此，对于数据库驱动程序是可以调校的，这一点很重要。有关在数据库驱动程序中寻找哪些运行时性能调校选项的更多信息，请查看 3.3.3 节。

11.2.4 考虑数据集成

大多数公司开始慢慢地实现 SOA，设计执行简单业务的简单服务。例如，第一次努力的范围可能是设计一个使用订单 ID 查找订单的服务。当开发人员变得越来越适应 SOA 时，他们开始设计更加复杂的服务。例如，需要访问不同数据源的处理以下工作流的服务：

(1) 检索一个电子数据交换(Electronic Data Interchange，EDI)订单。

(2) 验证存储在 Oracle 数据库中的客户信息。

(3) 从 Oracle 数据库中检索客户号。

(4) 使用客户号向 DB2 数据库提交一个订单。

(5) 使用 EDI 向客户发送一个收据。

连续处理在这些步骤中涉及到的所有数据可能需要巨大的开销。在使用不同格式的数据之间进行比较或转换，需要代码将数据从一种格式编组为另外一种格式。通常，该代码将数据从 XML 数据模型修改为关系数据模型，或将数据从关系数据模型修改为 XML 数据模型。最后，为了创建一个 XML 以响应 Web 服务调用，服务使用的所有数据被编组为 XML 格式。从单独的数据源检索所有这些数据可能需要大量的网络往返，并且为了编组数据可能需要多个转换层。

让我们从不同的角度分析这个问题。大部分 SOA 架构使用基于 XML 的请求和响应。XQuery 是一种用于 XML 的查询语言。有些 XQuery 产品允许从 XML 文件查询数据，或者从任何能够被看作是 XML 的数据源(如关系数据库)查询数据。使用这种类型的解决方案可以像查询 XML 那样查询几乎所有的数据源，而不用管数据是如何进行物理存储的。

就像 SQL 是关系查询语言，以及 Java 是面向对象编程语言一样，XQuery 经常被认为是本地 XML 编程语言。在撰写本书时，XQuery 1.0 是 W3C 推荐的规范，可以在 www.w3.org/TR/xquery/上找到该规范[1]。

就像 ODBC、JDBC 以及 ADO.NET API 支持 SQL 查询语言一样，针对 Java 的 XQuery API(XQJ)被设计为用来支持 XQuery 语言。XQJ 标准(JSR 225)正在 Java Community Process 的管理下进行开发，可以在 www.jcp.org/en/jsr/detail?id=225 上找到该标准[2]。

有些数据库，例如 Oracle 11g，已经集成了对 XQuery 的支持。还有一些市场上的产品提供了 XQuery 处理器，优化对关系数据源和 XML 数据源的访问，如图 11-4 所示。

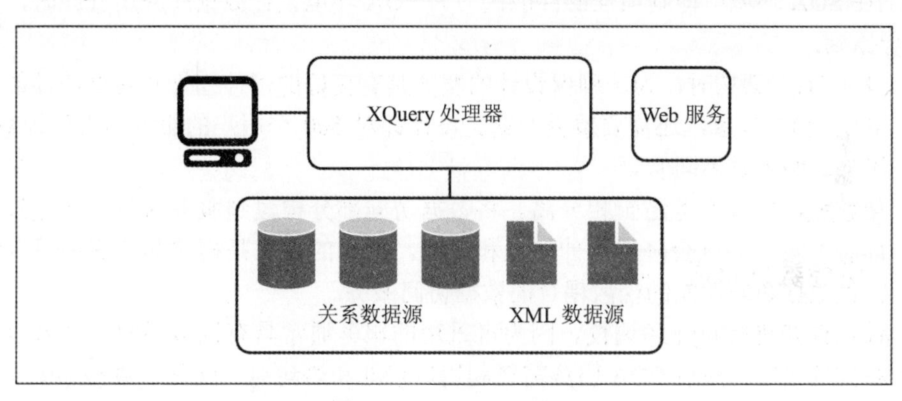

图 11-4　XQuery 处理器

XQuery 使用以下方式简化了数据集成：

- 它为 XML 以及当使用 XML 时最经常需要的操作提供了本地支持。现在，XML 是许多数据集成的核心；对于使用 XML 传递 SOAP 消息的 SOA 环境更是如此。由 XQuery 查询生成的 XML 可以在 SOA 应用程序中直接使用。例如，一个查询结果可能是一个 SOAP 消息的有效负载工具。
- 它消除了使用不同 API 以及针对每个数据源使用不同数据模型的需要。XQuery 语言是按照 XML 结构定义的。因为大多数数据可以被映射为 XML 结构，所以可以使用 XQuery 虚拟查询任何数据源。
- 使用 XQuery 不再需要编写将数据编组为不同格式的代码。对于 XQuery，查询结果就是 XML。

我们曾经看到过一个 XQuery 查询代替了 100 行代码，因为它可以在一个步骤中封装

1 “XQuery 1.0：一种 XML 查询语言。” W3C。2009 年 2 月 2 日(http://www.w3.org/TR/xquery/)。

2 “JSR 225：XQuery API for JavaTM(XQL)。” Java Community Process。2009 年 2 月 2 日(http://www.jcp.org/en/jsr/detail?id=225)。

所有的业务逻辑以及集成逻辑。因为服务只需要执行一个 XQuery 查询，网络往返次数降至最少。

11.3 小结

为了跟上商业需求的变化，许多公司现在采用 SOA 架构。通过采用 SOA 架构，开发人员可以设计松散耦合的服务，其他应用程序可以重复使用这些服务。

为了在 SOA 环境中得到最佳的性能，当为 SOA 环境设计数据库应用程序时，请遵循以下指导原则：

- 设计 SOA 架构时，为了确保设计的服务具有良好的可伸缩性和良好的性能，不仅需要 SOA 专家，还需要数据专家。设计针对 500 个用户的服务与设计针对 50 个用户的服务是不同的。
- 使数据访问和业务逻辑相分离。将数据访问部分构建到服务内部，会导致复杂的部署方案，并且会降低可伸缩性和性能。更好的方法是构建其他服务可以调用以提供数据访问功能的松散耦合的数据访问服务。
- 针对性能进行设计和调校。因为可重用的服务通常具有许多用户，并且重复执行相同的语句，所以 SOA 服务需要利用连接池和语句池。此外，数据库驱动程序提供的有些运行时性能调校选项也可以提升性能。
- 考虑数据集成。因为大多数 SOA 架构使用基于 XML 的请求和响应，对于数据集成，XQuery 语言是一个好的选择。使用 XQuery 可以查询任何可以看作是 XML 的数据源，包括关系数据库。XQuery 还将查询结果作为 XML 提供，从而不再需要将数据从其他数据格式转换为 XML 代码。

附　录

术　语　表

活动连接(active connections)

在连接池上下文中，应用程序当前使用的连接。请参阅空闲连接。

带宽(bandwidth)

在一段特定的时间内，在网络上从一点向另外一点能够传输的数据量。带宽通常使用位(数据)/秒(bps)表示。

基准(benchmark)

在明确定义的任务或任务集合上，测量应用程序或系统性能的测试。

big endian

一种用于在内存中存储多字节数据(例如长整数)的字节排序方法。使用 big endian 方法的机器在内存中以从大的一端开始的顺序存储数据。第一个字节是最大的请参阅字节序和 little endian。

装箱(boxing)

当将数据类型封装到对象中时，在 Java 和.NET 中发生的处理过程。当发生装箱时，为了创建对象，需要从数据库客户端的堆上分配内存，这可能会强制执行垃圾收集操作。

桥接(bridge)

在一个已有的数据库连接标准和一个新的数据库连接标准之间桥接功能的数据库驱动程序。例如，对于 Java 应用程序，使用 JDBC/ODBC 桥接可以访问所有 ODBC 驱动程序支持的数据源。

字节码(bytecode)

Java 应用程序代码的编译格式。Java 代码一旦被编译成字节码，代码就可以通过 JVM 运行，而不是通过计算机的处理器运行。通过使用字节码，Java 代码可以跨平台运行。

CLR 堆(CLR heap)

一个预留的内存池，.NET 公共语言运行库(CLR)从该内存池中为新对象分配内存。

提交(commit)

一种导致在事务期间执行的所有更新被写入数据库的操作。

连接池(connection pool)

应用程序可以重复使用的一个或多个数据库物理连接的高速缓存。

连接池管理器(Connection Pool Manager)

在 JDBC 中，一种管理池中连接的实用工具，还可以使用这种工具定义连接池的属性，例如当应用程序启动时放入连接池中的连接的初始数量。

上下文切换(context switch)

保存和恢复 CPU 状态(上下文)，从而多个进程可以共享单个 CPU 资源的过程。当 CPU 停止运行一个进程，并开始运行另外一个进程时，发生上下文切换。例如，如果应用程序为了更新数据等待释放对一条记录的加锁，操作系统可能会切换上下文，从而当应用程序等待释放加锁时，使 CPU 可以执行其他应用程序的工作。

基于游标的协议数据库系统(cursor-based protocol database system)

为 SQL 语句指定数据库服务器方“名称”(即游标)的数据库系统。服务器在游标上递增地工作。数据库驱动程序通知数据库服务器，何时进行工作以及返回多少信息。多个游标可以使用一个网络连接，每个游标在一个很小的时间片中工作。Oracle 和 DB2 是基于游标的协议数据库的例子。

数据提供程序(data provider)

一种软件组件，应用程序按照要求通过以下基于标准定义的 API 之一：ADO.NET、ADO、以及 OLE DB，使用这种软件组件获取对数据库的访问。在许多其他操作中，数据提供程序处理 API 函数调用，向数据库提交 SQL 请求，并向应用程序返回结果。

数据服务层(Data Services Layer, DSL)

在面向服务架构(SOA)的环境中，作为松散耦合的 SOA 服务而设计的数据访问逻辑和代码。

数据库驱动程序(database driver)

一种软件组件，应用程序按照要求通过以下基于标准定义的 API 之一：ODBC 或 JDBC，使用这种软件组件获取对数据库的访问。在许多其他操作中，数据库驱动程序处理 API 函数调用，向数据库提交 SQL 请求，并向应用程序返回结果。

数据库协议包(database protocol packets)

一种数据库驱动程序和数据库服务器用于请求和返回信息的数据包。为了和数据库进行通信，每个包使用一种由数据库厂商定义的协议。例如，Microsoft SQL Server 使用通过表格格式数据流(Tabular Data Stream，TDS)协议进行编码的通信，IBM DB2 使用通过分布式关系数据库体系结构(Distributed Relational Database Architecture，DRDA)协议进行编码的通信。

磁盘争用(disk contention)

当多个进程或线程试图同时访问同一个磁盘时发生的情况。磁盘限制同时访问它的进程和线程的数量，并限制可以返回的数据量。当达到这些限制时，进程/线程为了访问磁盘必须等待。

分布式事务(distributed transaction)

一种访问和更新在两个或更多网络数据库中数据的事务，所以分布式事务必须协调这些数据库。请参阅本地事务。

动态 SQL(dynamic SQL)

在运行时构造的 SQL 语句；例如，应用程序可能允许用户输入他们自己的查询。这些类型的 SQL 语句不能硬编码进应用程序。请参阅静态 SQL。

嵌入式 SQL(embedded SQL)

在应用程序编程语言中(如 C 语言)编写的 SQL 语句。这些语句通过 SQL 处理器，在应用程序编译之前对其进行了预处理，它们是和数据库相关的。

字节序(endianness)

为了在内存中存储多字节数据，例如长整数，操作系统使用的字节顺序，并由处理器决定。请参考 big endian 和 little endian。

环境(environment)

在 Microsoft ODBC 驱动程序管理器连接池模型上下文中，数据库驱动程序在其内部访问来自应用程序的数据的一种全局上下文。环境拥有应用程序内部的连接。通常，在一个应用程序中只有一个环境，这意味着每个应用程序通常只有一个连接池。

只向前游标(forward-only cursor)

一种游标类型，数据库驱动程序使用这种类型的游标按顺序、不可滚动地访问结果集中的记录。

垃圾收集器(garbage collector)

JVM 运行的程序，用于清除已经死亡的 Java 对象并回收内存。请参考分代垃圾收集。

分代垃圾收集(generational garbage collection)

最新的 JVM 使用的一种垃圾收集方法，这种方法根据对象的生存期，将对象划分到 Java 堆中不同的内存池中。请参考垃圾收集器。

硬页面失效(hard page fault)

一种页面失效类型，当应用程序在页面原来的地址空间请求内存中的页面，但是请求的页面却位于虚拟内存中时，会发生这种类型的页面失效。操作系统必须将页面从虚拟内存中交换出来，并将其放回 RAM 中。请参考软页面失效。

堆容量(heap size)

Java 堆的总容量。请参考 Java 堆。

空闲连接(idle connection)

在连接池上下文中，连接池中可供使用的连接。请参考活动连接。

不感知游标(insensitive cursor)

一种可滚动游标类型，这种类型的游标忽略所有可能影响游标结果集的修改。

Java 堆(Java heap)

一种预留的内存池，JVM 从中为新对象分配内存。请参考堆容量。

即时(JIT)编译器(Just-in-Time(JIT) compiler)

某些 JVM 和.NET 公共语言运行库(CLR)提供的代码生成程序，它在运行时将字节码转换为本地机器语言指令。使用 JIT 编译器编译的代码通常比未经过编译的代码运行速度更快。

Kerberos

一种网络认证协议，最初是由 MIT 作为开放网络计算环境的安全问题的一种解决方案而开发的。Kerberos 是信任的第三方认证服务，它核实用户的身份。

时延(latency)

网络包用于从一个目的地向另外一个目的地进行传输的时间延迟。

延迟取数据(lazy fetching)

某些数据库驱动程序使用的一种返回数据的方法。数据库驱动程序在数据库服务器的网络往返中返回必需的结果记录。如果下一次请求的记录不在缓存的结果集中，驱动程序为返回更多的记录生成所需要的网络往返。

little endian

一种用于在内存中存储多字节数据(例如长整数)的字节排序方法。使用 little endian 的机器在内存中以从小的一端开始的顺序存储数据。第一个字节是最小的。请参阅字节序和 big endian。

本地事务(local transaction)

一种访问和更新在一个数据库中数据的事务。请参阅分布式事务。

松散耦合(loosely coupled)

在两个或更多具有某种交换关系的系统之间的一种有弹性的关系。在面向服务架构(SOA)的服务上下文中，松散耦合意味着服务是根据业务逻辑模块化设计的，并且将对其他服务内部知识的需要降至最低，从而一个服务的变化不会波及到其他服务。松散耦合和紧密耦合相对应。

托管代码(managed code)

在.NET 中，由公共语言运行库(CLR)执行的代码。请参阅非托管代码。

最大传输单元(Maximum Transmission Unit，MTU)

通过一条网络链路可以发送的最大包容量。MTU 是网络类型的特征。例如，以太网的 MTU 是 1500 字节。

内存泄露(memory leak)

由于应用程序没有释放不再需要的内存，从而导致的逐渐地并且是无意地内存消耗。这一术语可能会造成困惑，因为并不是内存从计算机上物理地丢失，而是可用内存、RAM 以及虚拟内存被逐步用尽。

网络包(network packet)

一种用于通过网络传输信息的数据包，例如 TCP/IP。为了在网络上进行传送，数据库协议包被转换成网络包。一旦网络包到达它们的目的地，它们和其他网络包重新组装成数据库协议包。

包分片(packet fragmentation)

为了适应网络链路的 MTU，将过大的网络包分割成容量更小的包的过程。

页面(page)

在 RAM 中的长度固定的内存块。

页面失效(page fault)

当应用程序试图访问内存中的一个页面，而在页面原来的地址空间又找不到页面时，由硬件产生的错误。请参考硬页面失效和软页面失效。

页面文件(page file)

在硬盘中预留的部分，用于在虚拟内存中存储 RAM 中的页面。

页面调度(paging)

从 RAM 向虚拟内存转移页面的过程。

路径 MTU(path MTU)

在一条特定网络链路上的所有网络节点的 MTU 中最低的 MTU。

路径 MTU 发现(path MTU discovery)

一种用于检测一条特定网络路径上的所有网络节点的 MTU 中最低 MTU 的技术。

预先编译的语句(prepared statement)

一种 SQL 语句，为了提高效率这种 SQL 语句被编译(或者说准备)进一个访问或查询计划中。应用程序可以重用预先编译的语句，而不需要承担重新创建查询计划的数据库开销。

专用数据网络(private data network)

只有一个组织或小组可以使用的通信网络。可以使用切换到专用网络适配器的网络，租用的 T1 连接、或某些其他类型的专用网络，实现专用数据网络。

pseudo-column 伪列

代表和数据表中每条记录相关的唯一键的隐藏列。通常，在 SQL 语句中使用 pseudo-column 伪列是访问记录的最快方式，因为它们通常指向物理记录的确切位置。

随机访问内存(Random Access Memory)

保存当前使用的代码和数据的物理内存，从而计算机的处理器可以快速地访问它们。

重新认证(reauthentication)

允许数据库驱动程序将与一个连接相关联的用户切换到其他用户的过程。使用重新认证可以使连接池中所需连接的数量降至最少。不同的数据库使用不同的技术引用这一功能。例如，Oracle 作为代理认证(proxy authentication)引用重新认证，Microsoft SQL Server 作为模拟(impersonation)引用重新认证。

响应时间(response time)

在请求数据和当数据返回时之间流逝的时间。从用户的角度看，响应时间是从他们请求数据时开始，到他们收到数据时结束所经历的时间。

回滚(rollback)

一种将数据返回到以前状态的操作。事务可以被完全回滚，取消一个未决的事务，或者返回到指定的状态点。如果执行了一个无效的操作或者数据库失败之后，可以通过回滚，恢复到一个有效的状态。

可伸缩性(scalability)

当同时操作的用户数量增加时，应用程序保持可以接受的响应时间和吞吐量的能力。

可滚动游标(scrollable cursor)

数据库驱动程序使用的一种游标类型，使用这种游标的驱动程序既可以向前也可以向后在结果集中移动。请参考不感知游标和感知游标。

加密套接字协议层(Secure Sockets Layer，SSL)

一种工业标准协议，用于通过数据库连接发送加密数据。SSL 通过加密信息并提供客户端/服务器认证，保证数据的完整性。

感知游标(sensitive cursor)

一种可滚动游标，这种游标可以获取会影响游标结果集的任何修改。

服务(service)

在面向服务架构(SOA)的环境中，一种松散耦合的软件组件，这种组件被设计为用来执行应用程序或其他服务需要的单元工作。服务是基于业务逻辑模块化设计的，并且将对其他服务内部知识的需要降至最低，从而一个服务的变化不会波及到其他服务。

面向服务架构(Service-Oriented Architecture，SOA)

一种为了实现重用性和灵活性的软件应用程序设计方法。包括设计松散耦合的称之为服务的软件组件。请参考服务。

软页面失效(soft page fault)

一种页面失效类型，当应用程序在页面原来的地址空间请求页面，但是页面最后却位于 RAM 中的其他位置时发生的页面失效。请参考硬页面失效。

语句(statement)

向数据库发送的请求(包括请求的结果)。

语句池(statement pool)

应用程序可以重用的预先编译的语句集合。

静态 SQL(static SQL)

应用程序中的 SQL 语句，在运行时不会改变，所以可以被硬编码到应用程序中。请参考动态 SQL。

存储过程(stored procedure)

应用程序可以使用的用于访问关系数据库系统的 SQL 语句集合(子程序)。存储过程物理地存储在数据库中。

流协议数据库系统(streaming protocol database system)

处理查询并且直到没有其他结果需要发送时才返回结果的一种数据库系统；这种数据库系统是不可中断的。Sybase、Microsoft SQL Server 以及 MySQL 是流协议数据库的例子。

吞吐量(throughput)

在一段时间内从发送方向接收方传输的数据量。

紧密耦合(tightly coupled)

在两个或更多具有某种交换关系的系统或组织之间的一种依赖关系。在面向服务架构(SOA)的服务上下文中，将数据访问设计成紧密耦合的或构建进服务内部，通常是不可取的。

事务(transaction)

针对数据库执行的构成一个工作单位的一条或多条 SQL 语句。事务中的所有语句要么作为一个单位被提交，要么作为一个单位被回滚。

Unicode 编码

一种用于支持多语言字符集的标准编码。

非托管代码(unmanaged code)

在.NET 中，不是由公共语言运行库(CLR)执行的代码。请参考托管代码。

虚拟内存(virtual memory)

将不是立即需要的数据从 RAM 转移到硬盘中页面文件的能力。这个过程称为页面调度，页面调度是当 RAM 用尽时发生的。如果再次需要被转移了的数据，需要将数据复制回 RAM。

虚拟专用网络(virtual private network，VPN)

一种网络，这种网络使用公共电信架构，例如 Internet，为私有远程办公室或个人用户提供对其组织的网络的安全访问。

虚拟化(virtualization)

分离计算机的过程，从而使多个操作系统实例可以同时运行在一台物理计算机上。

Web 服务(Web Services)

根据 W3C 的定义，Web 服务是一种用于通过网络支持可解释的、机器到机器的互操作的软件系统。Web 服务是可以通过网络(例如 Internet)访问的 Web API，并在一个宿主了被请求服务的远程系统上运行。面向服务架构(SOA)通常是使用 Web 服务实现的，它定义了 SOA 服务如何使用以下标准进行交互：扩展标记语言(Extensible Markup Language，XML)、简单对象访问协议(Simple Object Access Protocol，SOAP)、Web 服务描述语言(Web Services Description Language，WSDL)、以及统一描述、发现和集成(Universal Description, Discovery and Integration，UDDI)。

XQuery

一种用于 XML 的查询语言。通过 XQuery 可以从 XML 文档查询数据，也可以从可以被看作是 XML 的任意数据源(例如关系数据库)查询数据。通过使用 XQuery，可以像查询 XML 一样查询几乎所有的数据源，而不用管数据是如何进行物理存储的。